U0248642

国家出版基金项目
NATIONAL PUBLICATION FOUNDATION

"十四五"时期国家重点出版物出版专项规划项目

材料先进成型与加工技术丛书

申长雨　总主编

超轻高性能镁锂合金及构件
制备加工关键技术

蒋　斌　杨　艳　何俊杰　等　著

科学出版社
北　京

内 容 简 介

本书是"材料先进成型与加工技术丛书"之一。本书是作者团队近年来在超轻镁锂合金领域最新科研成果的总结，涵盖镁锂合金新材料发展、先进成形加工和构件研发及应用等内容。围绕航空航天超轻量化发展的迫切需求和关键技术问题，作者团队研发了多种高性能镁锂合金，建立了基于第二相析出与基体协同的高强韧镁锂合金组织性能调控机制，发展了镁锂合金挤压-旋锻、超塑成形、热拉深/超塑复合成形等先进成形技术，研发了多种镁锂合金薄壁构件和复杂构件，部分研究成果已实现应用，对轻量化构件的发展具有重要促进意义。

本书可供高等院校、新材料科研院所、新材料加工产业界中的材料科学与工程专业的学生使用，尤其适合从事镁合金研究开发和工程应用的科研人员及工程技术人员参考，也可作为大专院校有关专业师生的参考书。

图书在版编目（CIP）数据

超轻高性能镁锂合金及构件制备加工关键技术 / 蒋斌等著. —北京：科学出版社，2024.8

（材料先进成型与加工技术丛书 / 申长雨总主编）

"十四五"时期国家重点出版物出版专项规划项目　国家出版基金项目

ISBN 978-7-03-078304-2

Ⅰ. ①超… Ⅱ. ①蒋… Ⅲ. ①镁合金－锂合金－制备－加工　Ⅳ. ①TG14

中国国家版本馆 CIP 数据核字（2024）第 060531 号

丛书策划：翁靖一
责任编辑：翁靖一　高　微 / 责任校对：杜子昂
责任印制：徐晓晨 / 封面设计：东方人华

科 学 出 版 社 出版

北京东黄城根北街 16 号
邮政编码：100717
http://www.sciencep.com

北京中科印刷有限公司印刷
科学出版社发行　各地新华书店经销

*

2024 年 8 月第 一 版　开本：720 × 1000　1/16
2024 年 8 月第一次印刷　印张：16 1/2
字数：328 000

定价：168.00 元

（如有印装质量问题，我社负责调换）

材料先进成型与加工技术丛书

编 委 会

材料先进成型与加工技术丛书

总　序

核心基础零部件（元器件）、先进基础工艺、关键基础材料和产业技术基础等四基工程是我国制造业新质生产力发展的主战场。材料先进成型与加工技术作为我国制造业技术创新的重要载体，正在推动着我国制造业生产方式、产品形态和产业组织的深刻变革，也是国民经济建设、国防现代化建设和人民生活质量提升的基础。

进入 21 世纪，材料先进成型加工技术备受各国关注，成为全球制造业竞争的核心，也是我国"制造强国"和实体经济发展的重要基石。特别是随着供给侧结构性改革的深入推进，我国的材料加工业正发生着历史性的变化。**一是产业的规模越来越大**。目前，在世界 500 种主要工业产品中，我国有 40% 以上产品的产量居世界第一，其中，高技术加工和制造业占规模以上工业增加值的比重达到 15%以上，在多个行业形成规模庞大、技术较为领先的生产实力。**二是涉及的领域越来越广**。近十年，材料加工在国家基础研究和原始创新、"深海、深空、深地、深蓝"等战略高技术、高端产业、民生科技等领域都占据着举足轻重的地位，推动光伏、新能源汽车、家电、智能手机、消费级无人机等重点产业跻身世界前列，通信设备、工程机械、高铁等一大批高端品牌走向世界。**三是创新的水平越来越高**。特别是嫦娥五号、天问一号、天宫空间站、长征五号、国和一号、华龙一号、C919 大飞机、歼-20、东风-17 等无不锻造着我国的材料加工业，刷新着创新的高度。

材料成型加工是一个"宏观成型"和"微观成性"的过程，是在多外场耦合作用下，材料多层次结构响应、演变、形成的物理或化学过程，同时也是人们对其进行有效调控和定构的过程，是一个典型的现代工程和技术科学问题。习近平总书记深刻指出，"现代工程和技术科学是科学原理和产业发展、工程研制之间不可缺少的桥梁，在现代科学技术体系中发挥着关键作用。要大力加强多学科融合的现代工程和技术科学研究，带动基础科学和工程技术发展，形成完整的现代科学技术体系。"这对我们的工作具有重要指导意义。

过去十年，我国的材料成型加工技术得到了快速发展。**一是成形工艺理论和技术不断革新。**围绕着传统和多场辅助成形，如冲压成形、液压成形、粉末成形、注射成型，超高速和极端成型的电磁成形、电液成形、爆炸成形，以及先进的材料切削加工工艺，如先进的磨削、电火花加工、微铣削和激光加工等，开发了各种创新的工艺，使得生产过程更加灵活，能源消耗更少，对环境更为友好。**二是以芯片制造为代表，微加工尺度越来越小。**围绕着芯片制造，晶圆切片、不同工艺的薄膜沉积、光刻和蚀刻、先进封装等各种加工尺度越来越小。同时，随着加工尺度的微纳化，各种微纳加工工艺得到了广泛的应用，如激光微加工、微挤压、微压花、微冲压、微锻压技术等大量涌现。**三是增材制造异军突起。**作为一种颠覆性加工技术，增材制造（3D 打印）随着新材料、新工艺、新装备的发展，广泛应用于航空航天、国防建设、生物医学和消费产品等各个领域。**四是数字技术和人工智能带来深刻变革。**数字技术——包括机器学习（ML）和人工智能（AI）的迅猛发展，为推进材料加工工程的科学发现和创新提供了更多机会，大量的实验数据和复杂的模拟仿真被用来预测材料性能，设计和成型过程控制改变和加速着传统材料加工科学和技术的发展。

当然，在看到上述发展的同时，我们也深刻认识到，材料加工成型领域仍面临一系列挑战。例如，"双碳"目标下，材料成型加工业如何应对气候变化、环境退化、战略金属供应和能源问题，如废旧塑料的回收加工；再如，具有超常使役性能新材料的加工技术问题，如超高分子量聚合物、高熵合金、纳米和量子点材料等；又如，极端环境下材料成型技术问题，如深空月面环境下的原位资源制造、深海环境下的制造等。所有这些，都是我们需要攻克的难题。

我国"十四五"规划明确提出，要"实施产业基础再造工程，加快补齐基础零部件及元器件、基础软件、基础材料、基础工艺和产业技术基础等瓶颈短板"，在这一大背景下，及时总结并编撰出版一套高水平学术著作，全面、系统地反映材料加工领域国际学术和技术前沿原理、最新研究进展及未来发展趋势，将对推动我国基础制造业的发展起到积极的作用。

为此，我接受科学出版社的邀请，组织活跃在科研第一线的三十多位优秀科学家积极撰写"材料先进成型与加工技术丛书"，内容涵盖了我国在材料先进成型与加工领域的最新基础理论成果和应用技术成果，包括传统材料成型加工中的新理论和新技术、先进材料成型和加工的理论和技术、材料循环高值化与绿色制造理论和技术、极端条件下材料的成型与加工理论和技术、材料的智能化成型加工理论和方法、增材制造等各个领域。丛书强调理论和技术相结合、材料与成型加工相结合、信息技术与材料成型加工技术相结合，旨在推动学科发展、促进产学研合作，夯实我国制造业的基础。

　　本套丛书于 2021 年获批为"十四五"时期国家重点出版物出版专项规划项目，具有学术水平高、涵盖面广、时效性强、技术引领性突出等显著特点，是国内第一套全面系统总结材料先进成型加工技术的学术著作，同时也深入探讨了技术创新过程中要解决的科学问题。相信本套丛书的出版对于推动我国材料领域技术创新过程中科学问题的深入研究，加强科技人员的交流，提高我国在材料领域的创新水平具有重要意义。

　　最后，我衷心感谢程耿东院士、李依依院士、张立同院士、韩杰才院士、贾振元院士、瞿金平院士、张清杰院士、张跃院士、朱美芳院士、陈光院士、傅正义院士、张荻院士、李殿中院士，以及多位长江学者、国家杰青等专家学者的积极参与和无私奉献。也要感谢科学出版社的各级领导和编辑人员，特别是翁靖一编辑，为本套丛书的策划出版所做出的一切努力。正是在大家的辛勤付出和共同努力下，本套丛书才能顺利出版，得以奉献给广大读者。

中国科学院院士
工业装备结构分析优化与 CAE 软件全国重点实验室
橡塑模具计算机辅助工程技术国家工程研究中心

前　言

镁锂（Mg-Li）合金是目前最轻的金属工程结构材料，常用的镁锂合金的密度处于 1.35～1.65 g/cm³ 范围内，是典型的超轻高比强金属材料，已在航天关键构件上得到初步应用，显示出巨大的潜力，其推广应用对航天关键装备和智能穿戴等领域的轻量化、绿色化和智能化发展具有重要意义。

常规镁锂合金的强度较低，存在室温"过时效"现象，力学性能不稳定，限制了其进一步工程推广应用。如何在保持镁锂合金超轻特性和良好塑性的前提下提高其强度和稳定性已成为当前镁锂合金研究的重要课题。作者针对现有镁锂合金牌号少、绝对强度低和性能稳定性差等问题，提出了基于非扩散界面强化和微纳第二相与双相基体协同作用的镁锂合金成分设计准则，发展了高塑性双相基体与微纳第二相强化协同的镁锂合金组织设计原则，并建立了基于动态析出和动态再结晶协同的高强韧镁锂合金组织性能调控机制，构建了新型高性能镁锂合金体系，开发了高成形性镁锂合金板材，发展了镁锂合金超塑复合成形和形性一体化调控技术，研制了系列超轻镁锂合金航天构件，推动了超轻镁锂合金在航空航天领域的应用发展。本书是部分重要成果的总结，可为专家学者、研究生等开展超轻高性能镁锂合金研究和超轻镁锂构件应用研发提供重要参考。

本书共由 6 章组成。第 1 章简要概述了镁锂合金研究现状及应用前景。第 2 章介绍了合金元素对镁锂合金组织和性能的影响。第 3 章～第 5 章分别介绍了高强韧镁锂合金、高成形性镁锂合金板材及镁锂合金变形行为和薄壁构件成形关键技术。第 6 章介绍了镁锂合金复杂构件制备加工及应用。

本书是在潘复生院士的亲切指导下，由蒋斌（重庆大学）总负责，蒋斌与杨艳（重庆大学）、何俊杰（云南大学）、魏国兵（重庆大学）、程仁菊（重庆理工大学）和蒋少松（哈尔滨工业大学）等共同完成。借此机会，向对本书各章节成果做出贡献的其他研究人员表示衷心的感谢，他们是彭晓东教授、申世军博士、文陈博士、周港博士、崔晓飞博士、李彬博士、熊晓明博士、李瑞红博士、曾迎博士及硕士研究生任凤娟、苏俊飞、王宝、殷恒梅、朱勇、曹彤彤、刘伟豪和何晨等。全书由杨艳和魏国兵统稿，蒋斌定稿。在此感谢张丁非教授、黄光胜教授、宋江凤副教授、董志华教授等对本书提出的宝贵意见。同时，本书中的相关研究工作得到了国家重点研发计划、国家自然科学基金、国家国际科技合作专项等项目的资助。

由于作者水平有限，书中难免出现一些疏漏和不足之处，敬请读者批评指正！

2024 年 5 月于重庆

目　录

第1章

绪　论

1.1 ▶ 引言

　　21 世纪，资源和环境已成为人类社会能否可持续发展的首要问题。减少环境污染以及节约资源，进而实现可持续发展，是当今社会所面临的一个十分紧要的问题。金属镁及其合金是目前最轻的金属工程结构材料，纯镁的密度仅为 1.74 g/cm³，约为铁的 1/4、铝的 2/3，镁及其合金具有质轻、比强度高、阻尼减振和电磁屏蔽性能良好、铸造性能优良以及易回收等优点，被誉为"21 世纪的绿色工程材料"[1, 2]。同时，镁作为地球上分布最广的元素之一，广泛分布于地壳中，海水中也有大量的镁元素，其在海水中的总量达到 $6×10^6$ t，我国镁资源储量约占全世界的 70%。因此，若用镁合金代替钢铁和铝合金，不仅可以大大减轻金属构件的重量，助力轻量化发展和我国"双碳"目标的推进，也能够缓解钢铁等材料的资源紧张与伴生的能源、环境等问题[3, 4]。因此，镁合金在汽车、电子通信、航空航天和国防军事等领域有着广阔的应用前景[5-7]。

　　研究发现，传统的镁和镁合金为密排六方（hcp）晶格结构，在室温下仅有一个{0001}滑移面和三个{0001}〈$11\bar{2}0$〉独立滑移系，因此它的塑性变形主要依赖于滑移与孪生的协调行为，但镁晶体中的滑移仅发生在滑移面与拉力方向相倾斜的某些晶面内，从而导致滑移的过程会受到极大的限制，而且在这种取向下孪生很难发生，最终导致晶体很快出现脆性断裂。因此，一般的镁合金塑性变形能力较差，其实际应用在很大程度上受到限制。

　　镁锂合金存在着特定的结构转变关系。在二元镁锂合金中，当锂元素的含量低于 5.7 wt%①，合金由密排六方晶格的 α-Mg 固溶体组成，但晶格结构中的轴比 c/a 值

---

① wt%表示质量分数；at%表示原子百分比。

会相应地减小；当锂元素的含量增至 5.7 wt%～10.3 wt%时，合金则由密排六方（hcp）晶格的 α-Mg 固溶体和体心立方（bcc）晶格的 β-Li 固溶体混合组成；当锂含量高于 10.3 wt%时，合金则由单一的具有体心立方晶格的 β-Li 固溶体组成[8-10]。与传统的具有密排六方晶格的镁合金相比，由于其特有的晶格结构，镁锂系列合金具有较好的塑性。但是由于镁锂合金存在强度低、稳定性差、耐腐蚀性差等缺点，限制了该合金的应用，从而导致工业化生产的镁锂合金种类相对较少，目前仅有美国研发的 LA141、LS141A1 和 LZ145A 以及苏联研制的 MA18 和 MA21 等几种工业牌号。

随着世界能源危机的加剧，轻量化已成为工业领域，特别是航空航天、国防军工和交通运输等领域的主要发展方向，开发轻质高强材料已经成为当前轻量化发展的重要方向。镁锂合金是目前最轻的金属工程结构材料（密度为 1.35～1.65 g/cm^3），具有超高的比强度和良好的成形性能，被誉为未来最"绿色环保"的革命性材料，在航空航天和兵器军工等领域显示出巨大的潜力[11-15]。开发稳定性好的高性能镁锂合金对我国的航空航天、军用装备以及智能穿戴等领域的发展有重要意义[16]。

1.2　镁锂合金概述

1.2.1　镁锂合金发展历程

1910 年，德国科学家 Masing 在研究锂、钠、钾与镁的相互作用时，发现金属镁与金属之间存在不同的结构转变。1934～1936 年，德国、英国以及美国的科学家进一步证实了镁锂合金（Mg-Li 合金）的这一结构转变，并确定该转变为密排六方结构向体心立方结构的转变，测定了镁锂二元相图，为 Mg-Li 系列合金的后续研究奠定了重要基础。1954 年，Freeth 等绘制出完整精确的镁锂二元平衡相图[17,18]。图 1-1 为镁锂二元合金相组织图[19]。

第二次世界大战有效推动了镁合金在宇航以及兵器工业领域的快速发展，但镁合金室温塑性不佳。为改善镁合金的室温加工性能并进一步降低其密度，美国冶金学家于 1942 年提出向镁合金中添加金属锂的思路，使镁合金的晶体结构由密排六方结构向体心立方结构转变，从而达到了在改善镁合金加工性能的同时进一步降低其密度的目的。

为开发出低密度、高比强度、高比刚度和成形性能好的超轻镁锂合金，美国 Battelle 研究所进行了大量的研究工作。镁锂合金因其性能特点而具有很大的军事应用价值，因此受到美国海军部和国家航空航天局的高度重视，它们与 Battelle 研究所共同开发了多种镁锂合金。美军坦克指挥部与陶氏（Dow）化学公司合作研发

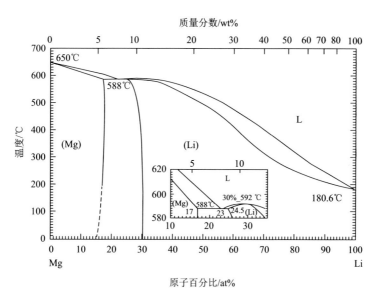

图 1-1　镁锂二元合金相组织图[19]

出镁锂合金部件，用于 Ml13 型装甲运兵车车体。美国陆军导弹部与 Battelle 研究所合作研制出 LA141 合金（Mg-14Li-1Al），其密度、抗拉强度、屈服强度、延伸率和杨氏模量分别为 1.35 g/cm³、130 MPa、103 MPa、12%和 42.7 GPa，并被纳入美国航空材料标准 AMS4386。1960～1967 年，美国洛克希德公司和 IBM 公司利用 LA141 合金成功开发出航天飞机及宇宙飞船推进火箭土星 5 号（Saturn-V）用的镁锂合金部件，主要包括电气仪表框架和外壳、防护罩、防宇宙尘壁板等。

　　1965 年以来，苏联或俄罗斯对镁锂合金进行了长期研究，开发了可焊接、可锻造的 MA21、MA18 等镁锂合金，制备了强度与延展性较好、组织相对稳定的镁锂合金零件。1983 年，苏联学者首先实现了 MA21 合金的超塑性成形；1984 年，苏联学者首创了激光快速凝固细化表层晶粒的新工艺，为镁锂合金新型成型工艺的开发打下了基础。

　　日本于 20 世纪 80 年代开始大规模研究镁锂合金，主要包括镁锂合金的常规元素合金化、稀土（RE）元素合金化、时效机理、冷热加工性能等，并取得了重要成果。日本三井金属集团和大阪府立大学联合研发了能够代替塑料的 Mg-Li-Y 合金。目前美国、欧洲、俄罗斯、以色列等国家和地区都已成功地将镁锂合金应用于国防装备的轻质结构，如飞船和导弹的重要结构件、军用直升机和 MA113 坦克的复合防护装甲，以及星载、弹载和机载仪器设备的箱体、面板、支架及座椅等非主要承载装置。

　　近年来，随着当今世界对结构材料轻量化、减重节能、环保以及可持续发展的要求日益提高，加之新型合金熔炼与表面处理技术的进步，镁锂合金应用短板得到改善。镁锂合金在需要轻量化结构材料的航天、交通、电子、医疗产品等领域展现出广阔的应用前景。在美国、日本、德国、俄罗斯等国都有商业镁锂合金系，常用牌号包括 LA141、LA91、LA93、LZ91、LAZ933、LAZ931、MA18、MA21 等。

我国自 20 世纪 80 年代起开始研究镁锂合金，重庆大学、上海交通大学、哈尔滨工业大学、北京航空航天大学、东北大学、中南大学、山东大学、哈尔滨工程大学、中国科学院金属研究所、郑州轻金属研究院等研究机构相继开展了镁锂合金的研究，在超轻镁锂合金材料、变形加工、组织性能优化、表面处理等研究领域取得了一系列成果，为我国超轻镁锂合金的应用打下了坚实的理论和技术基础。目前我国关于镁锂合金的研究主要集中在 Mg-Li-Al、Mg-Li-Zn 及 Mg-Li-RE 系列合金及其时效性能、力学性能上，并取得了一定成果[20, 21]。但总体来看，目前镁锂合金牌号少，材料制备和成形工艺优化、组织与性能调控等多方面均需进一步加强。

1.2.2　镁锂合金特点

1. 低密度

镁锂合金是当前唯一低于镁基体密度的镁合金系。Mg 的密度为 1.74 g/cm^3，锂的密度仅为 0.53 g/cm^3，镁锂合金的密度一般在 1.35～1.65 g/cm^3 范围内。如图 1-2 所示，在镁锂二元合金中，随着锂含量的增加，合金的密度急剧下降。其中，Mg-35 wt%Li 合金的密度仅为 0.95 g/m^3，可漂浮于水上。根据表 1-1 所示，镁锂合金相对于其他结构材料而言，具有无可比拟的轻量化优势。

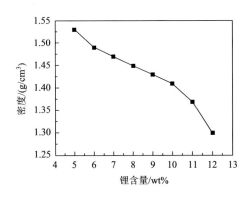

图 1-2　锂含量对镁锂二元合金密度的影响

表 1-1　不同材料密度对比

	Mg	Li	LZ51～LZ121	AZ80	Al	Ti
密度/(g/cm^3)	1.74	0.53	1.60～1.43	1.80	2.7	4.5

2. 晶体结构

Li 含量除了对镁锂合金的密度产生影响以外，还对其结构产生根本性影响。

根据镁锂合金相组织图所示：当镁锂合金中 Li 含量低于 5.7 wt%，合金主要由具有密排六方晶格结构的 α-Mg 相组成。虽然此时晶体结构与其他镁合金相同，但由于加入 Li 元素可以有效降低密排六方晶格结构中的轴比，在室温变形过程中即可以激发棱柱滑移{1010}〈1120〉，因而可以提高整体合金的塑性。当 Li 含量范围在 5.7 wt%～10.3 wt%时，镁锂合金的晶体结构由密排六方开始转变为含密排六方结构和体心立方结构的双相组织。当 Li 含量高于 10.3 wt%时，合金则主要由含体心立方结构的 β-Li 相组成。如图 1-3 和表 1-2 所示，在 Mg-Li-Zn 合金中，随着镁锂合金中 Li 含量的增加，β-Li 相体积分数逐渐增加，粗大的 α-Mg 相逐渐细化并减少。

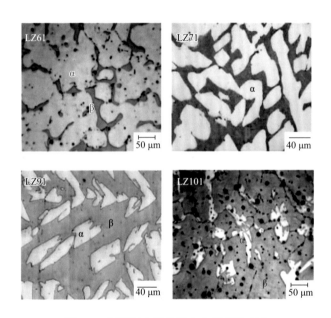

图 1-3　不同锂含量镁锂合金组织的变化

表 1-2　Mg-*x*Li-1Zn 合金中 α-Mg/β-Li 相的相对含量

合金	LZ51	LZ61	LZ71	LZ81	LZ91	LZ101	LZ121
α-Mg/β-Li	97/3	82/18	64/36	46/54	32/68	16/84	0/100

就体心立方结构的金属而言，在室温下具有 5 个独立的{110}〈$\bar{1}$11〉滑移系，且变形过程中交滑移容易发生。因此，与传统的密排六方结构的镁合金相比，镁锂合金的塑性明显提高，硬化速率降低，冷热加工性能提高，且合金的塑性随着 Li 含量的增加越来越高。

3. 力学性能

随着镁锂合金中 Li 含量的增加,合金的抗拉强度往往会逐渐降低。目前常用的 Mg-Li-Al(LA 系)和 Mg-Li-Zn(LZ 系)合金中 Mg-Li-Zn 和 Mg-Li-Al 三元化合物相不稳定,极易发生分解,导致合金存在绝对强度偏低、室温下易发生时效软化、热稳定性差、高温抗蠕变性能很差等缺点,这大大限制了其工程应用。

4. 化学活性高、耐腐蚀性能差

金属元素 Li 的化学活性高,极易与氧气反应生成氧化锂。因此,在镁锂合金的熔炼过程中极易发生氧化和燃烧,且在浇铸过程中容易夹渣,需要在真空或保护气体,如氩气、六氟化硫等保护下进行熔炼实验。在热加工和热处理过程中,其表面也容易氧化损失。在镁锂合金中,由于 Li 的活性大于 Mg,Mg 的活性又大于 Al,故与铝合金和传统镁合金(AZ、ZK 系列)相比,镁锂合金的耐蚀性更差。此外,α-Mg 相和 β-Li 相容易形成微电偶对,在 α-Mg/β-Li 相界处发生局部腐蚀,快速的阴极析氢反应使得镁锂双相合金的耐腐蚀性能比单相镁合金更差。目前有多种适用的表面处理方法提高镁锂合金的耐腐蚀和抗氧化性能,如化学转化膜法、阳极氧化法、微弧氧化法、电镀法、热喷涂法、化学镀法等。

1.3 镁锂合金体系

1.3.1 合金元素在镁锂合金中的作用

与密排六方结构镁合金相比,Mg-Li 合金的塑性好,适宜塑性变形加工。随着 Li 含量的增加,Mg-Li 合金将呈现出 α-Mg、α-Mg + β-Li 和 β-Li 三种类型。α-Mg 单相因 Li 的添加,其晶格常数和滑移系将发生显著改变,非基面滑移更易启动,合金的塑性将得到一定程度的改善。在 $\alpha + \beta$ 双相区,由于 α-Mg 本身塑性的改善以及 β-Li 的出现,共晶成分范围的 Mg-Li 合金具有良好的塑性变形性能,甚至出现超塑性特性。β-Li 单相合金具有很好的塑性变形性能,但德国汉诺威大学对超轻体心立方晶格的 Mg-40 wt%Li 合金的研究发现合金的耐热和抗蠕变性能低。与其他镁合金相比,Mg-Li 合金的强度低,如 $\alpha + \beta$ 双相(hcp + bcc)Mg-Li 合金的抗拉强度为 110~120 MPa、屈服强度为 60~90 MPa,而 β 相(bcc)区的合金强度更低,抗拉强度在 100 MPa 左右、屈服强度在 60 MPa 以下。Mg-Li 合金的高温抗蠕变性能很差,在室温或稍高于室温下并在相对较小的应力作用下即发生蠕变失效。因此,Mg-Li 合金作为结构材料的应用受到限制。

现有 Mg-Li 合金牌号少,绝对强度偏低、存在过时效现象,这大大限制了其工程应用。如何在保持 Mg-Li 合金超轻特性和良好塑性的前提下提高其强度和稳定性已成为当前困扰 Mg-Li 合金发展的重要难题。合金化作为提高 Mg-Li 合金性能行之有效的重要途径,其提升效果主要取决于合金元素在基体合金中的固溶度。根据经典的 Hume-Rothery 规则,固溶度主要受合金元素原子尺寸、电负性、晶体结构等因素的影响。当原子半径差异大于 15%时,溶质在溶剂中的固溶度将很低。因此,比较 Mg(原子半径, 0.160 nm)与其他元素的原子半径,尺寸差别在±15%以内的合金元素共有 30 种,如图 1-4 所示的两平行虚线内的元素[22]。由图 1-4 可见,可能在 Mg 基体中形成较大固溶度的元素有 Al、Zn、Ag、Zr、Cd 等。由于晶体结构的原因,Cd 可与 Mg 形成连续固溶体。

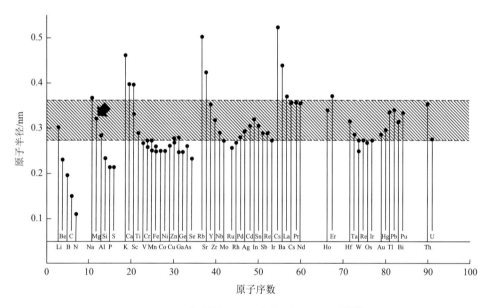

图 1-4 Mg 与其他一些元素的原子尺寸比较[22]

表 1-3 总结了合金元素在 Mg-Li 合金的 β-Li 基体中的固溶度[23],根据合金元素在 Mg-Li 合金中的固溶度,将合金元素分为以下三类。

表 1-3 部分合金元素在 Mg-Li 合金的 β-Li 相中的固溶度[22]

元素	固溶度
Al、Ag、Cd、Hg、In、Tl、Zn	较大(>1%)
Ba、Bi、Ca、Ce、Co、Cu、Ge、La、Nd、Ni、Pb、Sb、Si、Sn、Sr、Y	较小(<1%)
B、Be、Cb、Cr、Fe、K、Mn、Mo、Th、Ti、U、V、W、Zr	很小(<0.1%)

（1）固溶度较大的元素：Al、Zn 和 Cd 等，这类元素具有较强的合金强化作用，这类合金元素固溶体进入 Mg-Li 合金基体，使基体发生严重晶格畸变，增加位错移动阻力，阻碍位错移动，起到固溶强化的作用。但是，所得 Mg-Li 合金的组织及性能稳定性较差，在室温或稍高于室温时易产生过时效。

（2）固溶度较小的元素：Ni、Co、Cu、Ca、Sr、Ba、Ce、Si、Ge、Sn、Pb、Sb 和 Bi 等，这类合金元素易与 Mg 或 Li 发生反应形成第二相[24]，第二相的出现一方面使其周围的合金基体发生晶格畸变，导致应力集中，形成大量位错；另一方面阻碍位错滑移，起到第二相强化的作用。若第二相在合金熔体中以弥散分布状态成为凝固形核点，则起到细晶强化的作用；若第二相在晶界处聚集析出，则抑制晶粒长大和阻碍晶界滑移，起到弥散强化的作用。例如，Ca 等[25]非稀土元素和 Nd 等[26]稀土元素，在 Mg-Li 合金中均可起到第二相强化、细晶强化和弥散强化作用，这类合金元素可使 Mg-Li 合金的组织及性能的稳定性提高。

（3）固溶度很小的元素：K、Be、B、Cr、Mo、W、V、Ti、Zr、Th、Fe 和 Mn 等，添加这类元素的 Mg-Li 合金的研究较少。其中，Mn 元素添加，可以显著细化挤压态 Mg-Li 合金的显微组织[27]，进而改善合金的性能。

近年来，通过在 Mg-Li 合金中添加 Al、Zn、Ca、Sr、Sn、Ag 和 RE 等元素，可以在合金基体中引入大量具有强化作用的微纳尺度第二相，同时在变形过程中利用颗粒诱导形核（PSN）的再结晶机制可进一步将合金基体的晶粒尺寸细化至 5～10 μm，进而提升合金的力学性能[28, 29]。

Mariusz Król 等[3]研究了 RE 在 Mg-8Li-Al 合金中的晶粒细化作用，发现添加 RE 元素会在合金中形成 Al_2RE 金属间化合物，RE 的添加有效增加了合金的硬度。山东大学[30]在研发的挤压态 Mg-9Li-3Al-2Y 合金中观察到 Al_2Y 和 $MgLi_2Al$ 颗粒，位于相界面和 β 相内部，阻碍了晶界迁移，促进了晶粒细化，在析出强化和细晶强化综合作用下，合金抗拉强度达到 239 MPa，延伸率为 43.8%。上海交通大学吴国华团队[31]发现在制备的挤压态 Mg-9Li-9Zn-3Gd 合金中，添加 Gd 元素后形成的 I 相（icosahedral quasicrystal phase，二十面体准晶相），可有效地改善合金的强度，使其抗拉强度达到 230 MPa。同时，通过 Er 合金化制备了挤压态双相 Mg-10Li-5Zn-0.5Er 合金[32]，Er 的添加有效地细化了合金的 Mg-Li-Zn 相，并形成了 Mg-Zn-Er 新相，其抗拉强度达到 252 MPa，延伸率为 35.2%。Zhong 等[33]制备的 Mg-8Li-1Al-0.6Y-0.6Ce 合金中形成 Al_2Y 和 Al_2Ce 相，使其抗拉强度达到 278.7 MPa，延伸率为 15.0%。重庆大学采用低密度的 Ca 合金化制备了超轻 Mg-6.8Li-3Al-0.5Ca 合金，合金的抗拉强度达到 286 MPa，延伸率为 18.7%[34]；通过 Sn 合金化成功制备出抗拉强度超过 320 MPa 的 Mg-8Li-1Al-0.5Sn 合金[35]。

上述关于双相 Mg-Li 合金的研究表明，通过合金化设计，合金强度得到一定的提升，但是已有研究主要集中在合金元素添加对第二相的形成与第二相强化的影响。如何有效实现第二相的精细特征（形貌、尺寸和分布等）和合金基体晶粒尺寸的协同调控，进而实现合金强度与塑性的协同调控是目前研究者面临的重要难题。

1.3.2 主要镁锂合金体系

与传统的密排六方结构的镁合金相比，Mg-Li 合金的塑性好，适宜变形加工。在 α + β 相区，共晶成分范围的 Mg-Li 合金具有良好的变形性能和超塑性。但是，Mg-Li 合金强度低，耐腐蚀性差，热稳定性差，限制了其作为结构材料的大量应用。

合金化处理是提高 Mg-Li 合金的性能的主要途径。通常可添加于 Mg-Li 合金中的合金化元素主要分为三类：一是在 Mg-Li 合金中有较大固溶度的元素，代表性元素是 Al、Zn、Ag 等；二是在 Mg-Li 合金中固溶度不大的元素，如 Si、Cu、Sn、Sr、Ca 以及 RE；三是在 Mg-Li 合金中固溶度相对很小的合金元素，如 Zr、Mn、Ti 等元素。从目前来看，第一类元素的研究相对比较多。合金化的目的就是通过合金化以及固溶时效处理，在合金基体中获得弥散析出的强化相，同时抑制锂元素的扩散，从而提高合金的强度以及耐高温性能。目前最具代表性的三元合金是 Mg-Li-Al、Mg-Li-Zn 和 Mg-Li-RE 系列。

1. Mg-Li-Al 合金

Al 是 Mg-Li 合金中最主要的合金元素之一。铝的熔点（660℃）和镁的熔点相近，从而该合金易于熔炼。此外，由于 Al 的密度（2.7 g/cm^3）相对较低，Al 的添加对 Mg-Li 合金的超轻性能影响较小。因此，Mg-Li-Al 合金是当前 Mg-Li 合金研究的热点[36-38]。

Al 在固态 Mg 中有较大的固溶度，且随温度降低而显著减小。图 1-5 为 Mg-Li-Al 合金在 200℃时的等温截面图。可以看出对于 Li 含量<10 at%的合金，当 Al 含量<3 at%时组织为单相 α，当 Al 含量>3 at%时组织为 α + γ(Mg$_{17}$Al$_{12}$)。对于 Li 含量为 10~18.4 at%的合金，当 Al 含量>1.5~3 at%时合金组织为 α + η(AlLi)。对于 Li 含量为 18.4~30 at%的共晶合金，当 Al 含量<1.5 at%时组织无明显变化，Al>1.5 at%时合金组织为 α + β + AlLi。对于 Li 含量>30 at%的 β 型合金，Al 含量<2 at%时仍为单相 β 组织，Al 含量>2 at%时可产生 AlLi 相。

在多相 Mg-Li-Al 合金的变形和增强机制研究中，这些多相合金的力学性能可由各个组分相的力学性能来确定。密排六方结构的 α-Mg 屈服应力高，不易变形。而体心立方结构的 β-Li 相比较软，有延展性。金属间化合物 AlLi（有序化 B2 结构）不易变形，并产生弥散强化。通过各组成相的优化组合，可设计出有足够强度和塑性的合金。

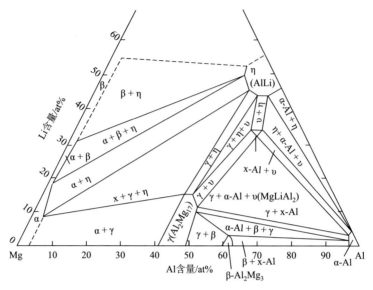

图 1-5　三元 Mg-Li-Al 合金在 200℃时的等温截面图

Mg-Li-Al 合金具有超塑性特性。Mg-8Li-6.5Al 合金组织主要由两相组成，α 相和 β 相的体积分数分别为 0.55 和 0.45。通过在 300℃下轧制 Mg-8Li-6.5Al 铸造合金，然后在 200℃下轧制成带材。在 400℃、应变速率为 1.67×10^{-3} s^{-1} 时测试该合金的拉伸性能，其延伸率达到 379%，表现出超塑性。

Mg-Li-Al 合金中含有相对较少量的 Al 时，兼顾强度和塑性的效果最佳。但当合金时效数月后，其强度降低 30%～40%。添加 Sn、Ce、La、Bi、Ca、Ag、Nd、Cu、Ni、Ba 等元素可起到稳定合金性能的作用，但除 Ag 外，其余元素对稳定合金性能的效果一般。

Mg-Li-Al 合金体系中存在 MgLi$_2$Al、MgLiAl$_2$、Mg$_{17}$Al$_{12}$ 和 AlLi 相等金属间化合物，化合物相不稳定，易出现过时效，且随 Al 含量的增加，过时效出现的时间变短，导致合金性能持续下降[39]。其主要原因是，在时效过程中，时效强化相 MgLi$_2$Al 发生粗化，使合金的强度随着时间的延长而降低。针对 Mg-Li-Al 合金因自然时效而引起的软化问题，可以采用热变形处理来解决，实验合金为 Mg-8Li-5.24Al-1.48Zn-0.25Mn-4.49Cd-0.064Ce-0.0038Na-0.0011K，其热变形实验在热轧机上完成，随后对制备的变形合金进行组织与性能分析。结果发现，热变形处理可有效提高合金的硬度，但是硬度会随着轧制温度的上升而下降。在时效过程中，变形和未变形的样品以同样的速度软化。因此，通过适当的热变形处理，在保证合金组织稳定性的前提下，使合金强度得到大幅提高是可能的。通过研究 Mg-Li-Al-Mn（合金 LA141）和 Mg-Li-Al-Zn-Mn-Ce（合金 MA18 和 VMD5210）等 β 基合金，进一步证实了 β 基镁合金的力学性能取决于温度和热加工参数以及

随后的冷却。合金的力学性能随时间的延长而降低。通常这些合金的淬火温度为
180～200℃。不稳定的第二相 MgLi$_2$M（M 表示其他合金元素）颗粒，通过淬火
稳定组织，但是室温时效会使其迅速分解。在分解过程中，MgLi$_2$M 相中的 Li 溶
入基体，转变为 MgLiM 稳定相，这大幅降低了合金的强度。随后的各种退火、
淬火和时效方法都可以稳定这些合金的微观组织。

2. Mg-Li-Zn 合金

Zn 的熔点（420℃）较低，具有与 Mg 相同的晶体结构（hcp），与 Mg 原子半
径相差不大，容易与镁形成连续固溶体，在镁中有较大的固溶度（约为 6.2 at%），
并且随温度降低，固溶度减小而产生时效强化。Zn 也是 Mg-Li 基合金中主要的合
金化元素之一，与 Al 的作用效果类似，随着 Zn 含量的增加，Mg-Li-Zn 合金的强
度增加而塑性略有降低[40]。所不同的是单位质量的强化效果较铝差，若要达到相
同的强度，所需 Zn 的质量要大于 Al。由于 Zn 的密度（7.14 g/cm^3）较大，因此
Mg-Li-Zn 合金密度较 Mg-Li-Al 稍大[41, 42]。此外，Zn 能提高合金的应力腐蚀敏感
性，从而提高合金的疲劳极限[43]。

Mg-Li-Zn 合金为时效硬化型合金，图 1-6 为 Mg-Li-Zn 合金在 100℃和 400℃
的等温截面图。可见当 Zn<2 at%时对 Mg-Li 合金的组织中的相组成无明显影响，
但当 Zn>2 at%时，组织中即会出现 θ(MgLiZn)相[44]。

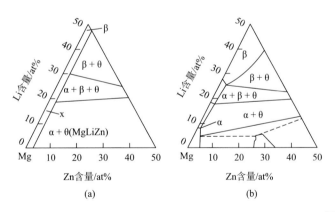

图 1-6　Mg-Li-Zn 合金在 100℃（a）和 400℃（b）的等温截面图[44]

当合金中 Li 含量较少时，合金由 α-Mg 相组成，时效时于基体 α-Mg 相中析
出稳定相 θ(MgLiZn)而发生硬化[45, 46]。随着 Li 含量的增加，合金基体由
（α-Mg + β-Li）双相组成，且 Zn 主要溶解于 β-Li 相中；此类合金中基本 α-Mg 相
无时效硬化效应，而 β-Li 相将可能出现时效硬化和过时效软化效应，β-Li 相的时
效硬化效应主要是由亚稳相 θ′(MgLi$_2$Zn)析出导致的；过时效效应则是由 β-Li 相中

析出稳定的 θ 相造成的。随着 Li 含量进一步增加，合金全部由 β 相组成，β-Li 相中 θ′ 相及稳定 θ 相的析出，导致合金的时效硬化及过时效的软化。

研究表明[47, 48]，Mg-Li-Zn 合金时效温度越高，达到峰值硬度的时间越短，且峰值硬度越低，同时 β-Li 相中的 Zn 含量越低，θ 相析出延迟时间越长，硬化效果越好。因此，在 α-Mg 单相 Mg-Li 合金中可适当增加 Zn 含量，但在（α + β）两相及 β 单相合金中，为避免发生过时效现象，Zn 含量一般控制在 2 at% 以下。

3. Mg-Li-RE 合金

Mg-Li-Al（LA 系）和 Mg-Li-Zn（LZ 系）三元合金中由于形成的化合物相不稳定，在室温下易发生过时效，导致合金力学性能不稳定。稀土（RE）元素是镁合金中最重要的合金化元素之一，添加稀土元素能够净化镁熔体，提高镁合金的液态成形能力，有效改善合金的微观组织，细化晶粒并且形成双峰组织，达到合金强塑性协同提升的效果[49-53]，因此稀土元素在镁合金中的应用越来越广泛[54]。

稀土元素在 Mg-Li 合金中的固溶度较小，能够与 Al、Zn 等元素反应形成高稳定性的化合物相、细化晶粒，抑制合金中过时效现象，提升合金的稳定性，提高合金的综合力学性能。因此，Mg-Li-RE 合金也是当前 Mg-Li 系列合金的研究热点之一[55, 56]。在 Mg-Li 合金中添加 Y、Gd、Nd、Ce、La 和 Er 等稀土元素，可以在 Mg-Li 合金基体中引入 Al_2RE 和 $MgLi_2RE$ 等微纳稀土第二相，这些微纳第二相基于颗粒诱导形核的再结晶机制可以显著细化合金晶粒，基于弥散强化、晶粒细化等理论，添加 RE 可以显著改善合金的力学性能[57-60]。Mariusz Król 等[3] 研究了稀土元素在 Mg-Li-Al 合金中的细化作用，添加稀土元素会导致 Al_2RE 金属间化合物的形成，有利于合金晶粒细化。哈尔滨工程大学巫瑞智课题组[61] 研究了 Y 和 Nd 复合添加对 Mg-5Li-3Al-2Zn 合金组织和性能的影响，研究表明：合金中形成了 $Al_{11}Nd_3$ 和 Al_2Y 等高稳定性强化相，有效细化了合金的晶粒，改善了合金的性能。

基于上述合金化的研究思路，为了协同提高 Mg-Li 合金的塑性与强度，笔者团队[62]通过 Zn 和 Y 复合微合金化，制备了挤压态 Mg-6Li-0.3Zn-0.6Y 合金，其抗拉强度为 225 MPa，屈服强度为 180 MPa，延伸率为 18%。笔者团队李瑞红博士通过两道次挤压制备了 Mg-14Li-1Al-0.3La 合金，合金中形成短棒状的 Al_2La 相，弱化了织构，细化了晶粒，合金的塑性得到显著提升[63]。

总体来看，在 Mg-Li 合金中添加低固溶度的 Er、Ce 和 La 等稀土元素，能够在合金中形成高稳定性稀土第二相，抑制合金的过时效现象，改善合金的稳定性；添加高固溶度的 Y 和 Gd 等元素，能够通过时效处理在合金中获得均匀弥散的第二相，弥散第二相能够有效阻碍晶粒长大，细化合金晶粒，进而改善合金的综合力学性能和稳定性。

4. 其他 Mg-Li 合金

除以上所述常见的 Mg-Li 合金系列之外，Ca、Sn、Si、Ag 等元素也是 Mg-Li 合金中最常见的合金化元素[11, 40, 43, 49, 60, 64]。研究报道的其他 Mg-Li 系三元合金主要包括 Mg-Li-Si 和 Mg-Li-Ca 等[65]。Mg-Li 系三元合金通常存在自然时效软化以及高温力学性能较差等缺点，为提高合金的稳定性及其强度，目前尝试在三元合金的基础上添加各种合金元素，主要是在 Mg-Li-Al 和 Mg-Li-Zn 基础上添加 Sn、Ca、Ag、Cd 等元素[66, 67]。

Sn 在 Mg 中的最大固溶度为 14.48 wt%，且固溶度随着温度的降低显著改变，Mg-Sn 合金具有显著的时效析出强化潜力[35, 68]。随着 Sn 的加入，合金中会形成热稳定性高的 Mg_2Sn 相，有效改善合金的室温和高温力学性能。将 Sn 加入 Mg-Li 合金中，通过变形工艺的合理调控，可以实现合金中第二相的动态析出和动态再结晶的协同调控，细化合金晶粒，改善合金的性能[35]。Mg-Li-Sn 合金中高熔点 $MgLi_2Sn$ 相还有助于提高其热稳定性。Ca 的密度仅为 1.54 g/cm^3，在 Mg-Li 合金中通过 Ca 合金化有望获得超轻的 Mg-Li 合金。随着 Ca 的加入，合金中形成具有较高热稳定性的 Mg_2Ca 相，可以显著地细化晶粒，改善合金的性能。笔者团队成功制备了超轻 Mg-6.8Li-3Al-0.5Ca 合金，合金的抗拉强度达到 286 MPa，延伸率为 18.7%[34]。

此外，Zr、Mn、Si、Ag 和 Cu 等也是 Mg-Li 合金中常见的合金化元素。通过合金化，可以在 Mg-Li 合金中获得有效的增强相，合金强度得到一定的提升。

1.4 镁锂合金的研发进展与应用现状

1.4.1 镁锂合金的研发进展

Mg-Li 合金作为目前最轻的金属工程结构材料，密度一般在 1.35～1.65 g/cm^3 范围内，比普通镁合金轻 1/4～1/3，比铝合金轻 1/3～1/2，Mg-Li 合金具有较高的比强度、优良的减振性能与成形性能，因此 Mg-Li 系列合金是先进装备和智能穿戴等领域最理想的轻质结构材料。各国特别是西方发达国家已视 Mg-Li 合金构件的设计开发、应用及其相关的基础研究为全球竞争的一个重要战略选择。

虽然 Mg-Li 合金具有低密度、高比强度、加工性能好等优点，但其较差的稳定性、耐蚀性，高强度下韧性不足等缺点限制了其应用。总结当前的研究结果，为获取综合力学性能优异的 Mg-Li 合金，主要从 Mg-Li 合金的合金化、新型晶粒细化技术、Mg-Li 合金熔炼新工艺与新技术、纳米晶 Mg-Li 合金材料制备和合金超塑性等方面着手，研发高性能的 Mg-Li 系列合金。

　　笔者团队针对现有 Mg-Li 合金牌号少、绝对强度低和稳定性差等问题，提出了基于非扩散界面强化和微纳第二相与基体协同作用的 Mg-Li 合金成分设计准则，以超轻合金化元素 Ca、低添加量 Sn、Sr 和 RE 等作为主要合金化元素，设计构建高塑性基体与微纳第二相强化双管齐下的新型 Mg-Li 合金体系，发展了形变诱导微纳第二相析出与动态再结晶协同的多尺度微观组织调控思路，以及新型非对称挤压和旋转锻造等工艺。通过合金成分和变形工艺的一体化设计，在高强韧镁合金和高成形性镁合金等方面取得显著的研究进展，研发的合金性能居世界前列，如图 1-7 所示。

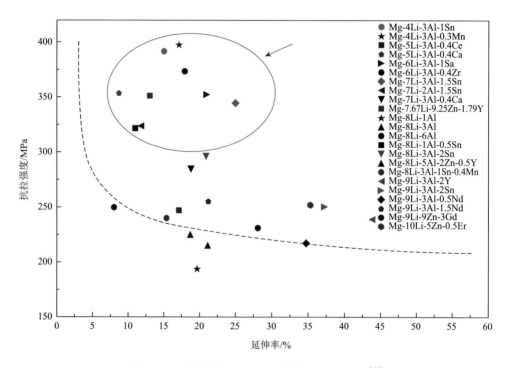

图 1-7　研发的超轻 Mg-Li 合金性能居世界前列[69]

　　Mg-Li 合金作为典型的超轻、高比强金属材料，是先进装备减重的首选材料。目前 Mg-Li 合金在欧美发达国家已形成了较为系统的材料体系、工艺体系和应用体系，陆续开发了多种典型 Mg-Li 合金及构件。国内在 Mg-Li 合金成形技术研发及其应用方面，与国外相比存在较大差距，超轻 Mg-Li 合金的塑性成形技术还不成熟，其中精密成形、超塑成形等先进成形技术还处于实验室阶段，特别是在薄壁大尺寸零部件成形技术方面差距显著。

　　笔者团队针对 Mg-Li 合金复杂构件成形难、成形质量差等问题，开展了超轻合金精密拉深成形、热拉深/超塑复合成形等技术的数值模拟与工艺实验研究,厘清了成形过程中合金宏观变形与微观组织之间的耦合关系,发展了 Mg-Li 合金宏观变形与微观组织耦合控制技术;基于在构件局部区域构建非均匀温度场,从整体上协调构件的成形,通过一体化的复合成形技术,改变材料应力状态分布,解决了变形过程中的非均匀变形问题,研发了 Mg-Li 合金均匀变形控制技术,有效解决了多层中空薄壁轻质复杂结构等关键构件的成形制造难题,发展了 Mg-Li 合金超塑复合成形和形性一体化调控技术。基于上述技术,成功研发了超轻 Mg-Li 合金复杂薄壁航天构件,已在先进装备关键构件上应用,在轨运行良好;成功试制星载波导天线构件和卫星机箱构件,实现减重约 40%。相关研究成果有效推动了 Mg-Li 合金在航天领域的应用进程,为航天领域的超轻量发展奠定重要技术基础。

综上所述,为进一步拓展 Mg-Li 合金在航空航天、3C 和智能穿戴等领域的应用,仍然需要持续加强高性能 Mg-Li 合金、超轻 Mg-Li 合金和 Mg-Li 合金先进成形技术等方面的研发工作。

1.4.2 镁锂合金的应用现状

随着我国经济社会的发展,通信卫星等先进装备功能日益复杂,所需完成的功能越来越多,这对卫星平台及装备轻量化提出更高的要求,甚至达到逐克减重的情况。Mg-Li 合金材料作为目前最轻的金属结构材料,具有比强度高、电磁屏蔽性好以及阻尼减振性能良好等特点(性能对比如表 1-4 和表 1-5 所示),是实现结构轻量化、高稳定性的理想材料。航天匠人——柴洪友主任设计师在 2018 年主编的《航天器结构与机构》著作中,"新材料的应用"一节以"Mg-Li 合金"作为航天新材料的第一类材料进行了重点介绍,说明 Mg-Li 合金材料在航天领域应用前景广阔。

表 1-4　Mg-Li 合金材料性质

材料	强度/MPa	密度/(g/cm³)	比强度/(N·m/kg)	弹性模量/GPa	比刚度/(kg²/m²)
Mg-Li 合金	180~300	1.3~1.65	150~200	42~45	30~32
镁合金	200~300	1.8~2.0	110~150	45~47	23~25
铝合金	250~550	2.8~2.9	90~180	69	23~24
钛合金	600~800	4.5	170~180	104	23
一般结构钢	300~800	7.9	40~100	200	25

表 1-5　Mg-Li 合金材料阻尼性能

材料	不同压力下的阻尼比/%				
	10 MPa	15 MPa	20 MPa	25 MPa	35 MPa
铝合金（A356）	0.3	0.5	0.6	0.9	1.2
镁合金（AZ92A）	0.5	1.0	1.3	2.6	3.8
Mg-Li 合金	>0.5	>1.0	>1.3	>2.6	>3.6

　　目前，具有超高比强度和多种优异性能的 Mg-Li 合金材料在通信卫星等航天器平台和先进装备中已得到很多成功应用，展现出越来越广阔的应用前景。主要应用方向包括通信卫星，在轨组合扩展结构、天线、电源等电子单机、宇航型号直属件结构产品，微纳卫星等多种重要领域。我国某型号吊舱采用了超轻合金，相比于铝合金材质实现了 46%的减重。可以看出，若 Mg-Li 合金材料能够取代铝合金并在航天领域中次承载结构件上得到应用，完全可以实现构件整体大幅减重的目标。

　　然而，随着 Mg-Li 合金材料在宇航型号产品中应用的不断深入，产品类型、结构形式不断丰富，对 Mg-Li 合金材料高强度、高稳定性提出了更高的要求，迫切需要发展新型高性能 Mg-Li 合金及超轻构件，为宇航型号结构的轻量化打下坚实的材料基础。

　　随着未来研究的深入，Mg-Li 合金将有可能逐渐成为应用于航空航天、3C 和智能穿戴领域等支柱产业中最具有潜力、最理想的轻质结构材料[49, 70-72]。Mg-Li 合金可望用于制造战术航空导弹舱段、副翼蒙皮、壁板、加强框、舵面等结构部件，以及在 VR（虚拟现实）眼镜等轻质化的智能穿戴产品中也将会有较为广泛的应用。同时，在轻兵器、坦克、装甲车等的轻量化过程中，Mg-Li 合金的潜力巨大[73]。此外，Mg-Li 合金材料也具有一定的医用价值，德国汉诺威大学成功试制了 Mg-Li 合金心血管植入件，从而开辟出其新的应用领域。由此可见，Mg-Li 合金具有良好的应用前景，开发高性能 Mg-Li 合金及其构件将是镁合金研究中的重要方向之一。

参 考 文 献

[1] Song J F，She J，Chen D L，et al. Latest research advances on magnesium and magnesium alloys worldwide [J]. Journal of Magnesium and Alloys，2020，8（1）：1-41.

[2] Yang Y，Xiong X M，Chen J，et al. Research advances in magnesium and magnesium alloys worldwide in 2020 [J]. Journal of Magnesium and Alloys，2021，9（3）：705-747.

[3] Król M，Staszuk M，Mikuszewski T，et al. Refinement effect of RE in light weight Mg-Li-Al alloys [J]. Journal of Thermal Analysis and Calorimetry，2018，134（1）：333-341.

[4] 王红亮，谢圣中，高小庆. 稀土元素在镁合金中应用的研究进展 [J]. 广州化工，2022，50（12）：7-9.

[5] 王小兰，李秀兰，洪小龙，等. 高强镁合金的制备及研究进展综述 [J]. 四川冶金，2020，42（5）：5-9.

[6] 庞浩，李全安，陈晓亚. 含钕镁合金的研究现状与应用 [J]. 中国稀土学报，2022，40（4）：561-576.

[7] 范海冬. 镁合金塑性机制研究综述 [J]. 固体力学学报，2019，40（4）：287-325.

[8] Li J，Jin L，Wang F H，et al. Effect of phase morphology on microscopic deformation behavior of Mg-Li-Gd dual-phase alloys [J]. Materials Science and Engineering A，2021，809：140871.

[9] 章懿清，时来鑫，胡励，等.Mg-Li 合金塑性加工方法的研究现状及展望 [J]. 热加工工艺，2021，50（13）：1-6.

[10] 王京华，王祝堂. 中国 Mg-Li 合金研发与生产走在了世界前列 [J]. 轻合金加工技术，2020，48（8）：1-7.

[11] Zou Y，Zhang L H，Li Y，et al. Improvement of mechanical behaviors of a superlight Mg-Li base alloy by duplex phases and fine precipitates [J]. Journal of Alloys and Compounds，2018，735：2625-2633.

[12] 彭翔，吴国华，刘文才，等.Mg-Li 合金的腐蚀机理与表面防护 [J]. 中国有色金属学报，2022，32（1）：1-14.

[13] Feng J W，Zhang H，Zhang L，et al. Microstructure and corrosion properties for ultrahigh-pressure Mg-Li alloys [J]. Corrosion Science，2022，206：110519.

[14] 丁文江，付彭怀，彭立明，等. 先进镁合金材料及其在航空航天领域中的应用 [J]. 航天器环境工程，2011，28（02）：103-109.

[15] 潘复生，王敬丰，章宗和，等. 中国镁工业发展的机遇、挑战和责任 [J]. 中国金属通报，2008，2：6-14.

[16] 李慧，徐荣正，侯艳喜，等. 镁锂合金的焊接技术及其在航天领域的应用 [J]. 热加工工艺，2019，48（1）：1-4.

[17] Friedrich H，Schumann S. Research for a "new age of magnesium" in the automotive industry [J]. Journal of Materials Processing Technology，2001，117（3）：276-281.

[18] Freeth W E，Raynor G V. The systems magnesium-lithium and magnesium-lithium-silver [J]. Journal of the Institute of Metals，1954，82（12）：575-580.

[19] 孙春兰，王俊红. 最轻的金属结构新材料——镁锂合金 [J]. 世界有色金属，2017，6：1-2.

[20] Dutkiewicz J，Rogal L，Kalita D，et al. Development of new age hardenable Mg-Li-Sc alloys [J]. Journal of Alloys and Compounds，2019，784：686-696.

[21] Andritsos E I，Paxton A T. Effects of calcium on planar fault energies in ternary magnesium alloys [J]. Physical Review Materials，2019，3（1）：013607.

[22] 黄晓锋，朱凯，曹喜娟. 主要合金元素在镁合金中的作用 [J]. 铸造技术，2008，11：1574-1578.

[23] Cain T W，Labukas J P. The development of beta phase Mg-Li alloys for ultralight corrosion resistant applications [J]. NPJ Materials Degradation，2020，4（1）：1-10.

[24] 余琨. 稀土变形镁合金组织性能及加工工艺研究 [D]. 长沙：中南大学，2002.

[25] Li L Y，Han Z Z，Zeng R C，et al. Microbial ingress and *in vitro* degradation enhanced by glucose on bioabsorbable Mg-Li-Ca alloy[J]. Bioactive Materials，2020，5（4）：902-916.

[26] Xu T C，Shen X，Li B，et al. Effect of Nd on microstructure and mechanical properties of dual-phase Mg-9Li-3Al alloys [J]. Materials Research Express，2019，6（7）：076548.

[27] Li M M，Qin Z，Yang Y，et al. Microstructure and corrosion properties of duplex-structured extruded Mg-6Li-4Zn-xMn alloys [J]. Acta Metallurgica Sinica：English Letters，2022，35（5）：867-878.

[28] Mineta T，Saijo H，Sato H. High temperature creep deformation behavior of heat-treated (α + β)-Mg-9Li-4Al-1Zn alloy [J]. Journal of Alloys and Compounds，2022，910：164938.

[29] Yang Y，Peng X D，Wen H M，et al. Microstructure and mechanical behavior of Mg-10Li-3Al-2.5Sr alloy [J]. Materials Science and Engineering A，2014，611：1-8.

[30] Guo J，Chang L L，Zhao Y R，et al. Effect of Sn and Y addition on the microstructural evolution and mechanical properties of hot-extruded Mg-9Li-3Al alloy [J]. Materials Characterization，2019，148：35-42.

[31] Zhang Y，Zhang J，Wu G，et al. Microstructure and tensile properties of as-extruded Mg-Li-Zn-Gd alloys reinforced with icosahedral quasicrystal phase [J]. Materials & Design，2015，66（PA）：162-168.

[32] Ji H，Wu G H，Liu W C，et al. Microstructure characterization and mechanical properties of the as-cast and as-extruded Mg-xLi-5Zn-0.5Er（x = 8，10 and 12 wt%）alloys [J]. Materials Characterization，2020，159：110008.

[33] Zhong F，Wu H J，Jiao Y L，et al. Effect of Y and Ce on the microstructure，mechanical properties and anisotropy of as-rolled Mg-8Li-1Al alloy [J]. Journal of Materials Science & Technology，2020，39：124-134.

[34] Xiong X M，Yang Y，Deng H J，et al. Effect of Ca content on the mechanical properties and corrosion behaviors of extruded Mg-7Li-3Al alloys [J]. Metals，2019，9（11）：1212.

[35] Fu X S，Yang Y，Hu J W，et al. Microstructure and mechanical properties of as-cast and extruded Mg-8Li-1Al-0.5Sn alloy [J]. Materials Science and Engineering A，2018，709：247-253.

[36] Liu R X，Higashino S，Hagihara K，et al. Change in elastic properties during room-temperature aging in body-centered cubic Mg-Li and Mg-Li-Al single crystals [J]. Journal of Materials Science & Technology，2022，109：49-53.

[37] 郭晶. 新型 Mg-Li-Al 合金的微观组织及性能研究 [D]. 济南：山东大学，2019.

[38] 胡勇，邓君，徐进，等. 超轻 Mg-Li-Al-Zn 合金的制备与性能研究 [J]. 东莞理工学院学报，2021，28（3）：123-127.

[39] Tang S，Xin T Z，Luo T，et al. Grain boundary decohesion in body-centered cubic Mg-Li-Al alloys [J]. Journal of Alloys and Compounds，2022，902：163732.

[40] Zou Y，Zhang L H，Li Y，et al. Improvement of mechanical behaviors of a superlight Mg-Li base alloy by duplex phases and fine precipitates [J]. Journal of Alloys and Compounds，2018，735：2625-2633.

[41] Takuda H，Kikuchi S，Tsukada T，et al. Effect of strain rate on deformation behaviour of a Mg-8.5Li-1Zn alloy sheet at room temperature [J]. Materials Science and Engineering A，1999，271（1-2）：251-256.

[42] Yamamoto A，Ashida T，Kouta Y，et al. Precipitation in Mg-(4～13)% Li-(4～5)% Zn ternary alloys [J]. Materials Transactions，2003，44（4）：619-624.

[43] Tang S，Xin T Z，Xu W Q，et al. Precipitation strengthening in an ultralight magnesium alloy [J]. Nature Communications，2019，10（1）：1-8.

[44] 王涛. 镁锂稀土合金的制备及性能研究 [D]. 哈尔滨：哈尔滨工程大学，2008.

[45] 熊晓明. Mg-Li-Zn-Mn 合金组织与性能研究 [D]. 重庆：重庆大学，2019.

[46] Ji H，Wu G H，Liu W C，et al. Origin of the age-hardening and age-softening response in Mg-Li-Zn based alloys [J]. Acta Materialia，2022，226：117673.

[47] Zhang X，Su K Q，Kang H J，et al. Improving the mechanical properties of duplex Mg-Li-Zn alloy by mixed rolling processing [J]. Materials Today Communications，2022，31：103538.

[48] 马亚军. 添加 Y 和 Ce 对 Mg-Li-Zn 合金显微组织与力学性能的影响 [D]. 哈尔滨：哈尔滨工程大学，2018.

[49] 彭翔，刘文才，吴国华. 镁锂合金的合金化及其应用 [J]. 中国有色金属学报，2021，31（11）：3024-3043.

[50] 付伟，崔晓飞，房大庆，等. 稀土镁合金强塑性协同提高机理研究 [A]. 中国稀土学会 2021 学术年会论文摘要集，四川成都，2021：501.

[51] Xu C，Zhang J H，Liu S J，et al. Microstructure，mechanical and damping properties of Mg-Er-Gd-Zn alloy

reinforced with stacking faults [J]. Materials & Design，2015，79：53-59.

[52] Zhao Y，Zhang D F，Xu J Y，et al. A good balance between strength and ductility in Mg-Zn-Mn-Gd alloy [J]. Intermetallics，2021，132：107163.

[53] Su N，Wu Y J，Deng Q C，et al. Synergic effects of Gd and Y contents on the age-hardening response and elevated-temperature mechanical properties of extruded Mg-Gd(-Y)-Zn-Mn alloys [J]. Materials Science and Engineering A，2021，810：141019.

[54] 李廷取，刘祥玲，曲明洋. 热挤压 LAZ532-x（RE、Cu、Sn）镁锂合金的耐蚀性能研究 [J]. 热加工工艺，2019，48（8）：102-104.

[55] Yu Z J，Xu X，Mansoor A，et al. Precipitate characteristics and their effects on the mechanical properties of as-extruded Mg-Gd-Li-Y-Zn alloy [J]. Journal of Materials Science & Technology，2021，88：21-35.

[56] Peng X，Wu G H，Xiao L，et al. Effects of Ce-rich RE on microstructure and mechanical properties of as-cast Mg-8Li-3Al-2Zn-0.5Nd alloy with duplex structure [J]. Progress in Natural Science：Materials International，2019，29（1）：103-109.

[57] Zhang S，Sun Y，Wu R Z，et al. Coherent interface strengthening of ultrahigh pressure heat-treated Mg-Li-Y alloys [J]. Journal of Materials Science & Technology，2020，51：79-83.

[58] Ji H，Liu W C，Wu G H，et al. Influence of Er addition on microstructure and mechanical properties of as-cast Mg-10Li-5Zn alloy [J]. Materials Science and Engineering A，2019，739：395-403.

[59] Li C Q，Xu D K，Wang B J，et al. Effects of icosahedral phase on mechanical anisotropy of as-extruded Mg-14Li（in wt%）based alloys [J]. Journal of Materials Science & Technology，2019，35（11）：2477-2484.

[60] Tang Y，Le Q C，Jia W T，et al. Influences of warm rolling and annealing processes on microstructure and mechanical properties of three parent structures containing Mg-Li alloys [J]. Materials Science and Engineering A，2018，711：1-11.

[61] Zhu T L，Cui C L，Zhang T L，et al. Influence of the combined addition of Y and Nd on the microstructure and mechanical properties of Mg-Li alloy [J]. Materials & Design，2014，57：245-249.

[62] Su J F，Yang Y，Fu X S，et al. Microstructure and mechanical properties of duplex structured Mg-Li-Zn-Y alloys [J]. Archives of Foundry Engineering，2018，18（1）：181-185.

[63] Li R H，Jiang B，Chen Z J，et al. Microstructure and mechanical properties of Mg-14Li-1Al-0.3La alloys produced by two-pass extrusion [J]. Journal of Rare Earths，2017，35（12）：1268-1272.

[64] Tang Y，Le Q C，Misra R D K，et al. Influence of extruding temperature and heat treatment process on microstructure and mechanical properties of three structures containing Mg-Li alloy bars [J]. Materials Science and Engineering A，2018，712：266-280.

[65] Xia D D，Liu Y，Wang S Y，et al. *In vitro* and *in vivo* investigation on biodegradable Mg-Li-Ca alloys for bone implant application [J]. Science China Materials，2019，62（2）：256-272.

[66] 王涛，张密林，牛中毅. Y 对 Mg-8Li-3Al 合金组织和性能的影响 [J]. 轻合金加工技术，2007，10：35-37.

[67] Luo G X，Wu G Q，Wang S J，et al. Effects of YAl₂ particulates on microstructure and mechanical properties of β-Mg-Li alloy [J]. Journal of Materials Science，2006，41（17）：5556-5558.

[68] Shi Z Z，Sun Z P，Gu X F，et al. Row-matching in pyramidal Mg₂Sn precipitates in Mg-Sn-Zn alloys [J]. Journal of Materials Science，2017，52（12）：7110-7117.

[69] Zhou G，Yang Y，Zhang H Z，et al. Microstructure and strengthening mechanism of hot-extruded ultralight Mg-Li-Al-Sn alloys with high strength [J]. Journal of Materials Science & Technology，2022，103：186-196.

[70] 余琨，黎文献，王日初，等. 变形镁合金的研究、开发及应用 [J]. 中国有色金属学报，2003，2：277-288.

[71]   林奔，杜玥，尹雨晨，等. 超轻镁-锂合金超塑性变形研究现状及展望 [J]. 轻合金加工技术，2021，49（6）：18-23.

[72]   蔡祥，乔岩欣，许道奎，等. 镁锂合金强化行为研究进展 [J]. 材料导报，2019，33（S2）：374-379.

[73]   黄晓艳，刘波. 轻合金是武器装备轻量化的首选金属材料 [J]. 轻合金加工技术，2007，1：12-15.

第2章

合金元素对镁锂合金组织和性能的影响

合金化是提高镁锂合金性能的重要途径，通过合金化以及随后的热处理和塑性变形工艺，可调控镁锂合金的晶粒尺寸、析出相和孪晶等微观结构，从而有效改善合金的强韧性[1-5]。近年来，作者团队在超轻镁锂合金材料的合金化设计和开发等方面开展了大量的研究工作，本章主要介绍合金化调控单相 α-Mg 镁锂合金、α + β 双相镁锂合金和单相 β-Li 镁锂合金的组织与性能等的研究进展。

2.1 合金元素对单相 α-Mg 镁锂合金组织与性能的影响

2.1.1 Li 对 AZ31 镁合金组织与性能的影响

1. 实验材料及方法

本章所用的实验材料为商业用 AZ31 铸锭和工业纯锂（纯度，99.90 wt%），实验合金的实际成分测试结果如表 2-1 所示。

表 2-1 实验合金的实际成分（wt%）

合金	Mg	Li	Al	Zn	Mn
AZ31	余量	—	2.62	0.75	0.36
LAZ131	余量	0.93	2.52	0.76	0.39
LAZ331	余量	2.93	2.61	0.78	0.35
LAZ531	余量	4.79	2.53	0.79	0.27

2. AZ31-xLi 合金铸态组织分析

Li 元素的添加对合金相组成的影响如图 2-1 所示。通过 X 射线衍射（XRD）谱图分析发现，AZ31 镁合金主要由 α-Mg 和 Al_8Mn_5 相组成，在合金中没有发现 $Mg_{17}Al_{12}$ 相。随着 Li 元素的添加，合金中出现了新的衍射峰，经过分析，该相为 $LiMgAl_2$ 相。随着 Li 含量的继续增加，合金中的相并未发生变化，也没有出现其他相的衍射峰，只是 α-Mg 衍射峰的强度和位置有所改变。在 AZ31 镁合金中添加 Li 元素并未发现 AlLi 相，即使在 Li 含量达到 5 wt%的 LAZ531 合金中也未发现该相的存在。

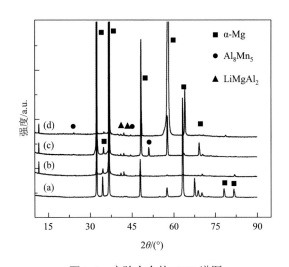

图 2-1　实验合金的 XRD 谱图

（a）AZ31；（b）LAZ131；（c）LAZ331；（d）LAZ531

图 2-2 为实验合金在铸态时的金相组织图。从图中可以看出，AZ31 镁合金晶粒粗大，且晶粒内部的枝晶清晰可见［图 2-2（a）］。而添加 Li 元素后，合金组织得到了细化。在含 Li 合金中，随着 Li 含量的增加，合金的晶粒尺寸有所增大，但总体来说，含 Li 合金的平均晶粒尺寸均比 AZ31 镁合金的晶粒尺寸细小，如图 2-3 所示。同时，由图 2-2 可见，随着 Li 含量的增加，合金中黑色第二相的数量逐渐增多，在 LAZ531 合金中可以明显看出，第二相的尺寸也较前两种含 Li 合金中的大，且大部分沿晶界分布。

目前有关 Li 元素对镁合金晶粒细化的研究还相对较少。Becerra 等[6]详细地研究了 Zn、Li、In 元素对镁合金晶粒尺寸的影响，结果发现，Li 元素对纯 Mg 有一定的细化效果，这是因为 Li 在 Mg 中固溶的同时，也会产生一些颗粒相，一般为 Li 的氧化物，而这些氧化物颗粒就可以充当形核质点。这些氧化物的数量会随着 Li 含量的增加而增加，所以 Mg 合金的晶粒尺寸也逐渐减小。但是，当在二元合金

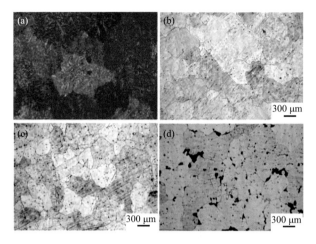

图 2-2　实验合金的铸态组织

（a）AZ31；（b）LAZ131；（c）LAZ331；（d）LAZ531

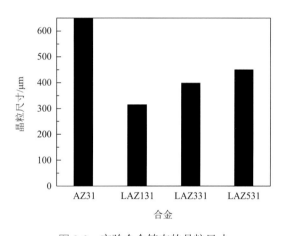

图 2-3　实验合金铸态的晶粒尺寸

或多元镁合金中尤其是在含有 Zn 元素的合金中添加 Li 元素，其细化效果就明显减小，这与合金中形核质点的减少有关。L. W. F. Mackenzie 等[7]研究发现，少量的 Li 添加到纯 Mg 中可以细化其晶粒尺寸，而少量的 Li 添加到 AZ31 镁合金中却起着相反的作用，使 AZ31 镁合金的晶粒粗化。因此，本研究的发现与前人研究结果有一定的吻合。AZ31 镁合金中添加 Li 元素使得合金的晶粒有所细化，但是随着 Li 含量的增加，合金晶粒尺寸没有进一步细化，而是逐渐增大。这可能是因为 Li 元素添加到 AZ31 镁合金中后，其细化效果受到 Zn 元素的抑制。

3. AZ31-*x*Li 合金挤压板材组织分析

图 2-4 为实验合金挤压态的微观组织。同铸态组织相比，挤压态合金的晶粒

细化较为明显，黑色第二相颗粒在挤压过程中也被挤碎，并沿挤压方向呈流线型分布。如图 2-4（a）所示，AZ31 挤压态组织为等轴的再结晶组织；添加合金元素 Li 后，合金晶粒有所细化，只是随着 Li 含量的不同，细化程度也不同。

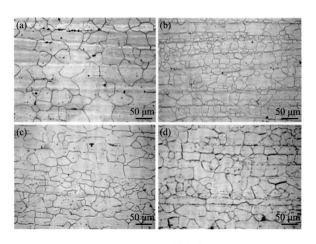

图 2-4　挤压态合金板材的金相组织图

（a）AZ31；（b）LAZ131；（c）LAZ331；（d）LAZ531

4. AZ31-xLi 合金挤压板材力学性能

挤压后的合金内部通常会保留一部分残余应力，可能会导致工件过早失效，为去除这些应力，通常需要进行去应力退火。图 2-5 为挤压态合金经去应力退火后在室温下沿与挤压方向呈 0°（ED）、45°、90°（TD）角的拉伸曲线，四种合金都表现出较明显的加工硬化现象。从图 2-5 可以看出，添加 Li 元素后，合金拉伸曲线的形状发生明显改变。AZ31 镁合金室温拉伸时在较低应力下屈服，随后表现为持续硬化，直至断裂。随着 Li 元素的添加，合金屈服强度有所改善，尤其是在沿 45°和 90°拉伸时。当 Li 含量为 3 wt%和 5 wt%时，应力-应变曲线出现了锯齿状，这可能与 Li 促进的动态应变时效有关。从图 2-5 还可以看出，随着 Li 含量的增加，合金沿不同方向的拉伸曲线的差异越来越小，这也意味着，合金的力学性能各向异性现象在逐渐减弱。拉伸性能包括抗拉强度（UTS）、屈服强度（YS）、断裂延伸率（FE）和应变硬化指数（n），详列于表 2-2 中。从表中可以看出，随着拉伸方向与挤压方向逐渐偏离，所有合金的加工硬化指数逐渐增加，且所有合金沿与挤压方向成 45°拉伸时的断裂延伸率最好。当沿挤压方向呈 90°拉伸时，Li 元素的添加使合金的抗拉强度出现了一定的提升，然而，当沿挤压方向呈 0°和 45°拉伸时，抗拉强度却随 Li 含量的增加而降低。四种合金沿 ED 方向与 TD 方向拉伸时的屈服强度的差值分别为 107 MPa、59 MPa、66 MPa 和 48 MPa，而 n 值的差值分别为 0.283、0.154、0.224 和 0.190。

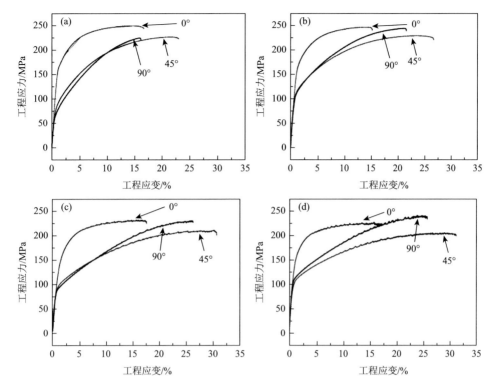

图 2-5 挤压态合金板材在室温下拉伸时的工程应力-应变曲线

（a）AZ31；（b）LAZ131；（c）LAZ331；（d）LAZ531

表 2-2 挤压态合金板材沿不同方向拉伸时的力学性能

合金	抗拉强度/MPa			屈服强度/MPa			断裂延伸率/%			*n* 值		
	ED	45°	TD	ED	45°	TD	ED	45°	TD	ED	45°	TD
AZ31	250	228	227	177	91	70	15	23	16	0.203	0.411	0.486
LAZ131	246	227	243	168	116	109	14	26	21	0.215	0.342	0.369
LAZ331	232	213	233	157	101	91	18	30	27	0.209	0.380	0.433
LAZ531	229	210	242	161	112	113	18	31	25	0.187	0.340	0.377

　　如图 2-5 及表 2-2 所示，LAZ531 合金板材在沿与 ED 呈 45°拉伸时的断裂延伸率为 31%，高于其他合金及其他方向拉伸时的断裂延伸率。众所周知，良好的塑性是与应变硬化行为相关的，提高 *n* 值可以有效地抑制局部变形，协调合金均匀变形，提高合金的均匀伸长率和断裂延伸率，因此 LAZ531 合金在沿与 ED 呈45°拉伸时较高的断裂延伸率可能与应变硬化行为有关。但从表 2-2 可以看出，AZ31 合金板材在沿 TD 方向或与 ED 呈 45°拉伸时的 *n* 值均大于 LAZ531，故

LAZ531 的高塑性与应变硬化行为的关系不大。在 Mg-Gd 合金的研究中也出现过类似的现象[1]，其加工硬化指数受合金强基面织构的影响更大。这是因为弱基面织构不仅有利于拉伸过程中的基面滑移，更对孪生变形的激活有重要影响[2]。由此推测，添加 Li 元素后合金塑性改善的原因应该与织构有关。

5. AZ31-xLi 合金挤压板材的各向异性

挤压板材各向异性因子的测定结果如表 2-3 所示。从表中可以发现，AZ31 镁合金板材在室温下的 r_{avg} 值接近 1，但其在各个方向上的差异较大，具有较强的平面各向异性。LAZ131 合金沿各个方向的 r 值差异较小，数值接近 1；平面各向异性（Δr_1 与 Δr_2）最小。LAZ531 合金在室温下的 r 值很高，但 r 值在各方向上的差异较大，具有强的平面各向异性，可能会导致拉深成形时出现制耳现象。

表 2-3　挤压态合金板材的各向异性因子

合金	r 值			r_{avg}	Δr_1	Δr_2
	ED	45°	TD			
AZ31	0.73	1.27	0.47	0.94	0.67	0.80
LAZ131	1.47	1.00	0.81	1.07	0.14	0.66
LAZ331	0.55	1.32	0.37	0.89	0.86	0.95
LAZ531	0.56	2.40	0.90	1.57	1.67	1.84

综合来看，LAZ131 合金相比其他三种合金更具有潜在的优异室温成形性能，这对 LAZ131 合金板材后续的轧制加工非常有利。同时，应变硬化行为同样是衡量板材成形性能的标准之一，通过对比表 2-2 发现，LAZ131 在各个方向上同样具有较高的加工硬化指数，这也预示着该合金具有较好的室温加工性能。

如前所述，镁合金中存在的织构会使合金在加工时出现特定的变形行为，可以借助晶体学上的基面滑移与非基面滑移来理解。对试样在拉伸前后的厚度及宽度变化进行了统计，其结果列于表 2-4 中。结果表明，对于大多数合金，无论沿着哪个方向拉伸，试样拉伸前后宽度的变化量要比厚度变化量偏大，这也有利于镁合金的室温成形性能。添加了 Li 元素的合金厚度变化要比 AZ31 镁合金的变化大；同时，对于宽度方向的变化，只有添加了 Li 元素的合金在 45°方向上的变化要比其他方向上的变化大。这个结果与 Li 元素的添加导致镁合金的塑性变形行为发生改变有关。众所周知，（0002）基面滑移是 AZ31 镁合金中主要的变形机制，因此在变形过程中，（0002）面会逐渐偏转到平行于挤压方向或者垂直于挤压板的法向排列[3, 4]。一般来说，这种取向的存在使得合金沿板材的法向变形时受到限制，晶粒更加趋向于沿挤压方向变形。

表 2-4　挤压态合金沿不同方向拉伸前后样品的厚度及宽度变化的统计

合金	厚度变化量/%			宽度变化量/%		
	ED	45°	TD	ED	45°	TD
AZ31	6	4.9	5.1	8.6	12.5	5.6
LAZ131	6	6.3	5.4	8	14.2	9
LAZ331	9.2	9	9.3	7.7	16.9	9.8
LAZ531	10	8.4	10.3	9.4	16.4	4.5

　　为了解 Li 元素对 AZ31 镁合金室温塑性的影响，对合金进行塑性变形过程中的组织进行观察，如图 2-6 所示。AZ31 镁合金[图 2-6（a）]室温塑性较差，组织中出现了大量细小针状孪晶，晶界不明显。LAZ131 合金[图 2-6（b）]的情况与 AZ31 镁合金类似。然而，随着 Li 含量的增加，在 LAZ331[图 2-6（c）]和 LAZ531[图 2-6（d）]合金的组织中，出现了大量的二次裂纹及孔洞（如图中黑色箭头所指），说明在拉伸变形过程中，合金开始沿晶界出现裂纹。同时，这两种合金中也存在少量的孪晶。这种现象说明，随着 Li 含量的增加，合金在室温下的变形由原来的孪生变形转变为孪生＋滑移的塑性变形模式。

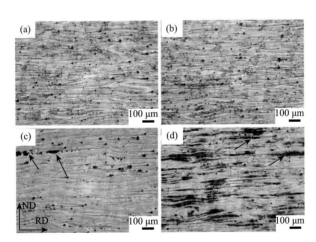

图 2-6　室温拉伸应变量为 15%时的微观组织

（a）AZ31；（b）LAZ131；（c）LAZ331；（d）LAZ531

　　四种板材成形性能的差异应与其初始织构有关。AZ31 镁合金板材具有较强的基面织构，在平行于板面拉伸时，无论是基面滑移还是非基面滑移，均无法提供沿厚度方向的应变分量。因此，这种强的基面织构会导致板材沿宽度方向的应变相对厚度方向为大，如表 2-4 所示。而随着 Li 含量的增加，合金板材的初始织构逐渐由基面织构转变为峰值强度较低的非基面织构（非基面滑移可以提供厚度方向的应变）；此外也有文献[5]报道 Mg-Li 合金在室温下也会出现 $\langle c+a \rangle$ 滑移，这就会导致厚度方向的应变与宽度方向的应变程度相当。

6. Li 元素对合金组织、织构的影响及其内在机理

图 2-7 为不同 Li 含量挤压态合金的宏观织构演变。从图中可以看出，Li 元素的添加对合金织构的影响非常明显，其中包括极轴的偏转方向、偏转角度以及织构的强度等。AZ31 镁合金挤压板材表现出非常强的基面织构，这与常规的 AZ31 镁合金板材所表现出的特征相同[8]。随着 Li 含量的增加，合金（0002）基面织构的峰值强度与 AZ31 相比出现大幅下降，并且最大极密度的位置逐渐由中心向 TD

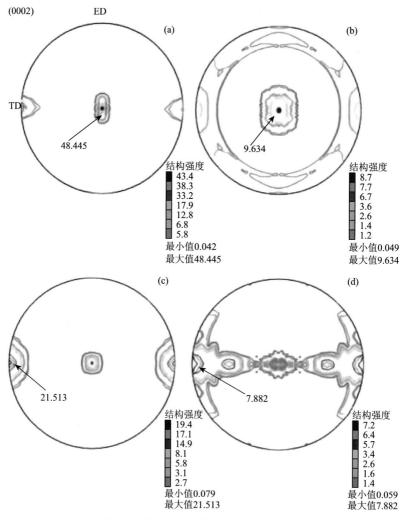

图 2-7　挤压态合金的（0002）基面织构

（a）AZ31；（b）LAZ131；（c）LAZ331；（d）LAZ531

偏转。Li 含量较少（LAZ131）的合金与 AZ31 镁合金板材相比，其峰值强度下降约 80%，极轴及最大极密度的位置未发生明显变化，但更为弥散。随着 Li 含量的增加，LAZ331 合金表现出一种不同于 AZ31 合金的织构特征，虽然其峰值强度比 LAZ131 合金大，但总体来说要比 AZ31 镁合金的峰值强度小很多，并且最大极密度的位置已经偏转至 TD 轴向，意味着大部分晶粒的 c 轴偏转至与 TD 平行。LAZ531 合金的（0002）极图中表现出比较散漫的织构特征，且 c 轴偏转的角度更加随机，这也可以从图 2-8 的微观织构图中看出。

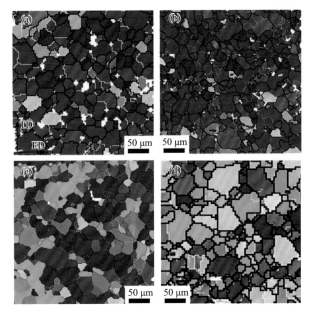

图 2-8 挤压态合金板材的 EBSD 谱图：（a）AZ31；（b）LAZ131；（c）LAZ331；
（d）LAZ531

图 2-8 中红色晶粒代表 c 轴平行于板材法向的晶粒，蓝色晶粒代表 c 轴平行于 TD 的晶粒。从图中可以清晰地看出，AZ31 及 LAZ131 合金中的晶粒大部分为红色，即这两种合金的织构还是以基面织构为主，LAZ131 合金中有部分晶粒的 c 轴偏离板材的法向，沿 TD 方向偏转。对于 LAZ331 合金来说，大部分晶粒的颜色为蓝色或接近于蓝色，这也就意味着合金中的大部分晶粒已经发生了偏转，而且偏转角度达到 90°。这与 LAZ331 合金的宏观织构图（图 2-7）相吻合，最大极密度位置的偏转代表着大多数晶粒 c 轴的偏转。而 LAZ531 合金中晶粒的颜色比较随机，说明该合金中的晶粒取向更加随机，基面织构强度大大降低。下面以 LAZ131 和 LAZ531 为例，详细地解释 Li 元素对镁合金织构的影响，如图 2-9 所示。

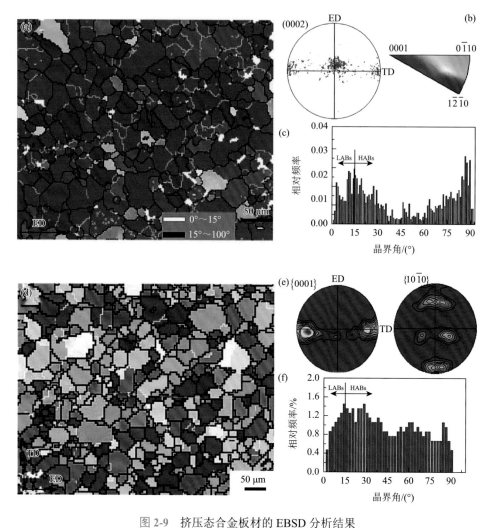

图 2-9　挤压态合金板材的 EBSD 分析结果

（a, d）取向成像图；（b, e）极图；（c, f）取向差角分布图；（a~c）为 LAZ131 合金；
（d~f）为 LAZ531 合金

　　图 2-9（a）～（c）为 LAZ131 合金的 EBSD 分析结果，可以看出，红色晶粒与蓝色晶粒在极图中所对应的位置，大部分晶粒的 c 轴还是平行于板材的法向，且合金中存在一部分由小角度晶界所包围、尺寸接近于再结晶晶粒的亚晶，这说明该合金的动态再结晶是在挤压加工过程中由小角度晶界向大角度晶界逐渐转变而成的。而 LAZ531 合金[图 2-9（d）～（f）]晶粒的取向更加随机，其织构偏转较多，几乎没有 c 轴平行于板材法向的晶粒存在，且合金中小角度晶界较少，出现大量的大角度晶界，说明该合金的动态再结晶已经完成。通过 EBSD 结果可以证实，在 LAZ331 和

LAZ531 合金中，具有随机取向的晶粒出现是导致其宏观基面织构弱化的直接原因。

为了更加形象地对比 Li 含量对挤压态 AZ31 镁合金不同晶面的峰值强度的影响，对挤压态合金板材进行了 XRD 分析，对比了不同晶面的 XRD 峰值变化。从图 2-10 中可以看出，随着 Li 含量的增加，(0002)基面的峰值强度逐渐减弱，$(10\overline{1}0)$ 和 $(11\overline{2}0)$ 柱面的峰值强度增加，$(10\overline{1}1)$ 锥面的峰值强度也逐渐增加。LAZ531 合金中基面 (0002) 的峰值强度与锥面 $(10\overline{1}1)$ 形成了强烈的反差，这也说明 Li 元素添加到 AZ31 镁合金中，可以有效地减弱合金中的基面织构，甚至可以改变织构类型，出现柱面及锥面织构。

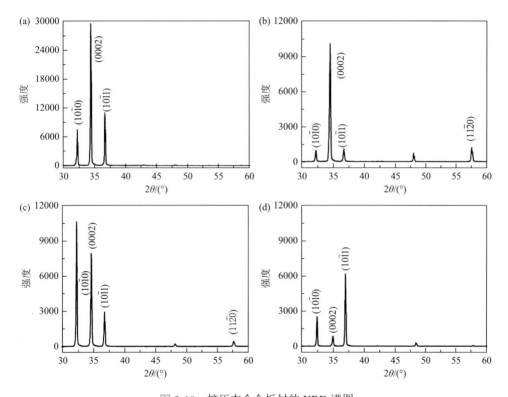

图 2-10　挤压态合金板材的 XRD 谱图

（a）AZ31；（b）LAZ131；（c）LAZ331；（d）LAZ531

Li 元素的添加引起合金织构变化的原因之一是再结晶的新晶粒在形核和长大时，与原有的母晶在取向角上存在较大的差异。本实验中的再结晶机制称为旋转动态再结晶[9]，因为它使新晶粒具有与原始晶粒不同取向的高角度晶界。在本实验研究的合金中出现再结晶晶粒的体积分数较大是因为：①Li 原子与位错的交割作用[5]；②较高的挤压温度。Li 元素的添加引起 AZ31 镁合金织构改变的第二个原因就是可以降低合金的轴比（*c/a*）。众所周知，镁合金的轴比主要影响基面滑移和非基面滑移的临界剪切应力（CRSS）[10]，从而对变形机制产生影响[11]。纯镁的轴比为 1.624，室温时非基面滑移的 CRSS 要比基面滑移的 CRSS 大得多，所以镁合金在室温下变形一般以基面滑移为主，这也是其变形能力差的原因之一。镁合金具有更低的轴比，所以其非基面滑移 CRSS 较小，更容易发生塑性变形[10]。镁合金中的固溶原子可以改变 Mg 的晶格常数 *a* 和 *c*，从而导致轴比的变化。室温下 Li 在 α-Mg 中的固溶度可以达到 5.5 wt%，这就意味着 Li 元素可以对镁合金的轴比产生重要影响。添加 Li 元素后合金的轴比结果列于表 2-5 中，从表中可以看出，添加 Li 元素后，AZ31 镁合金的轴比从 1.6245 逐渐降低到 1.6082（LAZ531合金）。由于轴比的减小，在镁合金中添加 Li 元素使得柱面〈*a*〉滑移的启动更加容易[7]。根据 Styczynski 等[12]的报道，镁合金中的基轴向 TD 偏转主要与柱面滑移的启动有关，这也与本文的研究相吻合。

表 2-5　Li 元素的添加对合金晶格参数的影响

合金	*a*/Å	*c*/Å	*c/a*	体积/Å³
AZ31	3.2044±0.002	5.2055±0.004	1.6245±0.001	46.29
LAZ131	3.1990±0.004	5.1876±0.006	1.6216±0.002	45.97
LAZ331	3.1934±0.004	5.1487±0.002	1.6170±0.002	45.47
LAZ531	3.1864±0.004	5.1278±0.004	1.6082±0.001	45.09

　　织构的转变对于改善镁合金板材的成形性能起着关键的作用。因此，在工业生产中，利用不同的加工工艺，如挤压和轧制，控制基面织构是非常重要的。挤压加工是一种有效且经济的板材生产方法，与此同时 Li 元素的添加对于镁合金板材的织构控制又是非常有效的，所以将二者结合来调控镁合金板材的织构具有较好的应用前景。

7. Li 元素对合金力学性能的影响机理

　　已有研究证明，Li 元素加入纯 Mg 中可以改善镁合金的塑性[13]，因为 Li 的加入降低了镁的轴比。本文的研究也与前人研究相吻合，随着 Li 含量的增加，合金的塑性逐渐增大，且加工硬化指数不断降低。同时，随着 Li 含量的增加，合金的各向异性减弱。这些现象都与 Li 元素的加入使得合金的变形机制的改变有关。还有研究发现 Li 元素的加入可以使〈*c+a*〉非基面滑移激活[5, 14]，意味着含 Li 镁合金的变形更为容易，成形性能可得到提高。

2.1.2　Sn 对单相 α-Mg 基镁锂合金组织与性能的影响

　　Sn 是镁合金中常用的晶粒细化剂之一，在镁锂合金中具有一定的固溶度且受温度变化的影响，可与 Mg、Li 反应形成 Mg_2Sn 或 $MgLi_2Sn$ 第二相，故可通过时效析出方式发生第二相强化。与此同时，均匀析出的第二相还可作为动态再结晶的形核点，能够起到细化晶粒的作用。此外，$MgLi_2Sn$ 还具有较高的熔点（770℃），有助于提高镁锂合金的热稳定性。

1. Sn 对 Mg-5Li-*x*Sn 铸态组织的影响

由图 2-11 可以知道，合金由 α-Mg 和析出的第二相组成，随着 Sn 含量的增加，合金中析出的第二相越多，合金的晶粒也更细小。合金中的第二相为细小的颗粒状，并且第二相基本沿晶界析出，分布比较均匀。与图 2-11（a）不同的是，图 2-11（b）中第二相的分布不是很均匀，一部分第二相在个别的三岔晶界处聚集，而且析出的第二相也更多。图 2-11（c）中第二相的量相对比较多，且分布也不均匀。

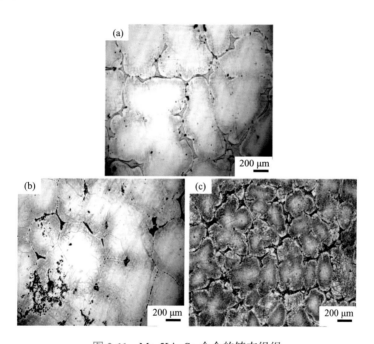

图 2-11　Mg-5Li-*x*Sn 合金的铸态组织

（a）Mg-5Li-0.2Sn；（b）Mg-5Li-0.3Sn；（c）Mg-5Li-0.7Sn

由图 2-12 可知，Mg-5Li-*x*Sn 合金由 α-Mg 基体和与 Sn 有关的第二相组成，第二相为颗粒状，在基体上弥散均匀分布。随着 Sn 含量的增加，Mg-5Li-*x*Sn 系列合金中第二相增多，并且第二相的形态也有细微的变化，Sn 含量较低时，第二相是颗粒状的，当 Sn 含量为 0.7 wt%，第二相既有颗粒状，又有片层状。由图 2-13 可知，Mg-5Li-*x*Sn 系列合金主要由 α-Mg 和颗粒状的 Mg_2Sn 相组成。

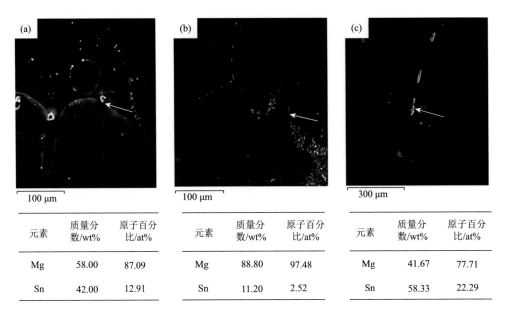

图 2-12　Mg-5Li-xSn 合金的 SEM 图和 EDS 图

（a）Mg-5Li-0.2Sn；（b）Mg-5Li-0.3Sn；（c）Mg-5Li-0.7Sn

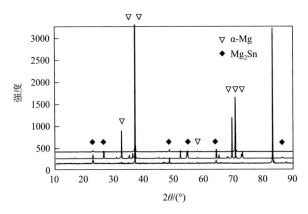

图 2-13　Mg-5Li-xSn 系列铸态合金的 XRD 谱图

2. Sn 对 Mg-5Li-xSn 挤压组织的影响

图 2-14 为 Mg-5Li-xSn 合金的挤压组织，可见挤压后合金的晶粒明显细化，组织均为动态再结晶组织和铸态组织的混合。随着 Sn 含量的增加，合金的平均晶粒尺寸从约 32.3 μm 降低到约 23.3 μm，再增加到约 33.7 μm，表现为先降低后增加的趋势。由图 2-14（a）可以看出，有较粗大的第二相沿晶界析出，第二相的分布很不均匀，而图 2-14（b）和（c）中的第二相颗粒分布则较为均匀。

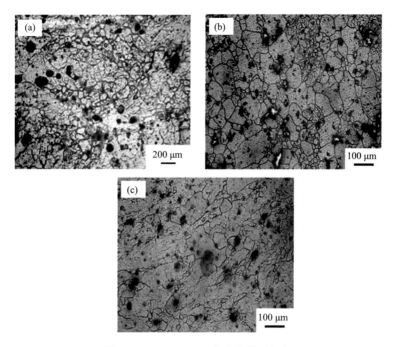

图 2-14　Mg-5Li-*x*Sn 合金的挤压组织

（a）Mg-5Li-0.2Sn；（b）Mg-5Li-0.3Sn；（c）Mg-5Li-0.7Sn

由图 2-15 所示，Mg-5Li-*x*Sn 合金主要由 α-Mg 基体和 Mg$_2$Sn 第二相组成。随着 Sn 含量的增加，合金中第二相含量增加，分布也更均匀，与图 2-14 显示的结果一致，进一步说明了 Sn 含量的增加有利于挤压过程中 Mg$_2$Sn 的均匀分布，进而对力学性能的提高产生积极影响。

位置	Mg含量/wt%	Sn含量/wt%	总量/wt%
A	100		100
B	76.72	23.28	100.00

位置	Mg含量/wt%	Sn含量/wt%	总量/wt%
A	100		100
B	93.02	6.98	100.00

(a) Mg-5Li-0.2Sn

(b) Mg-5Li-0.3Sn

位置	Mg含量/wt%	Sn含量/wt%	总量/wt%
A	100		100
B	1.78	98.22	100.00
C	80.17	19.83	100.00

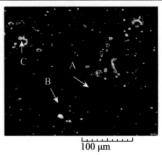

(c) Mg-5Li-0.7Sn

图 2-15　挤压态 Mg-5Li-xSn 合金的 SEM 图和 EDS 图

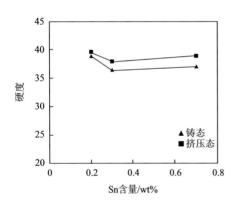

图 2-16　合金硬度随 Sn 含量增加的变化

3. Sn 对 Mg-5Li-xSn 系列合金显微硬度的影响

图 2-16 显示了不同状态下的显微硬度随 Sn 含量变化，可见对于铸态和挤压态的 Mg-5Li-xSn 合金，Sn 含量对合金的硬度并没有较大的影响。另外，挤压态合金的显微硬度略高于铸态合金的显微硬度，这是由于合金在热挤压过程中发生再结晶，合金的组织得以细化。

4. Mg-5Li-xSn 合金晶粒细化机理分析

由表 2-6 可知，合金中有一对晶面的错配度小于 10%，所以高熔点的 Mg$_2$Sn 可以在熔炼凝固以及后续的热挤压中充当异质形核核心；同样，分布在晶界附近的 Mg$_2$Sn 可以阻碍合金晶粒的长大。

表 2-6　合金基体 Li 与 Mg$_2$Sn 的错配度

匹配面	$(110)_{Li}/(300)_\tau$	$(110)_{Li}/(401)_\tau$	$(110)_{Li}/(330)_\tau$	$(211)_{Li}/(300)_\tau$	$(211)_{Li}/(401)_\tau$	$(211)_{Li}/(330)_\tau$	$(200)_{Li}/(300)_\tau$	$(200)_{Li}/(401)_\tau$	$(200)_{Li}/(330)_\tau$
错配度/%	53.1	6.4	11.5	148.7	167.2	174.4	69.7	96.3	106.5

注：τ 为 Mg$_2$Sn。

5. Mg-5Li-*x*Sn 合金的时效行为

由图 2-17 可知，对于挤压态的 Mg-5Li-*x*Sn 系列合金，在室温和 100℃的时效条件下，随着时效时间的延长，合金的显微硬度有一定的波动，但始终保持在一定水平上，所以挤压态 Mg-5Li-*x*Sn 合金在此温度区间没有明显的时效硬化和时效软化现象，是稳定性很高的合金。

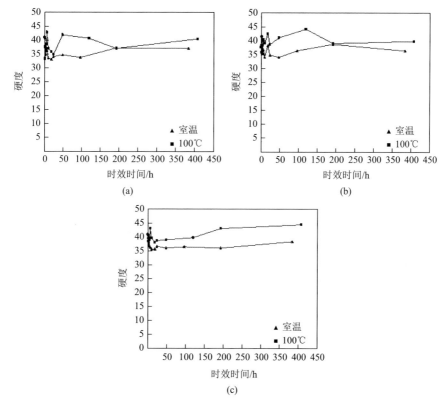

图 **2-17**　Mg-5Li-*x*Sn 系列合金的硬度变化

（a）Mg-5Li-0.2Sn；（b）Mg-5Li-0.3Sn；（c）Mg-5Li-0.7Sn

2.1.3　Ca 对单相 *α*-Mg 基镁锂合金组织与性能的影响

Ca 在镁锂合金中具有较低的固溶度，其在镁锂合金的凝固过程中易偏聚在晶界处形成化合物，抑制晶粒长大，进而起到显著细化组织的作用。Ca 可以与 Mg 形成高熔点化合物 Mg_2Ca 相，改善合金的高温性能。然而 Ca 可能会对镁锂合金抗腐蚀性能带来不利的影响，因此也不可过度添加。

笔者团队设计制备了 Mg-5Li-3Al-0.4Ca 和 Mg-6Li-3Al-0.4Ca 两种合金，其合金密度分别为 1.592 g/cm³ 和 1.586 g/cm³。在 280℃、挤压比为 25∶1 的工艺条件下对两种合金进行传统挤压变形，制备得到合金挤压棒。对铸态和挤压态 Mg-5Li-3Al-0.4Ca 合金进行微观组织观察，合金的金相组织图如图 2-18（a）和（b）所示。由图可知，铸态组织晶粒粗大，第二相主要分布于晶界处；挤压态合金的晶粒变为等轴晶，第二相呈细小弥散分布。图 2-19 为挤压态 Mg-5Li-3Al-0.4Ca 合金的反极图（IPF），可以看出其挤压态晶粒为等轴晶，晶粒尺寸约为 7 μm。

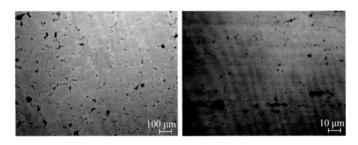

图 2-18　Mg-5Li-3Al-0.4Ca 合金的金相组织图

（a）铸态；（b）挤压态

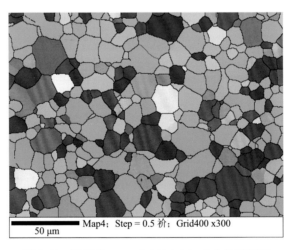

图 2-19　挤压态 Mg-5Li-3Al-0.4Ca 合金的反极图

铸态 Mg-5Li-3Al-0.4Ca 合金的应力-应变曲线如图 2-20 所示，合金抗拉强度为 193 MPa，屈服强度为 99 MPa，延伸率为 10%。挤压态 Mg-5Li-3Al-0.4Ca 和 Mg-6Li-3Al-0.4Ca 合金的应力-应变曲线分别如图 2-21 和图 2-22 所示，从图中可以看出，挤压态 Mg-5Li-3Al-0.4Ca 合金抗拉强度为 269 MPa，屈服强度为 167 MPa，延伸率为 18%；挤压态 Mg-6Li-3Al-0.4Ca 合金抗拉强度为 244 MPa，屈服强度为 146 MPa，延伸率为 14%。

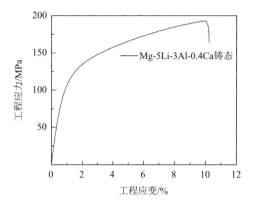

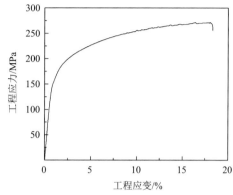

图 2-20　铸态 Mg-5Li-3Al-0.4Ca 合金的应力-应变曲线

图 2-21　280℃挤压态 Mg-5Li-3Al-0.4Ca 合金的应力-应变曲线

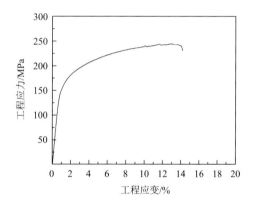

图 2-22　280℃挤压态 Mg-6Li-3Al-0.4Ca 合金的应力-应变曲线

图 2-23 为铸态和挤压态 Mg-5Li-3Al-0.4Ca 合金的断口组织分析。从图 2-23（a）和（b）可以看出，铸态合金断口附近有大量解理面，其断裂方式以脆性断裂为主。从图 2-23（c）和（d）可以看出，挤压态合金断口附近有大量韧窝，其断裂方式以韧性断裂为主。

综上所述，Ca 添加使得合金性能得到大幅度提高，挤压态 Mg-5Li-3Al-0.4Ca 合金的抗拉强度为 269 MPa，屈服强度为 167 MPa，延伸率为 18%，密度为 1.592 g/cm^3。

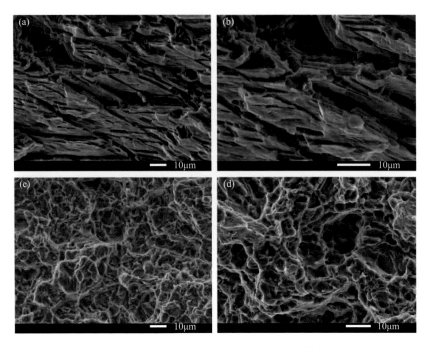

图 2-23　铸态和挤压态 Mg-5Li-3Al-0.4Ca 合金的断口组织

（a，b）铸态；（c，d）挤压态

2.2　合金元素对 $\alpha + \beta$ 双相镁锂合金组织与性能的影响

2.2.1　Sr 对双相镁锂合金组织与性能的影响

　　Sr 具有明显的细化晶粒作用，是 Mg 合金常用的合金元素之一。Sr 的添加可以提高镁合金的力学性能，尤其是高温性能。然而，关于 Sr 对镁锂合金影响的报道仍然较少。

　　设计制备的 Mg-9Li-3Al-xSr（LA93-xSr）合金的成分检测结果如表 2-7 所示。根据实验合金中 Sr 含量的不同，将所得合金分别命名为 LA93、LAJ931、LAJ932和 LAJ933。

表 2-7　实验合金的设计化学成分与实际化学成分

合金编号	设计成分	实际成分
LA93	Mg-9Li-3Al	Mg-8.51Li-3.02Al
LAJ931	Mg-9Li-3Al-1.5Sr	Mg-8.62Li-3.21Al-1.53Sr
LAJ932	Mg-9Li-3Al-2.5Sr	Mg-8.56Li-3.12Al-2.47Sr
LAJ933	Mg-9Li-3Al-3.5Sr	Mg-9.05Li-3.16Li-3.52Sr

1. 铸态合金微观组织

铸态 LA93 合金主要由 α-Mg 相和 β-Li 相构成，随着金属 Sr 的加入，合金中形成 Al₄Sr 化合物相，化合物相呈连续网状分布于铸态合金基体中，其微观组织如图 2-24 所示。金属 Sr 对铸态 LA93-xSr 合金晶粒具有一定的晶粒细化作用。对比分析铸态 *Φ*10 mm 和 *Φ*90 mm LAJ932 合金铸锭的微观组织可知，*Φ*10 mm LAJ932 合金的微观组织明显比 *Φ*90 mm LAJ932 合金的微观组织细小。

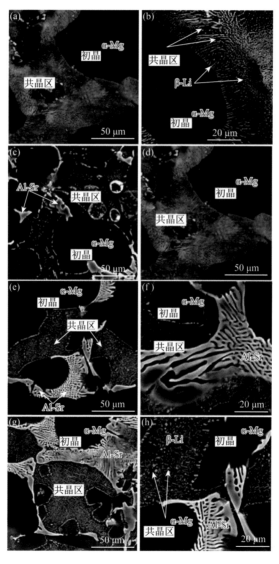

图 2-24　铸态 *Φ*90 mm LA93-*x*Sr 合金的微观组织形貌

（a，b）LA93；（c，d）LAJ931；（e，f）LAJ932；（g，h）LAJ933

图 2-25 所示为不同铸锭尺寸的铸态 LAJ932 合金的金相组织图。图 2-25 中所示的白色区域为 α-Mg 相,灰色区域主要为 β-Li 相,黑色连续的网状结构为化合物相。使用铸铁模具得到的 Φ10 mm 铸态合金锭的微观组织比 Φ90 mm 铸态合金锭细小得多。这是由于较小尺寸的铸锭的冷却速度相对较快,从而可以增大过冷度,增加形核率,最终得到晶粒相对细小的铸态合金锭。对于尺寸相对较大的 Φ90 mm 铸锭,其冷却速度相对较慢,使合金组织在高温下持续时间较长,导致组织粗化,并最终在铸锭内部形成相对粗大的晶粒。

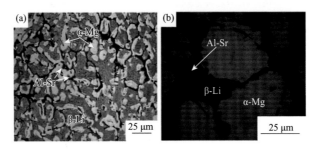

图 2-25 铸态 LAJ932 合金铸锭的金相组织图

(a) Φ10 mm;(b) Φ90 mm

2. 挤压变形过程中的组织演变

图 2-26 所示为挤压态 LAJ932 合金的 TEM 图。其中图 2-26(a)和(b)所示为挤压态合金中 α-Mg 晶粒形貌,图 2-26(c)、(d)所示为 β-Li 晶粒形貌。挤压变形后,α-Mg 晶粒的晶界不规则,且晶粒内部位错密度相对较高,β-Li 相晶粒的晶界规则,晶粒内部也比较干净,预示着位错密度较低。α-Mg 相和 β-Li 相的物理性能如熔点、塑性和晶体结构等均有很大的不同,在相同的变形工艺下的组织演变机理极有可能不同。因此,对合金在挤压温度为 260℃、挤压比为 28 的挤压工艺条件下的组织演变机理进行讨论。

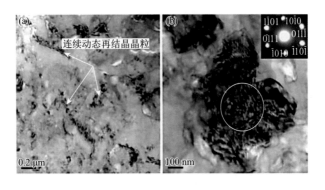

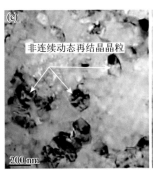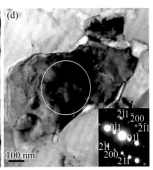

图 2-26　挤压态 LAJ932 合金的 TEM 图

（a，b）α-Mg；（c，d）β-Li

α-Mg 相的 TEM 图［图 2-26（a）、（b）］均表明，挤压态合金中 α-Mg 晶粒的晶界不规则且晶粒内部位错密度较高，表明 α-Mg 相在挤压过程中发生形变诱发的晶粒细化。在挤压过程中，形变首先诱发位错的塞积，随着位错的堆积，合金中形成亚晶粒，进而形成位错胞结构。随着塑性变形的继续进行，合金中位错胞结构转变为小角度晶界。随着形变量的继续增加，小角度晶界转变为大角度晶界，这种形变诱发的晶粒细化过程具有典型的连续动态再结晶（continuous dynamic recrystallization，CDRX）特征[15-19]。

纯 Mg 的堆垛层错能在 60～78 mJ/m^2 之间[20]，在较高的温度下纯镁中可能会发生非连续动态再结晶（discontinuous dynamic recrystallization，DDRX）。除了温度外，变形量也是镁合金组织演变的重要因素之一，大形变量有利于促进连续动态再结晶的进行。H. Miura 等[21]研究了 AZ61 镁合金在 350℃温度下的塑性变形，合金内部发生了连续动态再结晶。X. Y. Yang 等[22]研究表明，在热变形工艺过程中，AZ31 镁合金发生连续动态再结晶。连续动态再结晶是镁及镁合金中最常见的动态再结晶形式之一[23, 24]。因此，结合前面所述的实验结果以及相关研究报道来看，连续动态再结晶是双相 LA93-xSr 合金中的 α-Mg 相在挤压温度为 260℃、挤压比为 28 的热挤压过程中的主要组织演变机理。通常情况下，形变诱发的晶粒细化即连续动态再结晶形成的晶粒内部相对位错密度较大，晶界相对不规则。此外，在连续动态再结晶的初期，晶粒可能会沿着变形方向被拉长，这种现象在大塑性变形工艺如等通道转角挤压（equal-channel angular pressing，ECAP）中非常普遍[25]。实验观察得到的 α-Mg 相的 TEM 形貌特点与连续动态再结晶组织形貌基本相同，因此在挤压过程中，连续动态再结晶是 LA93-xSr 中 α-Mg 相的演变机理。

β-Li 相的 TEM 形貌显示 β-Li 相晶粒的晶界比较规则，晶粒内部的位错密度相对较低，晶粒特征与典型的非连续动态再结晶晶粒形貌相似。非连续动态再结晶过程主要包括形核和晶粒长大两个过程[26]。非连续动态再结晶的形核主要在晶界、孪晶界以及变形带等具有较大应变能的区域发生[27, 28]。随着再结晶晶粒的长大，合金中的变形基体将会逐渐被消耗，合金中的变形基体逐渐减少，取而代之的是非连续动态再结晶后形成新的晶粒。通常情况下，非连续动态再结晶后形成的晶粒晶界较为规则，晶粒内部的位错密度相对较低。能够发生非连续动态再结晶的热变形工艺一般能够显著细化合金的晶粒[29, 30]。由于在较高的温度下，原子的扩散以及晶界的转移能够更加容易进行，因此非连续动态再结晶在较高的温度下更容易发生，为了促进非连续动态再结晶的进行，通常需要一定的形变量，变形量越小则非连续动态再结晶所需温度越高[31-33]。

在260℃挤压温度下的挤压态β-Li相晶粒的TEM形貌具备非连续动态再结晶晶粒的上述特点。通常情况下，具有体心立方晶格的金属的堆垛层错能相对较高，变形过程中位错的攀移和交滑移更容易进行，因此相对来说，具有体心立方晶格的金属在变形过程更倾向于发生动态回复而不是非连续动态再结晶[34]。然而在变形过程中，LA93-xSr合金中的α-Mg相和分布于α/β相界面的化合物Al₄Sr相会阻止β-Li相内部的位错运动，从而能够抑制 β-Li 相的动态回复。由于具有体心立方晶格的β-Li 相较 α-Mg 相更软且塑性更好，因此在变形过程中，塑性变形首先在β-Li 相中发生，β-Li 相更容易达到非连续动态再结晶所需要的临界变形量；β-Li 相的熔点（588℃）相对较低，挤压温度260℃也能够满足合金中的β-Li 相发生非连续动态再结晶的温度要求，最终导致 β-Li 相在挤压过程中发生非连续动态再结晶。图 2-27所示即为挤压态 LAJ932 合金中 α-Mg 晶粒、β-Li 晶粒及其界面的形貌，由图可以看出，合金的 TEM 形貌与上述讨论一致，在挤压变形过程中，β-Li 相发生非连续动态再结晶，图中所示的β-Li 相在 α-Mg 晶粒的晶界处形核，随后晶粒长大，从而形成非连续动态再结晶晶粒，而 α-Mg 晶粒的晶界不规则、晶粒内部位错密度高，种种特征表明 α-Mg 相在变形过程中主要发生连续动态再结晶。因此，综上所述，可以得出挤压态 LA93-xSr 合金中的β-Li 相在挤压过程中主要发生非连续动态再结晶，合金中的 α-Mg 相和化合物 Al₄Sr 相促进了β-Li 相非连续动态再结晶的进行。

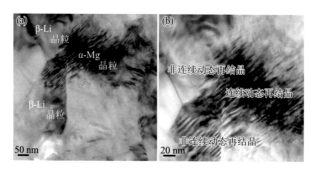

图 2-27　挤压态 LAJ932 合金的 α-Mg 晶粒、β-Li 晶粒及其晶界的形貌

Al₄Sr 相硬而脆，其塑性差[35]。在挤压过程中，铸态合金中连续网状分布的化合物相可被破碎为细小块状颗粒，化合物相的分布得到一定改善，分布相对均匀。

图 2-28 所示为典型的挤压态 LA93-*x*Sr 合金的室温拉伸过程中的应力-应变曲线。挤压态 LA93-*x*Sr 合金的强度随着 Sr 含量的增加呈现出先升高后降低的趋势。挤压态 LAJ932 强度最高，其抗拉强度为 235 MPa，屈服强度为 221 MPa。与挤压态 LA93 合金相比，LAJ932 合金的抗拉强度升高 17.8%，屈服强度升高 14.7%。但随着金属 Sr 的继续增加，合金的强度下降。挤压态 LA93-*x*Sr 合金的延伸率随着 Sr 含量的增加逐渐减小。LA93 合金的延伸率最大为 34.5%，而 LAJ933 合金的延伸率最小为 12.1%，强度最高的 LAJ932 合金的延伸率则为 19.4%。综合合金的强度和塑性等指标，挤压态 LAJ932 合金具有良好的综合力学性能。

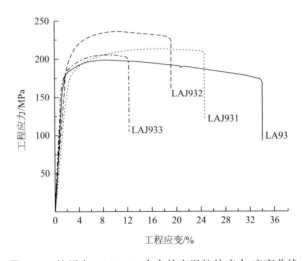

图 **2-28**　挤压态 LA93-*x*Sr 合金的室温拉伸应力-应变曲线

2.2.2　Sn 对双相镁锂合金组织与性能的影响

如前所述，Sn 可细化镁锂合金的晶粒，并引入 Mg₂Sn、MgLi₂Sn 第二相来提高镁锂合金的力学性能，然而其在 α-Mg 单相镁锂合金中的促进效果并不显著，下面即对 Sn 在双相镁锂合金中的影响做详细介绍。

1. Mg-8Li-1Al-0.5Sn 合金的微观组织与力学性能

图 2-29 为铸态 Mg-8Li-1Al-0.5Sn 合金的金相组织图，从图 2-29（a）中可以看到合金组织主要由 α-Mg、β-Li 相构成，其中 α-Mg 相占大多数，呈白色，β-Li 相含量较少。由 Mg-Li 二元合金相图可以得知[36]，当 Li 含量达到两相成分点以后，会形成 α-Mg 相、β-Li 相，与图 2-29（a）的光学显微组织图一致。图 2-29（b）

为放大 500 倍的金相组织图，从图中可以看到在 β-Li 相界分布着许多细小的黑色颗粒，以及较大的黑色颗粒和少量的黑色线状物质，在 β-Li 相中最细小的黑色颗粒分布尤为集中，猜测这些黑色的物质为合金在凝固过程中形成的第二相。

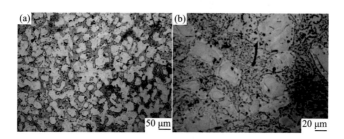

图 2-29　铸态 Mg-8Li-1Al-0.5Sn 合金的金相组织图

图 2-30 为铸态 Mg-8Li-1Al-0.5Sn 合金的 XRD 分析结果，由图可以看出合金中除了有 α、β 相之外，分布在合金中的第二相还有 LiMgAl$_2$、Mg$_2$Sn、Li$_2$MgSn 等金属间化合物。从衍射峰来看，α、β 相衍射峰最大，铸造合金基体中主要由 α-Mg 相和 β-Li 相组成。而 LiMgAl$_2$、Mg$_2$Sn、Li$_2$MgSn 金属间化合物对应的衍射峰强比较小，这说明合金中所含第二相相对较少，与前面的图 2-29 合金的金相组织图及 SEM 图基本吻合。

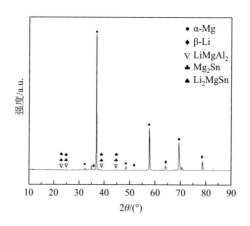

图 2-30　铸态 Mg-8Li-1Al-0.5Sn 合金的 XRD 谱图

图 2-31 为挤压态 Mg-8Li-1Al-0.5Sn 合金的显微组织，其中图 2-31（a）和（b）为垂直于挤压方向的光学显微组织，图 2-31（c）和（d）为平行于挤压方向的显微组织。从图 2-31（a）和（b）中可以看到 Mg-8Li-1Al-0.5Sn 铸态合金通过挤压变形之后组织明显细化，特别是 α-Mg 相细化明显，如絮状均匀地分布在合金中；

β-Li 相被挤碎为细小的晶粒，这说明合金在挤压过程发生了晶粒破碎并达到了再结晶温度，发生了动态再结晶。从图 2-31（c）和（d）可以看到 α 相沿挤压方向被挤压成细长的纤维组织，合金性能表现为各向异性，使沿着挤压方向的力学性能得到一定的提高，同时可以看到一些黑色颗粒沿挤压方向均匀分布在 β-Li 相，一些分布在 α-Mg 相中。

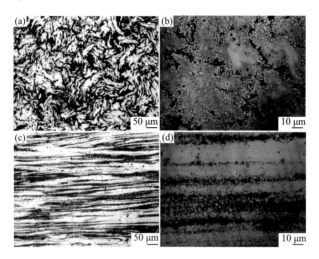

图 2-31　挤压态 Mg-8Li-1Al-0.5Sn 合金的金相组织图

（a，b）垂直于挤压方向；（c，d）平行于挤压方向

图 2-32 为挤压态 Mg-8Li-1Al-0.5Sn 合金垂直于挤压方向的 SEM 图，与图 2-31（a）和（b）光学显微组织图基本一致。其中金相组织图中的黑色第二相为 SEM 图中的白色颗粒且分布更加均匀，经挤压变形后，两相基体更加细小，缺陷也减少，猜测可以使挤压态合金性能得到提高。

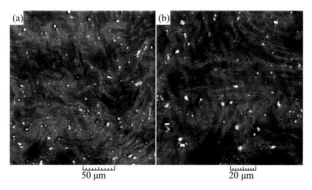

图 2-32　垂直于挤压方向挤压态 Mg-8Li-1Al-0.5Sn 合金的 SEM 图

图 2-33 为挤压态 Mg-8Li-1Al-0.5Sn 合金的 SEM 图及 EDS 图，点 D、E 为第二相的 EDS 能谱点分析，两点的白色颗粒均含有 Mg、Sn 两种元素，可能含有 Li 元素，猜测是 Mg_2Sn 和 Li_2MgSn。结合前面的分析结果，鉴于 Mg_2Sn、Li_2MgSn 金属间化合物熔点较高（熔点分别为 771℃、722℃），而热挤压温度仅 250℃，因而合金在热挤压过程中相组成不会发生变化。经挤压变形之后，线状的 Li_2MgSn 相演变为颗粒，Mg_2Sn 和 Li_2MgSn 均存在于合金基体中。结合前面铸态的分析结果可知，点 D 处的颗粒为 Mg_2Sn，点 E 处的大颗粒为 Li_2MgSn。

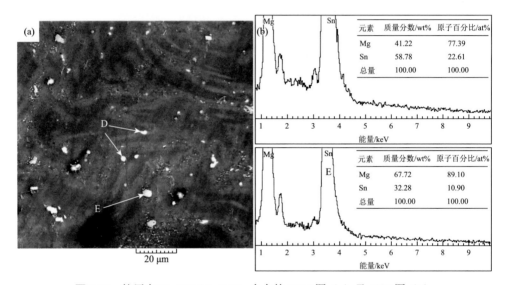

图 2-33　挤压态 Mg-8Li-1Al-0.5Sn 合金的 SEM 图（a）及 EDS 图（b）

将挤压态 Mg-8Li-1Al-0.5Sn 合金试样加工为标准的拉伸试样后，在室温条件下以 2 mm/min 的拉伸速度进行拉伸，其室温力学性能如图 2-34 所示。可以看出铸态合金经挤压变形后其力学性能得到大幅提升，结合前面的铸态及挤压态显微组织图可以看出，力学性能提高是由于合金经挤压之后缩孔、缩松等铸造缺陷减少，以及经挤压变形后 α-Mg、β-Li 相被挤压拉长细化。第二相挤碎均匀弥散分布在基体中，β 相挤压过程中发生了动态再结晶，形成了细小的等轴晶粒。在挤压过程中所产生的一系列现象使挤压态合金在拉伸测试时性能大幅提高。

在拉伸变形过程中产生的位错移动到弥散分布的 Mg_2Sn 等第二相颗粒附近时，第二相颗粒会对位错形成阻碍，从而提高合金强度。细化的晶粒增加了晶界，移动到晶界处的位错会产生位错塞积，由霍尔-佩奇公式可知，晶粒越细小，其强度越高，同时合金的塑韧性也越好。挤压态 Mg-8Li-1Al-0.5Sn 中第二相分布均匀，晶粒细小，其合金具有良好的综合力学性能，与测得的力学性能情况基本吻合。

图 2-35 为挤压态合金高温拉伸后的力学性能结果。可以看出合金在 150℃拉

伸时，抗拉强度和延伸率分别为 220 MPa 和 29.7%，仍保持较好的力学性能。这是因为在常温拉伸过程中滑移面上的位错会造成塞积，位错要继续运动则需要更大的力，即常温会产生加工硬化现象。但在高温下进行拉伸时，可以借助外部的热激活来使位错更加容易移动，从而使强度下降，延伸率提高。而挤压态合金在高温拉伸时保持较高的强度，猜测是因为高熔点 Mg_2Sn 等第二相弥散分布在合金中，有效阻碍了位错的运动。

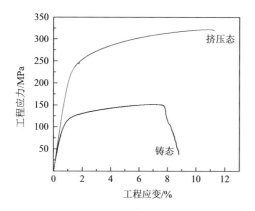

图 2-34　Mg-8Li-1Al-0.5Sn 合金的应力-应变曲线

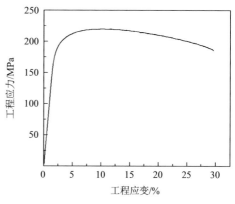

图 2-35　Mg-8Li-1Al-0.5Sn 挤压态合金在 150℃高温拉伸时的应力-应变曲线

2. Mg-7Li-2Al-1.5Sn 合金微观组织及力学性能

铸态 Mg-7Li-2Al-1.5Sn 合金的金相组织主要由 α-Mg、β-Li 两相组成，其中 α 相为等轴状。由图 2-36（b）可知，在 β-Li 相区域内及其晶粒边界都均匀分布着黑色物质，同时整个基体内还分布着尺寸较大的黑色颗粒少量线状物质。由 Mg-Al-Sn 和 Mg-Li-Sn 三元相图可知，Mg-7Li-2Al-1.5Sn 合金凝固过程中会生成金属间化合物，因而猜测这些黑色物质均为第二相。

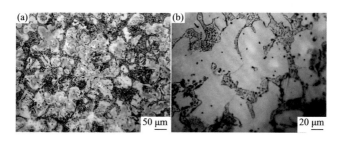

图 2-36　铸态 Mg-7Li-2Al-1.5Sn 合金的金相组织图

（a）200 倍；（b）1000 倍

α-Mg 为等轴状，不是常规实验中的长条状，是因为合金中形成了第二相 Mg₂Sn。Mg₂Sn 熔点高，为 771℃，在合金凝固过程中先于 α-Mg 相析出，具有很高的稳定性，可以抑制 α-Mg 晶粒的长大，同时 Mg₂Sn 与 α 相晶体匹配度高，可以作为 α 相的异质形核的核心，从而使得形成的 α 相为块状。从图 2-36 中看出，合金中的黑色颗粒均匀分布，猜测 1.5 wt%的锡元素可以使 α 相晶粒形状发生变化，并使第二相在合金中均匀分布，弥散的第二相可以阻碍位错的运动，起到弥散强化的作用，从而可以提高合金的力学性能。

图 2-37 为铸态 Mg-7Li-2Al-1.5Sn 合金的 SEM 图，与图 2-36 的光镜显微组织图的形貌基本一致，即 β-Li 相区域内及其晶界处分布着许多细小白色的颗粒，颜色更暗的区域为 α-Mg，合金基体中均匀分布着尺寸较大的白色颗粒和少许线状白色物质，白色颗粒整体均匀分布在合金中，可以起到弥散强化的作用，白色颗粒第二相的熔点高，猜测其耐高温的性能也较好。

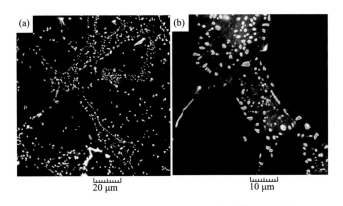

图 2-37　铸态 Mg-7Li-2Al-1.5Sn 合金的 SEM 图

图 2-38 为挤压态 Mg-7Li-2Al-1.5Sn 合金垂直和平行于挤压方向的显微组织图，合金通过热挤压变形之后晶粒更加细小，如团絮状均匀分布在合金中，特别是 α-Mg 相被挤压细化明显，第二相也分布得更加均匀。图 2-38（c）和（d）为合金平行于挤压方向的光学显微组织图，可以看到 α-Mg、β-Li 相晶粒沿挤压方向被拉长，形成具有方向性的纤维组织。第二相黑色颗粒也沿挤压方向分布在 α-Mg 和 β-Li 相界及 β-Li 相区域内。与图 2-36 铸态组织相比较可以发现，平行于挤压态的 β-Li 相表现为许多细小的等轴晶粒，这说明在挤压过程中温度达到了再结晶温度，合金发生了动态再结晶，细化了合金晶粒。同时采用热挤压不仅可以减小晶粒尺寸，而且可以减少或消除铸造过程中的各种缺陷，提高合金的力学性能。

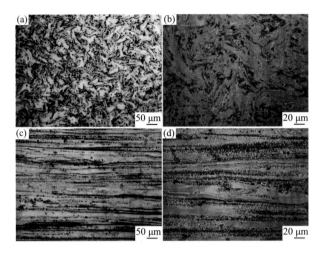

图 2-38　挤压态 Mg-7Li-2Al-1.5Sn 合金的金相组织图

（a，b）垂直于挤压方向；（c，d）平行于挤压方向

图 2-39 为挤压态 Mg-7Li-2Al-1.5Sn 合金的 SEM 图及 EDS 图。从图中可以看到通过热挤压之后，白色颗粒均匀分布在合金中，且白色颗粒被挤碎细化。点 C 和点 D 处的 EDS 点分析结果显示均含有 Mg、Sn 两种元素，可能含有 Li 元素，结合前期研究，合金经挤压变形之后，相的数量没有发生变化，从而可以确定点 C 处白色颗粒为 Mg_2Sn，点 D 处白色线状物质为 Li_2MgSn 相。这说明经挤压变形之后 Li_2MgSn 相被挤碎细化，它和 Mg_2Sn 相混合均匀分布在合金基体中。

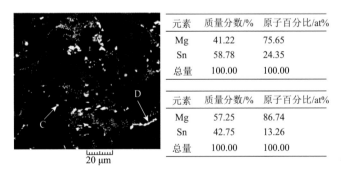

元素	质量分数/%	原子百分比/at%
Mg	41.22	75.65
Sn	58.78	24.35
总量	100.00	100.00

元素	质量分数/%	原子百分比/at%
Mg	57.25	86.74
Sn	42.75	13.26
总量	100.00	100.00

图 2-39　挤压态 Mg-7Li-2Al-1.5Sn 合金的 SEM 图及 EDS 图

图 2-40 是 Mg-7Li-2Al-1.5Sn 合金的常温力学性能测试结果，可以很清楚地看出，铸态合金在挤压之后力学性能得到了很大的提高。合金为铸态时，其屈服强度和抗拉强度分别仅为 126 MPa 和 164 MPa，延伸率为 7.1%；经挤压变形后，合金的屈服强度和抗拉强度分别达到了 225 MPa 和 324 MPa，相对于铸态合金增幅

分别达到了 78.6%和 97.6%，其挤压态抗拉强度接近增加了一倍，且延伸率为 11.9%。这说明 Mg-7Li-2Al-1.5Sn 合金挤压之后具有良好的综合性能，特别是挤压态合金的屈服强度和抗拉强度得到大幅提高。

图 2-41 为挤压态 Mg-7Li-2Al-1.5Sn 合金在 150℃的力学性能拉伸测试结果，其抗拉强度和延伸率分别为 237 MPa 和 27.3%，具有良好的综合力学性能。猜测是因为合金中存在高熔点的 Mg_2Sn 等第二相，在 150℃拉伸时仍保持自身稳定；同时 Mg_2Sn 等相弥散分布在挤压态合金中，可有效阻碍位错的移动。结合前期研究可知，高温拉伸延伸率大幅提高是因为位错运动可以吸收外部提供的热能，从而更容易激发位错运动。

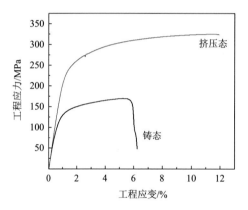

图 2-40　Mg-7Li-2Al-1.5Sn 合金拉伸应力-
应变曲线

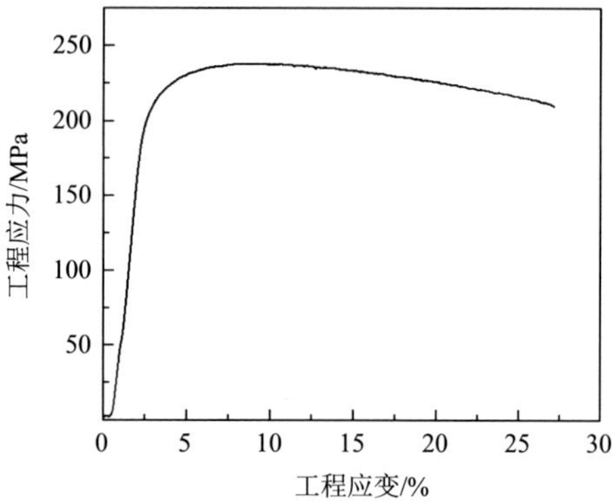

图 2-41　Mg-7Li-2Al-1.5Sn 挤压态合金高温
应力-应变曲线

2.2.3　Ca 对双相镁锂合金组织与性能的影响

1. 铸态 Mg-6.8Li-3Al-xCa 合金的微观组织与力学性能

图 2-42 是铸态 Mg-Li-Al-Ca 合金的光学金相组织图，可以看出，在 Mg-Li-Al 合金中加入 Ca 元素可以明显细化合金晶粒，且合金组织形貌发生了显著变化。Mg-Li-Al-Ca 合金铸态组织主要由 α-Mg 基体组成，α-Mg 基体晶粒尺寸比较粗大，晶界处析出了一些共晶化合物，在高倍的光学显微镜下观察，这种共晶体具有层片状的组织结构，已经有学者指出该羽毛状的共晶组织是 AlLi 相[37-39]。当在 Mg-6.8Li-3Al 合金中添加 0.4 wt%元素 Ca 后，合金组织发生了非常明显的变化，其 α-Mg 相由一些类似多边形的块状变成了类似棉花状，说明加入 Ca 之后，Ca 会使合金中的 α-Mg 相团化[40]。另一个比较明显的变化是合金中的 β-Li 相增多，并且非常明显，而在 Mg-6.8Li-3Al 合金中存在的羽毛状的 AlLi 相数量急剧减少，说明在该合金体系中加入 Ca 会阻碍 AlLi 相的形成。由图 2-43（c）和（d）可以

看出，加入 0.4 wt%的金属元素 Ca 后，在 α 相和 β 相的交界处会出现新的共晶物质，这种共晶组织尺度较大，不连续，类似于骨头状。此时的基体仍然是 α-Mg 基体，在 α-Mg 基体上有一些零散分布的亮白色颗粒物。当金属元素 Ca 的添加量为 0.8 wt%时，合金中的基体仍然是 α-Mg 基体，但是原来在晶界处的羽毛状的 AlLi 相消失了，在加入 0.4 wt% Ca 的合金中出现的骨头状的化合物增多，并表现出连续的网状结构，说明 Ca 的加入显著地改变了 Mg-Li-Al 合金的组织形貌，而且这些骨头状的化合物呈现出一根根的条状。

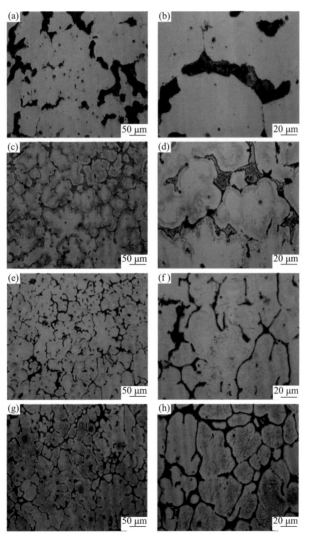

图 2-42　Mg-6.8Li-3Al-xCa 合金的金相组织图

（a，b）x = 0；（c，d）x = 0.4；（e，f）x = 0.8；（g，h）x = 1.2

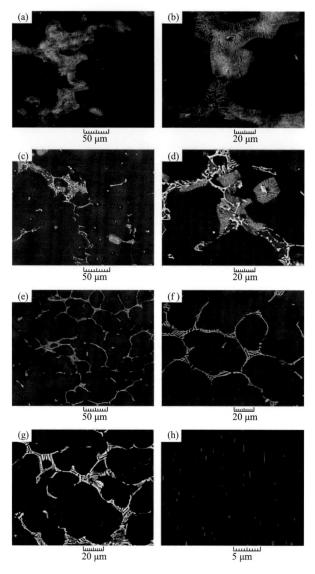

图 2-43　Mg-6.8Li-3Al-*x*Ca 合金 SEM 图

（a, b）*x* = 0；（c, d）*x* = 0.4；（e, f）*x* = 0.8；（g, h）*x* = 1.2

在合金金相组织图（图 2-42）和 SEM 图（图 2-43）中都能看到 α-Mg 基体中出现了一些细针状的化合物，这些细针状的物质在同一个晶粒之内相互平行排列，不同晶粒之间的取向不同。当继续在 Mg-Li-Al 合金中添加 Ca 至 1.2 wt% 时，合金中的骨头状第二相更加明显，数量也更多，其在 α-Mg 基体的晶界处析出并连续分布，将 α-Mg 基体分隔开了。此时，α-Mg 相晶粒中的细针状组织更加明显。在高倍 SEM 显微镜下观察，这些细针状的组织为纳米级的细长颗粒，其在晶粒内部沿一定方向均匀地排列。由此可知，在 Mg-6.8Li-3Al 合金中添加金属元素 Ca 后，合金中的羽毛状 AlLi 相逐渐被 Al$_2$Ca 取代；随着 Ca 添加量的增加，合金中第二相化合物 Al$_2$Ca 数量增多，并且 Al$_2$Ca 相有两种形貌，一种是在 α-Mg 相晶界处析出的类似骨头状的大块化合物，另一种是在 α-Mg 相晶粒内部形成的非常细小的针状物。

通过前面的分析，在 Mg-6.8Li-3Al 合金中加入 Ca 元素之后，合金的显微组织发生非常明显的变化，为了进一步确认合金中物相的变化，采用 XRD 和 EDS 分析来确定 Ca 对 Mg-6.8Li-3Al 合金中物相组成的影响。根据图 2-44 中的铸态 Mg-6.8Li-3Al 合金的能谱分析可知，在没有添加 Ca 的 Mg-6.8Li-3Al 合金中主要的组织是 α-Mg 相和在 α-Mg 界处析出的羽毛状的组织，以及在 α-Mg 相基体中存在的少量的 Mg$_{17}$Al$_{12}$ 颗粒。因为 EDS 不能检测出轻金属 Li，所以结合图 2-45 铸态合金的 XRD 谱图分析，XRD 谱图中除了存在 α-Mg 相、Mg$_{17}$Al$_{12}$ 相以及少量的 β-Li 之外，还存在 AlLi 相的衍射峰，结合有关文献的报道，在 α-Mg 相晶界处析出的羽毛状的金属间化合物就是 AlLi 相。从 XRD 结果中还能看出铸态 Mg-6.8Li-3Al 中的 β-Li 相非常少，主要是因为大量的 Li 与 Al 形成了羽毛状的 AlLi 相。此外，在图 2-45（b）和（c）中还发现了 Al$_2$Ca 相的存在。Suzuki 等[41, 42] 通过透射电镜对 Mg-Al-Ca 合金的凝固行为进行了研究，发现在 807 K 下，液态 Mg-Al-Ca 合金存在 L→α + Al$_2$Ca 的转变。也有其他相关文献研究了 Mg-Al-Ca 合金中的热力学第一性原理，证实了在 Mg-Al-Ca 合金中 Al$_2$Ca 金属间化合物的存在。

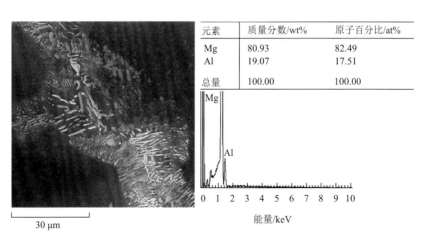

元素	质量分数/wt%	原子百分比/at%
Mg	80.93	82.49
Al	19.07	17.51
总量	100.00	100.00

30 μm

能量/keV

图 2-44　铸态 Mg-6.8Li-3Al 合金的 SEM 图和 EDS 图

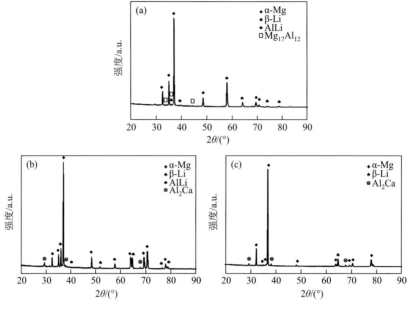

图 2-45 铸态 Mg-6.8Li-3Al-*x*Ca 合金的 XRD 谱图

（a）*x* = 0；（b）*x* = 0.4；（c）*x* = 0.8

图 2-46 是对铸态 Mg-6.8Li-3Al 添加 0.4%的 Ca 元素之后的 EDS 分析以及该位置的 SEM 形貌观察。根据 SEM 形貌可以看出，添加了 0.4 wt%的 Ca 元素之后，在 α-Mg 相晶界处析出的羽毛状的 AlLi 相数量减少，而基体中的 β-Li 相逐渐增多，并且在 α-Mg 相与 β-Li 相界之间出现了大块骨头状的组织，且这些大块骨头状的组织有聚集的趋势。根据图 2-46 中对 Mg-6.8Li-3Al-0.4Ca 合金的能谱分析可以看出，骨头状组织处的 Al、Ca 的原子比例接近 2∶1，结合 XRD 的实验结果，证实了该骨头状组织为 Al$_2$Ca 相。

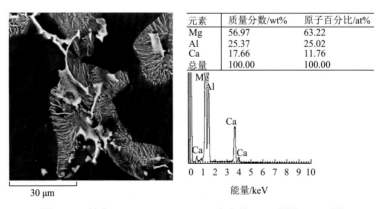

图 2-46 铸态 Mg-6.8Li-3Al-0.4Ca 合金的 SEM 图和 EDS 图

图 2-47 是铸态 Mg-6.8Li-3Al-1.2Ca 合金的 SEM 和 EDS 分析，从图中可以看出此时的合金基体中共晶组织已经形成了连续的网络状。对晶界处的骨头状组织进行的能谱分析可以看出此时的 Al 和 Ca 的原子比接近于 2∶1。图 2-47 中对 α-Mg 晶粒内部的细小颗粒也进行了 EDS 分析，可以看出细小颗粒的 Al 和 Ca 的原子比也接近 2∶1，并且 XRD 谱图中只有 Al$_2$Ca 能与之匹配，所以细小颗粒也是 Al$_2$Ca 相。

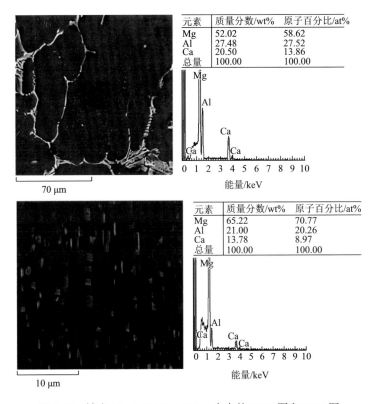

元素	质量分数/wt%	原子百分比/at%
Mg	52.02	58.62
Al	27.48	27.52
Ca	20.50	13.86
总量	100.00	100.00

元素	质量分数/wt%	原子百分比/at%
Mg	65.22	70.77
Al	21.00	20.26
Ca	13.78	8.97
总量	100.00	100.00

图 2-47　铸态 Mg-6.8Li-3Al-1.2Ca 合金的 SEM 图和 EDS 图

根据图 2-45 中 Mg-6.8Li-3Al-xCa（$x = 0$，0.4，0.8）合金的 XRD 谱图分析，在未添加金属元素 Ca 时，合金中主要存在 α-Mg 相、微量的 β-Li 相和在晶界处析出的 AlLi 相。在基体合金中加入了 0.4 wt%的金属元素 Ca 之后，AlLi 相的衍射峰减少，并且 XRD 谱图中出现了新的 Al$_2$Ca 相的衍射峰，在 Ca 的添加量达到 0.8 wt%时，AlLi 相衍射峰消失，说明在 Mg-Li-Al 合金基体中添加 Ca 可以抑制 AlLi 相的形成。

要分析合金中各相的生成，就要分析实验合金中各个元素之间可能存在的相，以及其晶体结构、形成热及热稳定性。固溶体有间隙固溶体和置换固溶体之分，形成间隙固溶体的条件是溶质原子与溶剂原子的直径比值小于 0.57。因为本课题所设计的实验合金中添加的元素 Li、Al 和 Ca 与 Mg 的比值都要大于 0.57，所以其与镁形成的只能是置换固溶体。而形成热是元素之间由单相状态转变为金属间化合物时所释放的能量，所以可以用形成热来判别金属间化合物的合金化能力。杨晓敏[43]研究发现，Al_2Ca 比 AlLi 和 $Mg_{17}Al_{12}$ 相具有更小的形成热，所以其合金化的能力也是最强的；同时，Al_2Ca 的结构稳定性也比 $Mg_{17}Al_{12}$ 要好。因此，在实验合金中，Ca 元素会和聚集在晶界处的 Al 形成稳定性较好的 Al_2Ca，从而抑制了 AlLi 相的形成[44, 45]。纯金属熔体的凝固需要一定的过冷度，金属的理论结晶温度（T_m）与实际结晶温度（T_n）之差，称为过冷度。过冷度越大，实际结晶温度越低。如果在金属熔体凝固的过程中有异质核心，晶核就会优先选择在这些异质核心的表面形成，异质形核的过冷度一般要求都比较低。在 Mg-6.8Li-3Al 基合金中添加 Ca 元素，一方面由于金属元素 Ca 是表面活性元素，在材料熔体发生凝固时，Ca 会聚集在固液界面前沿，使合金的晶体液面前沿的实际结晶温度降低，从而实际过冷度增大，所以靠近固液界面处液相中会形成更多的核心，形核率的提高有利于细化合金组织[46]。另外，由于 Ca 在镁基体中的溶解度并不高，在金属熔体凝固的过程中，Ca 会在固液界面前沿富集，同时会和聚集在此处的 Al 元素结合，形成 Al_2Ca 金属间化合物。Al_2Ca 相分布在先析出相 α-Mg 的晶界处，阻碍了晶粒进一步长大，从而细化了合金的晶粒[47]。根据实验结果可知，Al_2Ca 相有两种分布状态，一种是在 α-Mg 相晶界处析出的连续骨头状的组织，另一种是在 α-Mg 晶粒内部形成的细小针状的组织。第二相的形貌和分布对力学性能的提高尤为重要，因此对不同 Ca 含量的镁锂合金进行了拉伸实验，测定了其主要的力学性能，如表 2-8 所示。

表 2-8　铸态 Mg-6.8Li-3Al-xCa 合金的力学性能

合金名称	屈服强度/MPa	抗拉强度/MPa	延伸率/%
Mg-6.8Li-3Al	95	121	7.6
Mg-6.8Li-3Al-0.4Ca	123	157	12.3
Mg-6.8Li-3Al-0.8Ca	101	118	6.8
Mg-6.8Li-3Al-1.2Ca	90	107	5.6

由表 2-8 可知，随着 Ca 含量的增加，Mg-6.8Li-3Al-xCa 合金的力学性能出现先升高后降低的趋势，加入 0.4 wt%的金属元素 Ca 时，铸态条件下其抗拉强度达到最高，为 157 MPa，同时其延伸率达到了 12.3%，相比于未添加 Ca 的 Mg-6.8Li-3Al 合金相，其抗拉强度相对提高了 29.8%，延伸率相对提高了 61.8%。继续向合金中添加 Ca，合金的抗拉强度、屈服强度和延伸率都出现了不同程度的下滑。在合金基体中添加金属 Ca 后，会在铸态合金中形成 Al_2Ca 相，弥散地分布

在 α-Mg 相与 β-Li 相晶界处，起到了一定的弥散强化的作用；因为 Al_2Ca 在晶界处形成，所以对于位错的运动也起到了一定的阻碍作用，提高了合金的强度。而且由于合金在凝固的过程中，随着温度的降低，合金中先析出了 α-Mg 相，除了一部分的 Ca 固溶于 Mg 和 Li 中之外，大部分的 Ca 原子聚集在固液界面处，形成了一定的成分过冷层，从而抑制了初生相 α-Mg 的长大，起到了细化晶粒的作用。此时，当合金受到外力的作用发生塑性变形时，塑性变形被分摊到了更多的晶粒内部，不易产生应力集中现象；另外，晶粒越细小，晶界的面积越大越曲折，不利于裂纹的扩展。因此，添加 0.4 wt%的 Ca 后，铸态实验合金的抗拉强度和塑性都得到了提高。而当金属元素 Ca 的含量达到 0.8 wt%和 1.2 wt%时，合金的抗拉强度和塑性均出现了下降。这是因为 Ca 的含量过高，虽然实验合金的晶粒得到了进一步细化，但是在晶界处析出的 Al_2Ca 相形成了连续的网络状分布，分割了镁基体，使其在塑性变形过程中容易在 Al_2Ca 相的尖端产生应力集中，从而降低了合金的抗拉强度和变形能力，使合金的整体性能都出现了下降。

为了更好地研究铸态 Mg-6.8Li-3Al-xCa 合金的力学性能和断裂行为，使用 SEM 对其断口进行拍摄，结果如图 2-48 所示。由图 2-48 可见，Mg-6.8Li-3Al-xCa 合金断口的韧窝分布规律与力学性能的规律一致，即随着 Ca 含量的增加先增加后减少。从图 2-48（a）可以看出，未添加 Ca 元素的 Mg-6.8Li-3Al 合金断口形貌存在大量的解理台阶（解理台阶是两个不同高度的解理面相交时产生的，解理裂纹与螺形位错交截以及次生解理和撕裂是形成解理台阶的主要原因），说明未添加 Ca 元素时，合金的断裂呈脆性断裂。图 2-48（b）展示了添加 0.4 wt% Ca 的合金的断口形貌，断口处存在较多的撕裂棱并存在少量的韧窝，表现出韧窝和解理断裂的复合断裂特征。图 2-48（c）、（d）分别是添加了 0.8 wt%和 1.2 wt%的 Ca 的合金的断口形貌，这两种合金的断口形貌中的韧窝减少，并存在大量的撕裂棱，主要表现为解理脆性断裂特征。这是因为当金属元素 Ca 的含量达到 0.8 wt%及以上时，合金中的 Al_2Ca 相数量比较多，并且在晶界处形成了连续的网络状分布。

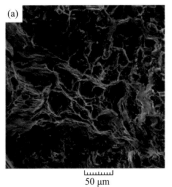
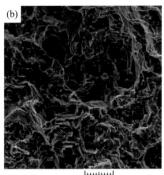

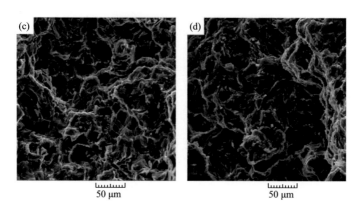

图 2-48 铸态 Mg-6.8Li-3Al-xCa 合金的断口形貌

（a）$x=0$；（b）$x=0.4$；（c）$x=0.8$；（d）$x=1.2$

由前面的金相组织图和 SEM 图可以看出，金属 Ca 对合金的晶粒尺寸细化明显。当实验合金的晶粒尺寸较小时，在受到应力发生变形的情况下，每个晶粒的变形比较均匀，便显示出较好的强度和塑性。金属 Ca 加入合金基体中，还可以形成 Al_2Ca 相，当 Ca 含量较少时，Al_2Ca 相在合金基体中分布比较均匀，起到了弥散强化的作用，使合金的强度有一定程度的提高，含有 0.4 wt% Ca 的实验合金强度和塑性都达到最大。但是继续向基体中加入 Ca 元素后，合金基体中会形成大量的 Al_2Ca 相，并且呈网络状连续分布，对合金的基体有割裂作用，在力学性能测试时会在 Al_2Ca 相附近产生裂纹，从而降低合金的力学性能[48]。当金属元素 Ca 的含量达到 0.8 wt% 和 1.2 wt% 时，合金的抗拉强度和塑性均出现了下降。这是因为 Ca 的含量过高，虽然实验合金的晶粒得到了进一步细化，但也产生了更多网状分布的 Al_2Ca 相，导致合金的整体性能下降。

2. 挤压态 Mg-Li-Al-Ca 合金的微观组织与力学性能

图 2-49 和图 2-50 分别是 Mg-6.8Li-3Al-xCa 合金在 280℃、挤压比为 25 的条件下挤压后的金相显微组织和 SEM 图。由挤压态金相组织可以看出，挤压后的合金都是由 α 相和 β 相组成的双相组织，实验合金在挤压之后的 α 相比铸态条件下的 α 相明显细化，而且随着合金中 Ca 含量的增加，合金中的 α 相逐渐圆润球化。这是因为实验合金在被挤压的过程中，较大的塑性变形使粗大的 α 相被破碎。当合金中添加金属元素 Ca 时，固液界面前沿富集的 Ca 和 Al 会结合成 Al_2Ca 相，Al_2Ca 相是稳定的硬质合金相，在挤压的过程中并不会分解，只会在挤压的作用下机械破碎并分布于镁晶界上。Al_2Ca 相会在晶界处阻碍位错的迁移，当大量的位错在晶界处无法移动时就会形成一道位错墙，而位错墙在挤压变形的过程中会演变成大角度晶界，为再结晶提供了结晶的核心点。

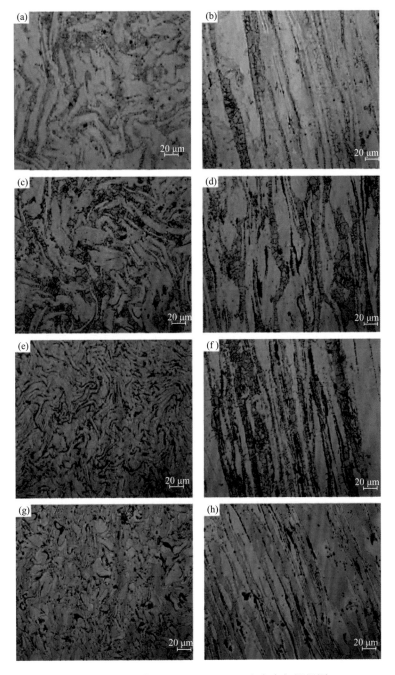

图 2-49　挤压态 Mg-6.8Li-3Al-xCa 合金金相组织图

横截面：（a）$x=0$，（c）$x=0.4$，（e）$x=0.8$，（g）$x=1.2$；沿挤压方向：（b）$x=0$，（d）$x=0.4$，（f）$x=0.8$，（h）$x=1.2$

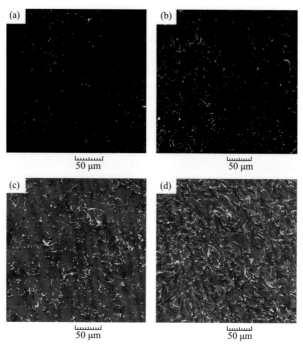

图 2-50　挤压态 Mg-6.8Li-3Al-*x*Ca 合金 SEM 图

（a）*x* = 0；（b）*x* = 0.4；（c）*x* = 0.8；（d）*x* = 1.2

合金中大量的 Al$_2$Ca 相都会阻碍位错运动形成再结晶晶核，形核率大幅度提高，挤压后 Mg-6.8Li-3Al-*x*Ca 合金的晶粒会更加细小。与铸态合金的金相显微组织分析对比，挤压后合金的晶粒尺寸更小，而且合金的双相分布更加均匀，一些高温第二相颗粒也被挤碎均匀地分布在合金基体中，原来在 α 相晶界处析出的呈网状分布强化相也转变为在基体中弥散分布。从图 2-49 中沿挤压方向测定的合金金相显微组织可以看出，β 相和 α 相分布的方向均与挤压方向平行。而且 β 相的晶粒是等轴晶粒，说明合金在挤压变形过程中发生了动态再结晶。动态再结晶是合金在热挤压过程中的再结晶现象，动态再结晶的发生需要满足一定的条件，既要达到材料的临界变形量，又需要一定的变形温度。

Mg-6.8Li-3Al-*x*Ca 合金的挤压温度设定在 280℃，并没有达到本次实验样品的动态再结晶的临界条件。但是在挤压过程中，实验合金在受到大塑性变形时，会产生非常大的热量，这些热量来不及扩散就被实验合金吸收，所以在挤压的过程中实验合金的实际挤压温度要高于设定温度，有可能达到了再结晶温度。当动态再结晶发生时，合金内部的金属原子迁移速率增加，位错的运动也更加容易，晶界的迁移也容易发生。从挤压态合金的沿挤压方向的金相组织可以看出，β 相的颗粒细小而均匀，说明在挤压变形中发生了动态再结晶。

一般情况下，对金属材料进行挤压变形能改善合金的室温力学性能。这是因为经过挤压变形之后，消除了合金在凝固过程中可能存在的缩孔、缩松、夹杂和气孔等缺陷，优化了实验合金的显微组织。在较大的挤压比条件下，还可能会发生动态再结晶，促使实验合金的晶粒尺寸得到明显的细化；连续的第二相也会被挤碎成颗粒状，并均匀地分布在实验合金的基体中，消除了分割基体的负面影响，所以力学性能得到了优化和保证。

图 2-51 所示为挤压态合金棒材的拉伸应力-应变曲线，合金抗拉强度、屈服强度和延伸率数据如表 2-9 所示。从图中可以看出：挤压态 Mg-6.8Li-3Al-xCa 合金的抗拉强度随着 Ca 含量的增加呈现出先升高后降低的趋势，当 Ca 含量为 0.4 wt%时，挤压态实验合金的抗拉强度达到最大值 286 MPa，而未添加 Ca 的实验合金抗拉强度是 268 MPa，因此添加 0.4 wt%的 Ca 使 Mg-6.8Li-3Al 实验合金的抗拉强度提高了 6.7%；随着 Ca 含量的增加，Mg-6.8Li-3Al 实验合金的延伸率呈增大的趋势，添加 0.8 wt%的 Ca 元素时，合金晶粒细化效果较好，延伸率达到最大值 19.7%。当添加 1.2 wt%的 Ca 元素时，抗拉强度下降至 238 MPa，这是因为添加较多 Ca 元素后，Ca 和 Al 会形成 Al_2Ca 相，当 Ca 含量只有 0.4 wt%时，合金中的 Al_2Ca 相较少，并且在经过挤压变形后，这些在晶界析出的第二相会弥散分布在基体中，起到了弥散强化的作用，表现为强度的提高[49]。

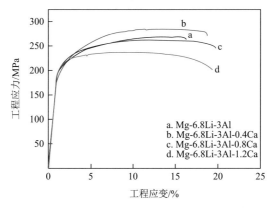

图 2-51　挤压态 Mg-6.8Li-3Al-xCa 合金常温拉伸应力-应变曲线

表 2-9　挤压态 Mg-6.8Li-3Al-xCa 合金的力学性能

合金名称	屈服强度/MPa	抗拉强度/MPa	延伸率/%
Mg-6.8Li-3Al	233	268	16.3
Mg-6.8Li-3Al-0.4Ca	249	286	18.7
Mg-6.8Li-3Al-0.8Ca	229	263	19.7
Mg-6.8Li-3Al-1.2Ca	207	238	19.3

根据合金的金相组织图和 XRD 分析可知，在挤压变形后，β-Li 相的衍射峰明显增强，说明挤压后 β-Li 相的体积分数变大，而 β-Li 相是 bcc 晶体结构，塑性较好，所以挤压后合金的塑性得到有效提高。当 Ca 含量达到 0.8 wt% 和 1.2 wt% 时，在 Mg-Li-Al-Ca 合金凝固的过程中，富集在固液界面前沿的 Al 会优先和 Ca 形成金属间化合物 Al_2Ca，因此固溶在合金基体中的 Al 含量会变得非常少，导致 Al 对实验合金的固溶强化效果大大降低。虽然经过挤压变形后，实验合金基体中的 Al_2Ca 相弥散分布，有一定的弥散强化的效果，但是根据文献报道[50]，Mg-Li-Al-Ca 合金中 Al 的固溶强化占据主导作用，因此添加 0.8 wt% 和 1.2 wt% Ca 的实验合金强度出现了不同程度的降低，并且随着 Ca 含量的增加，强度下降得越多。而此时合金的延伸率有一定提高的原因是 Ca 含量的增加，对实验合金的基体有很好的细化作用，当挤压变形发生时，合金的变形被分担到了更多的细小晶粒中，细小的晶粒提供了更大面积的晶界，阻碍了裂纹的扩展，所以此时实验合金的强度虽然有一定程度的降低，但是其塑性却提高了[51, 52]。

从图 2-52（a）挤压合金的断口形貌可以看出，未添加金属元素 Ca 的 Mg-6.8Li-3Al 实验合金的断口存在明显的韧窝，相比于铸态合金韧窝数量明显增多，而且挤压态合金的断口存在一些撕裂棱，说明合金的断裂是韧窝和解理断裂的复合断裂。随着 Ca 的加入，合金的断口形貌变化比较明显，断口韧窝数量增多而且韧窝比未添加 Ca 合金小很多，并且韧窝分布也比较均匀，所以添加 Ca 后的挤压态合金的塑性要比未添加 Ca 的合金提高了很多，表现出比较典型的塑性断裂特征。这是因为经过挤压后，实验合金的晶粒更加细小，原本铸态合金中的第二相被挤碎，弥散分布于基体中，并且挤压后的合金中 β-Li 相的数量增多，所以挤压后的合金塑性明显提高。与此同时，Ca 加入产生的晶粒细化导致晶界面积较大，可有效阻碍裂纹的扩展。此外，原本铸态条件下可能存在的气孔、缩松等缺陷也会因挤压作用而消除，挤压后的合金组织更加致密，对合金塑性的提高也有一定的益处。

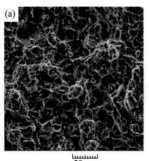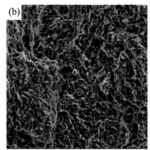

50 μm   50 μm

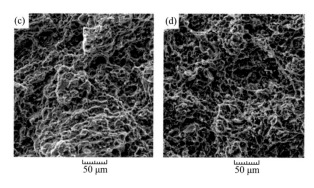

图 2-52　挤压态 Mg-6.8Li-3Al-*x*Ca 合金的断口形貌

（a）*x* = 0；（b）*x* = 0.4；（c）*x* = 0.8；（d）*x* = 1.2

　　实验合金在挤压加工时处于三向压应力状态，应变状态是沿着轴向伸长。当挤压变形开始时，合金基体发生变形，虽然此时的晶粒之间有少量的动态再结晶过程，但是由于再结晶晶粒数量较少，此时依然表现为加工硬化现象。随着合金变形程度的增大，实验合金内部出现越来越多的动态再结晶现象，动态再结晶发生部位多为变形量较大的部位，此时变形后的组织为细小的等轴晶，宏观上是变形大晶粒与等轴晶共存。当变形量继续增大，基体中发生更多的动态再结晶行为，最终显微组织转变为等轴晶。挤压变形前，在浇注条件和冷却条件等多方面作用下，实验合金铸锭往往会存在较多的缺陷。挤压变形使实验合金组织中较大的柱状晶或枝晶破碎，减少了铸态合金的偏析缺陷。在挤压三向压应力作用下，铸造时产生的缩松、缩孔和气孔等缺陷也得以消除，挤压后合金的组织更加致密。挤压后的合金基体是细小的等轴晶，晶界会阻碍位错的滑移，位错会在晶界处形成一个位错塞积群，必须施加更大的外力才能使位错源继续移动，细小的晶粒提供了更大面积的晶界，使得合金的强度提高。挤压后的合金组织细化，使合金的变形能力增强。铸态条件下，晶界处析出的连续网络状的共晶组织割裂了基体，在变形过程中容易出现断裂，而挤压之后，Al$_2$Ca 相破碎并均匀地分布于基体中，减少了裂纹源，合金塑性提高[53-55]。

3. 挤压态 Mg-Li-Al-Ca 合金的高温拉伸性能

　　图 2-53 和表 2-10 是挤压态 Mg-6.8Li-3Al-*x*Ca 合金在 150℃条件下的力学性能实验结果。从实验结果可以看出，实验合金的抗拉强度随着 Ca 含量的增加呈现出先升高后降低的趋势。当 Ca 含量达到 0.8 wt%时，合金的抗拉强度达到最大值为 191 MPa，屈服强度为 163 MPa，相比于未添加 Ca 元素的合金，其抗拉强度提高了 22.4%，屈服强度提高了 12.4%。合金的延伸率随着 Ca 含量的增加呈现出先减小后增大的趋势，当合金中含有 1.2 wt% Ca 时，其延伸率达到了 24.79%。

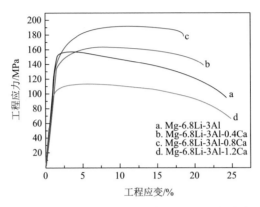

图 2-53　挤压态 Mg-6.8Li-3Al-*x*Ca 合金在 150℃时的应力-应变曲线

表 2-10　挤压态 Mg-6.8Li-3Al-*x*Ca 合金在 150℃下的力学性能

合金名称	屈服强度/MPa	抗拉强度/MPa	延伸率/%
Mg-6.8Li-3Al	145	156	24.25
Mg-6.8Li-3Al-0.4Ca	141	163	21.14
Mg-6.8Li-3Al-0.8Ca	163	191	18.48
Mg-6.8Li-3Al-1.2Ca	98	113	24.79

　　图 2-54 是挤压态 Mg-6.8Li-3Al-*x*Ca（*x* = 0，0.8）实验合金在 150℃下的拉伸断口形貌，从图中可以看出，未添加 Ca 时韧窝数量较多，而且韧窝规格较小，具有韧性断裂的特征。韧窝是实验合金在发生塑性变形时在第二相颗粒周围形成的一些孔洞，当韧窝连成一片时实验合金就发生了断裂行为。实验合金在拉伸变形后，断口凹凸不平，断口的形貌都是细小的韧窝和一些撕裂棱，而撕裂棱是连接解理面和形成解理台阶的方式之一，撕裂棱的产生是交滑移和塑性变形共同作用的结果，具有解理断裂的特征。

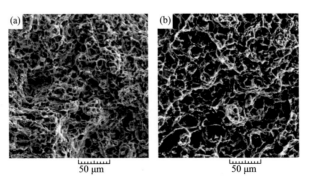

图 2-54　挤压态 Mg-6.8Li-3Al-*x*Ca 合金的高温断口形貌

（a）*x* = 0；（b）*x* = 0.8

合金组织的晶粒大小是评判合金力学性能的重要因素之一。一般晶粒越细小，合金就表现出更优异的力学性能。本课题的实验合金在挤压变形后，柱状晶和粗大的枝晶被挤碎，而且在挤压过程中又发生了动态再结晶行为，所以实验合金的晶粒非常细小，改善了合金中偏析现象，提高了合金性能。合金的力学性能还与组织中第二相颗粒有关。晶粒越细小，晶界面积就越大，对实验合金进行同样的变形就需要更大的能量，所以施加的力就更大。由实验合金的金相组织和 SEM 分析可知，Ca 的加入能有效细化基体中的晶粒尺寸。当 Ca 含量达到 0.8 wt%时，实验合金在 150℃下表现出最优的力学性能，并且有较好的延伸率，综合性能最好。这是因为添加 Ca 不仅能促进实验合金再结晶形核，还能阻止这些晶粒的长大。另外，在挤压变形后，Al_2Ca 相被挤碎，均匀地分布于合金基体中，Al_2Ca 相周围应变量较大，位错集中，这也提供了再结晶晶核；而且 Al_2Ca 相还可以钉扎位错，提高合金的形核率[46]。Al_2Ca 相熔点较高，热稳定性好，弥散分布于晶界处，阻碍位错的运动和晶界的滑移，所以在高温下含 Ca 的合金具有较好的力学性能[56]。但是当 Ca 含量过高时，又会引起晶界滑移，所以强度会有所降低而塑性提高[57]。

2.2.4　RE 对双相镁锂合金组织与性能的影响

稀土（RE）元素具有独特的核外电子排布，在镁锂合金中有很好的细晶强化和析出强化效果，还具有净化熔体、改善铸造性能、提高耐蚀性等优势，因此也是镁锂合金中常用的合金化元素，如 Y、Sc、Ce 等。下面主要介绍 Y 对双相镁锂合金的影响。

1. 铸态 Mg-6Li-*x*Y-*y*Zn 合金的微观组织与力学性能

图 2-55 为铸态 Mg-6.5Li-*x*Y-*y*Zn 合金的金相组织图。可以看出，三种合金组织主要由白色近圆块状的 α 相和深色的 β 相组成。相比于传统镁锂二元合金中 α 相的板条状形貌，三种合金 α 相明显地趋于圆整，说明 Zn、Y 元素的加入对 α 相有显著球化作用[58]。

如图 2-55（c）、（d）所示，在铸态 Mg-6.5Li-0.8Y-0.3Zn 合金组织中可以观察到一个突出特征，即在 α 相基体内部出现了大量的精细条纹状组织，而且这些精细条纹状组织在不同基体中呈现出一定的方向性，这种微观结构特征在传统镁锂二元合金中是不存在的。根据相关文献报道[59, 60]，铸态 Mg-6.5Li-0.8Y-0.3Zn 合金组织中出现的这种特殊精细条纹状微观组织与 Mg-Zn-Y 三元合金中出现的长周期堆垛有序（LPSO）相特征相符，因此可以初步判定在铸态 Mg-6.5Li-0.8Y-0.3Zn 实验合金中形成了长周期堆垛有序相。

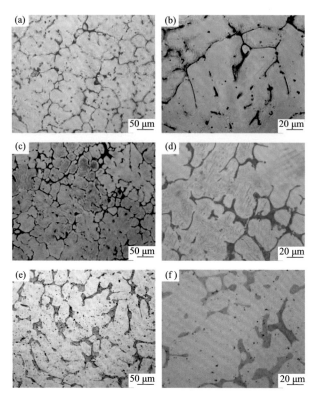

图 2-55 铸态 Mg-6.5Li-xY-yZn 合金的金相组织图

（a，b）Mg-6.5Li-0.8Y；（c，d）Mg-6.5Li-0.8Y-0.3Zn；（e，f）Mg-6.5Li-1.0Y-1.0Zn

采用 X 射线衍射分析铸态 Mg-6.5Li-xY-yZn 合金的组成相，如图 2-56 所示。三种合金主要由特征峰强度最高的 α-Mg 相和强度次之的 β-Li 相组成。同时，在铸态 Mg-6.5Li-0.8Y 合金中还有 Mg$_2$Y 金属间化合物的特征峰出现；在铸态 Mg-6.5Li-0.8Y-0.3Zn 合金中有对应于图 2-55（b）中精细条纹状的长周期堆垛有序结构 X 相（Mg$_{12}$ZnY）；而铸态 Mg-6.5Li-1.0Y-1.0Zn 合金中则有立方结构的 W 相（Mg$_3$Zn$_3$Y$_2$）出现。从 XRD 的分析结果中可以看出，铸态 Mg-6.5Li-xY-yZn 实验合金的相组成很大程度上也取决于合金中的 Zn/Y 原子比[61, 62]。

为了进一步分析铸态 Mg-6.5Li-xY-yZn 实验合金中的相组成，又对三组实验合金进行了 SEM 表面形貌及 EDS 分析，如图 2-57 所示。从图 2-57（a）可以看出，铸态 Mg-6.5Li-0.8Y 合金组织中的第二相颗粒 Mg$_2$Y 相主要分布在 α 相和 β 相的界面处。图 2-57（b）为合金中精细条纹状化合物的 EDS 元素分析结果，从谱图中可以看到：该精细条纹状化合物相主要由 Mg、Zn、Y 三种元素（可能含有 Li，但由于在能谱分析中锂元素很难被检测到，故锂元素未列入结果分析图表中）组成，其中 Zn/Y 原子比接近 1：1。结合 XRD 分析和文献报道[61, 62]，可

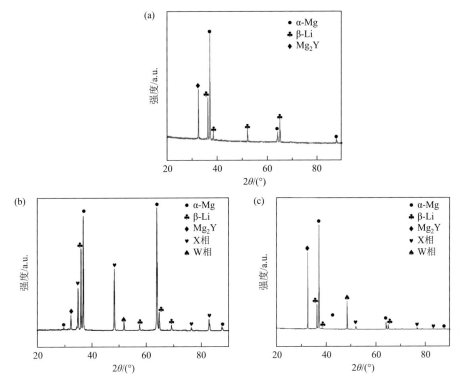

图 2-56　铸态 Mg-6.5Li-*x*Y-*y*Zn 合金的 XRD 图

（a）Mg-6.5Li-0.8Y；（b）Mg-6.5Li-0.8Y-0.3Zn；（c）Mg-6.5Li-1.0Y-1.0Zn

以确定铸态 Mg-6.5Li-0.8Y-0.3Zn 合金中的精细条纹状化合物为长周期堆垛有序结构 X 相（$Mg_{12}ZnY$）。从图 2-55（e）可以看出，铸态 Mg-6.5Li-1.0Y-1.0Zn 合金中的第二相固溶颗粒 W 相（$Mg_3Zn_3Y_2$）不仅尺寸较小，而且均匀弥散地分布于 α 相和 β 相的界面处及 α 相基体内部。

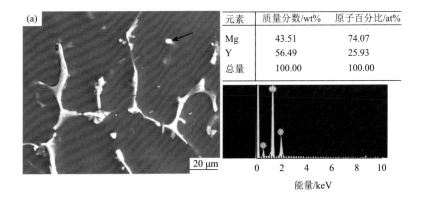

元素	质量分数/wt%	原子百分比/at%
Mg	43.51	74.07
Y	56.49	25.93
总量	100.00	100.00

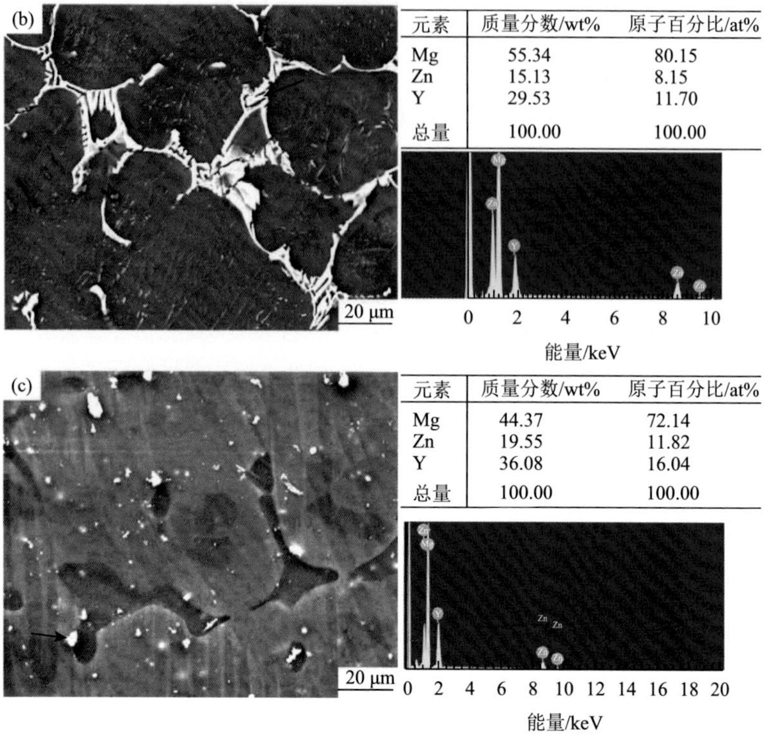
(b)
元素 质量分数/wt% 原子百分比/at%
Mg 55.34 80.15
Zn 15.13 8.15
Y 29.53 11.70
总量 100.00 100.00
20 μm
0 2 4 6 8 10
能量/keV
(c)
元素 质量分数/wt% 原子百分比/at%
Mg 44.37 72.14
Zn 19.55 11.82
Y 36.08 16.04
总量 100.00 100.00
20 μm
0 2 4 6 8 10 12 14 16 18 20
能量/keV

图 2-57 铸态 Mg-6.5Li-*x*Y-*y*Zn 合金的 SEM 图和 EDS 图

（a）Mg-6.5Li-0.8Y；（b）Mg-6.5Li-0.8Y-0.3Zn；（c）Mg-6.5Li-1.0Y-1.0Zn

通过常温拉伸实验来对三种铸态 Mg-6.5Li-*x*Y-*y*Zn 实验合金的力学性能进行对比分析。其在室温下的力学性能指标如表 2-11 所示。通过对比表 2-11 中三种实验合金的力学性能实验结果分析可知：三种实验合金的延伸率均不高，表现出典型的脆性断裂的特征。但相比于锂含量相近的镁锂二元合金，本实验中的三种合金的强度和塑性匹配较好。其中，Mg-6.5Li-0.8Y、Mg-6.5Li-0.8Y-0.3Zn 两种合金的强度较高，但塑性相对来说不如 Mg-6.5Li-1.0Y-1.0Zn 合金。结合前面物相分析可知，合金中生成的 Mg_2Y 相、$Mg_{12}ZnY$ 相虽能够作为强化相提高合金的强度，但其可能不利于合金的变形，在拉伸过程中对合金的塑性变形产生了不利影响。而在 Zn、Y 元素添加量较高的 Mg-6.5Li-1.0Y-1.0Zn 合金中，其强度和塑性有着较好的匹配。

表 2-11 铸态 Mg-6.5Li-*x*Y-*y*Zn 合金的力学性能

合金名称	屈服强度/MPa	抗拉强度/MPa	延伸率/%
Mg-6.5Li-0.8Y	113	126	8.6
Mg-6.5Li-0.8Y-0.3Zn	121	133	8.9
Mg-6.5Li-1.0Y-1.0Zn	106	118	10.2

综上分析可知，Zn、Y 元素的加入可以在保留镁锂二元合金较好延展性的同时，又使合金具有适中的强度。

2. 挤压态 Mg-6Li-xY-yZn 合金的微观组织与力学性能

图 2-58 是三组实验合金挤压变形后的金相组织图，其中图 2-58（a）、（c）、（e）是垂直于挤压方向的金相组织图，图 2-58（b）、（d）、（f）是沿挤压方向的金相组织图。由图 2-58 可知，三种实验合金均主要由白色的 α-Mg 相、灰色的 β-Li 相和黑色颗粒状的第二相组成。合金经热挤压变形后的微观组织与铸态相比，晶粒都变得更为细小和均匀，α-Mg 相沿垂直于挤压方向的组织发生了不同程度的弯曲，同时沿挤压方向被拉长为细条状。从图 2-58（b）、（d）、（e）中可以看出，相比于 α-Mg 相，β-Li 相呈现出更为明显的动态再结晶特征；而且与拉成细条状的 α-Mg 相不同，β-Li 相的晶粒尺寸更为细小（平均晶粒尺寸约为 5 μm），合金由细小的等轴晶组成。

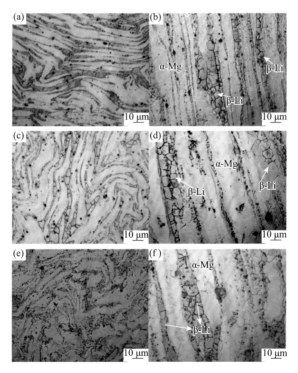

图 2-58　挤压态 Mg-6.5Li-xY-yZn 合金的金相组织图
（a，b）Mg-6.5Li-0.8Y；（c，d）Mg-6.5Li-0.8Y-0.3Zn；（e，f）Mg-6.5Li-1.0Y-1.0Zn

与铸态合金的金相显微组织相比，挤压态合金的双相分布更加均匀，合金内部的强化相经过挤压之后，弥散分布在合金中。由于 Mg$_{12}$ZnY 相以及 Mg$_3$Zn$_3$Y$_2$ 相的熔点均较高，在挤压过程中不会发生分解，经过挤压变形后，化合物相破碎，

$Mg_{12}ZnY$ 相与 $Mg_3Zn_3Y_2$ 相弥散分布在基体组织中，起到了弥散强化的作用。

根据前面的研究及相关文献报道[63, 64]可知，在经过一些大变形加工（如热挤压、等通道加工）后，镁及镁合金组织中通常都会出现连续动态再结晶相。而对于组织细化的 α-Mg 相来说，连续动态再结晶是其主要的组织细化机制。相较于 α-Mg 相，β-Li 相的微观组织特征则与文献报道中非连续动态再结晶相更一致。通常情况下，非连续动态再结晶在相对较高的温度或变形量的条件下才会被激发。在热挤压过程中，β-Li 相（bcc 结构）由于塑性较好，相比于 α-Mg 相（hcp 结构）更容易优先发生非连续动态再结晶。此外，β-Li 相的共晶熔化温度（588℃）相较于 α-Mg 也更低。因此，在本实验中的挤压温度为 260℃、挤压比为 25 的变形条件下，β-Li 相更主要发生的是非连续动态再结晶，呈现出组织更为细化的等轴晶特征。

图 2-59 左侧为三组挤压态合金垂直于挤压方向的 SEM 图。从图中可以看出，三组 Mg-6.5Li-xY-yZn 实验合金中黑色颗粒状的第二相经挤压变形被破碎扩散并更加均匀地分布在 α/β 相界面处，同时在 α 相中也有少量分布。

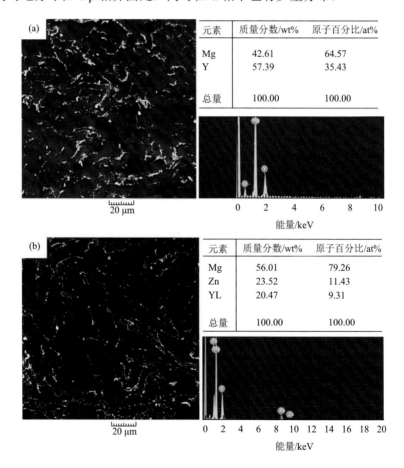

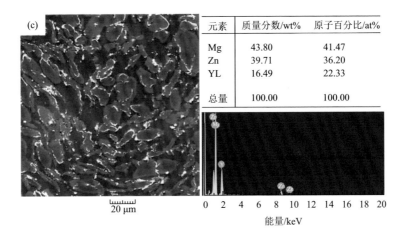

元素	质量分数/wt%	原子百分比/at%
Mg	43.80	41.47
Zn	39.71	36.20
YL	16.49	22.33
总量	100.00	100.00

图 2-59　挤压态 Mg-6.5Li-xY-yZn 合金的 SEM 图和 EDS 图

（a）Mg-6.5Li-0.8Y；（b）Mg-6.5Li-0.8Y-0.3Zn；（c）Mg-6.5Li-1.0Y-1.0Zn

为进一步确定各合金中颗粒状第二相的具体元素组成，又对其进行了 EDS 能谱分析，如图 2-59 右侧所示。能谱分析显示，颗粒状的第二相主要含 Mg、Zn 和 Y。结合图 2-59 的 SEM 和能谱分析，可以得出：挤压态的 Mg-6.5Li-1.0Y-1.0Zn 合金中的 W 相（$Mg_3Zn_3Y_2$）相比于 Mg-6.5Li-0.8Y 合金中的 Mg_2Y 相来说颗粒尺寸更小并且在基体中的分布也更加弥散；而挤压态 Mg-6.5Li-0.8Y-0.3Zn 合金中的长周期堆垛有序结构 X 相（$Mg_{12}ZnY$）虽然大体也均匀分布在合金基体上，但在局部区域颗粒尺寸分布不一，未呈现明显的弥散分布状态。另外，在合金均匀化处理及热挤压过程中，Mg_2Y 相更容易偏聚在富 Mg 的 α 相周围，使其在热挤压后的相分布虽相比于铸态有所改善，但在局部区域仍会出现沿相界聚集分布的现象。长周期堆垛有序结构 X 相（$Mg_{12}ZnY$）是一种高硬度、高热稳定性的强化相，相比于 W 相（$Mg_3Zn_3Y_2$）在 280℃的温度下通过加工变形很难将其完全碎化使其弥散均匀分布，所以经挤压变形后 W 相（$Mg_3Zn_3Y_2$）的弥散效果反而最好。

表 2-12 是将三组 Mg-6.5Li-xY-yZn 实验合金加工成标准试样拉伸棒后在室温下进行拉伸实验的力学性能指标。其力学性能实验结果如图 2-60 所示。可见，Mg-6.5Li-1.0Y-1.0Zn 合金表现出良好的塑性，其延伸率达到 28%，其屈服强度和抗拉强度也分别达到了 193 MPa 和 221 MPa，与 Mg-6.5Li-1.0Y-1.0Zn 合金相比，挤压态 Mg-6.5Li-0.8Y-0.3Zn 合金的屈服强度和抗拉强度则达到最大值 202 MPa 和 235 MPa，但延伸率（23%）则有所下降。

表 2-12 挤压态 Mg-6.5Li-*x*Y-*y*Zn 合金的力学性能指标

合金名称	屈服强度/MPa	抗拉强度/MPa	延伸率/%
Mg-6.5Li-0.8Y	175	206	19
Mg-6.5Li-0.8Y-0.3Zn	202	235	23
Mg-6.5Li-1.0Y-1.0Zn	193	221	28

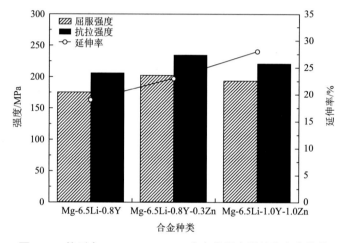

图 2-60 挤压态 Mg-6.5Li-*x*Y-*y*Zn 合金常温力学性能变化趋势

经挤压变形后三组实验合金的力学性能均得到明显提升,主要原因可归结于:①挤压过程细化了 α-Mg 相和 β-Li 相,从而强化了合金,使其强度和延伸率均得到提高;②在挤压过程中,第二相化合物由聚集分布的大颗粒状被破碎后变为均匀分布在 α/β 相界面和 α 基体中的弥散相,这减弱了第二相对基体的割裂效果,使得合金的力学性能得到相应提高;③在试样的拉伸过程中,β-Li 相对于 α-Mg 是一个软质相,可对试样的变形起到协调变形的作用。挤压后试样的 α-Mg 相得到明显细化,且更加均匀地分布于 β-Li 相内,从而使合金的塑性变形能力得到大大提高。

挤压态 Mg-6.5Li-0.8Y-0.3Zn 在强度提升的同时,塑性降低,这可能与挤压后其第二相的分布状态有关:脆性第二相的存在会使裂纹扩展阻力减小,由 Krafft 模型可知,脆性第二相质点的密度和颗粒尺寸越大,裂纹扩展阻力越小,从而减小了合金的塑性。而挤压后的 Mg-6.5Li-0.8Y 合金在强度和塑性方面均不及其余两种合金,这也可能与合金中 Mg$_2$Y 相在富 Mg 的 α 相周围偏聚从而对合金基体形成了一定的割裂有关。

图 2-61 是三组挤压态 Mg-6.5Li-*x*Y-*y*Zn 合金的拉伸断口形貌。由图 2-61 可以

看出，三组挤压态合金总体上呈现出塑性断裂的特征。但在 Mg-6.5Li-0.8Y 合金的拉伸断口处，除了较大的韧窝外，还存在局部的撕裂棱（准解理台阶），说明 Mg_2Y 相在局部的偏聚对合金力学性能产生不利影响。相比于 Mg-6.5Li-0.8Y 合金，其余两组挤压态 Mg-6.5Li-0.8Y-0.3Zn 和 Mg-6.5Li-1.0Y-1.0Zn 合金的韧窝更深，分布也更加均匀。在图 2-61（b）中可见破碎的大颗粒第二相（标记为 A 点）。EDS 分析显示，点 A 的主要元素组成为 Mg、Zn、Y，再结合前面分析，可以证明此破碎相即为 $Mg_{12}ZnY$。这说明未被均匀破碎掉的 $Mg_{12}ZnY$ 相在局部也可能成为拉伸过程中裂纹的断裂源，对合金的塑性产生一定的危害。

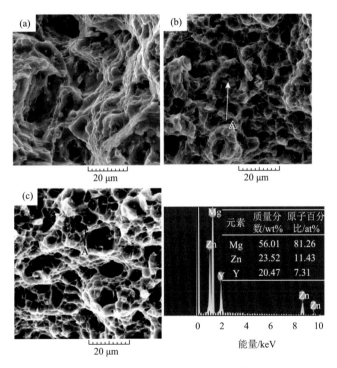

图 2-61　挤压态 Mg-6.5Li-xY-yZn 合金的断口形貌

（a）Mg-6.5Li-0.8Y；（b）Mg-6.5Li-0.8Y-0.3Zn；（c）Mg-6.5Li-1.0Y-1.0Zn

2.3　合金元素对单相 β-Li 镁锂合金组织与性能的影响

2.3.1　Sn 对单相 β-Li 镁锂合金组织与性能的影响

1. Sn 对 Mg-14Li 铸态组织的影响

由图 2-62 可知，不同 Sn 含量合金中有大量第二相析出，且第二相的分布很不均匀，近似网状分布。组织中存在大量团聚的长棒状第二相，也有零散分布在 β-Li 基体上的颗粒状第二相。

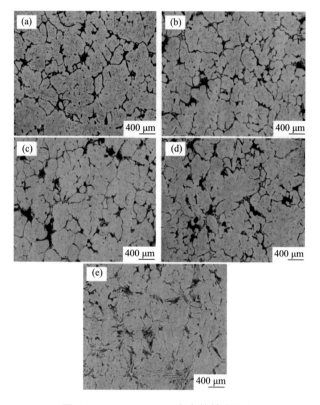

图 2-62　Mg-14Li-*x*Sn 合金的铸态组织

（a）Mg-14Li-2.5Sn；（b）Mg-14Li-3.0Sn；（c）Mg-14Li-3.5Sn；（d）Mg-14Li-4.0Sn；（e）Mg-14Li-4.5Sn

　　由图 2-63 可以更好地观察第二相的形态，第二相有颗粒状和片层状，并且片层状的第二相团聚在一起，随着 Sn 含量的增加，第二相的量更多，并且分布更加均匀，其余特征与该系列合金的金相组织一致。

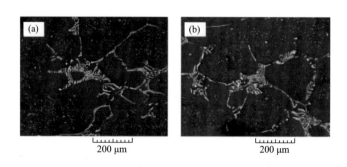

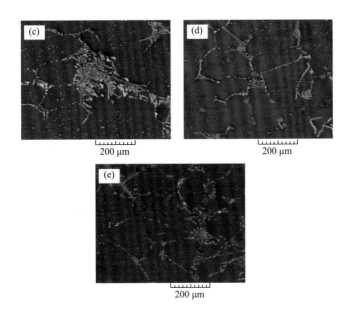

图 **2-63**　Mg-14Li-*x*Sn 的 SEM 图

（a）Mg-14Li-2.5Sn；（b）Mg-14Li-3.0Sn；（c）Mg-14Li-3.5Sn；（d）Mg-14Li-4.0Sn；（e）Mg-14Li-4.5Sn

2. Sn 对 Mg-14Li 挤压态组织的影响

由图 2-64 可知，挤压态 Mg-14Li-2.5Sn 合金的晶粒大小很不均匀，这是由于铸件在热挤压过程中发生动态再结晶，但是不同晶粒的状态不同，有的晶粒在挤压过程中发生完全再结晶，晶粒呈现细小等轴状，有的晶粒在挤压过程来不及发生动态再结晶，依旧保存原来粗大的铸态组织，计算得其平均晶粒大小约为32 μm，并且晶粒的分布具有一定的方向性，这是由于在挤压过程中，棒材各个方向的受力情况不同，导致不同方向晶粒的变形也是不同的。此外，有少量细小颗粒状的第二相沿晶界析出。由图 2-64（b）可知，挤压态 Mg-14Li-3.0Sn 合金的晶粒大小不均匀，原因与图 2-64（a）一样，但是 Mg-14Li-3.0Sn 合金的晶粒比较细小，其平均晶粒大小约为 14 μm，这是由于添加的合金元素起到细化晶粒的作用。由图 2-64（c）可知，挤压态的 Mg-14Li-3.5Sn 合金的组织同样细小，其平均晶粒尺寸约为 15 μm，并且可以看到有一定量的第二相沿晶界析出，呈现细小的颗粒状。由图 2-64（d）可知，挤压态 Mg-14Li-4.0Sn 合金组织的平均晶粒大小约为17 μm，有少量较大颗粒状的第二相在晶界处析出。而由图 2-64（e）可知，当 Sn 含量增加到 4.5 wt%时，出现了大量的第二相颗粒。

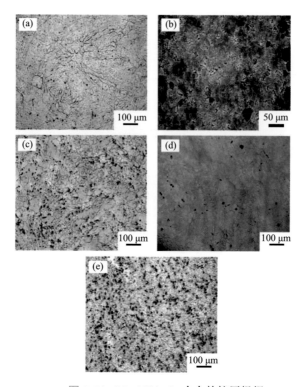

图 2-64　Mg-14Li-xSn 合金的挤压组织

（a）Mg-14Li-2.5Sn；（b）Mg-14Li-3.0Sn；（c）Mg-14Li-3.5Sn；（d）Mg-14Li-4.0Sn；（e）Mg-14Li-4.5Sn

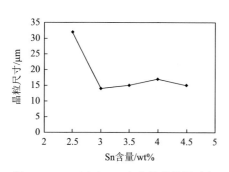

图 2-65　Mg-14Li-xSn 合金的晶粒尺寸与
Sn 含量的变化曲线

由图 2-65 可知，随着 Sn 含量的增加，合金的晶粒尺寸先急剧减小，然后趋于稳定。合金的晶粒在 Sn 含量为 3.0 wt%时，达到最小值（14 μm），晶粒的急剧减小主要可以从两个方面来解释，一是 Sn 在 Mg-14Li 合金中会形成金属间化合物，这些化合物在挤压的过程中会优先析出作为晶粒的核心；二是合金中第二相大部分团聚在晶界，这些偏聚在晶界附近的第二相可以起到阻碍晶粒长大的作用，以上两个原因最终导致晶粒细化。之后随着 Sn 含量的增加，晶粒尺寸有一定程度的增大，这是由于合金中形成的第二相均与 Sn 有关，随着 Sn 含量的增加，第二相会有一定的粗化，从而会使晶粒尺寸略微增加。

由图 2-66 可知，挤压态 Mg-14Li-xSn 合金主要由 Mg 基体和颗粒状与条状的含 Sn 第二相组成。第二相比较均匀地分布在基体上。

(a)

位置	Mg含量/%	Sn含量/%	总量/%
A	100.00		100.00
B	29.84	70.16	100.00
C	17.98	82.02	100.00

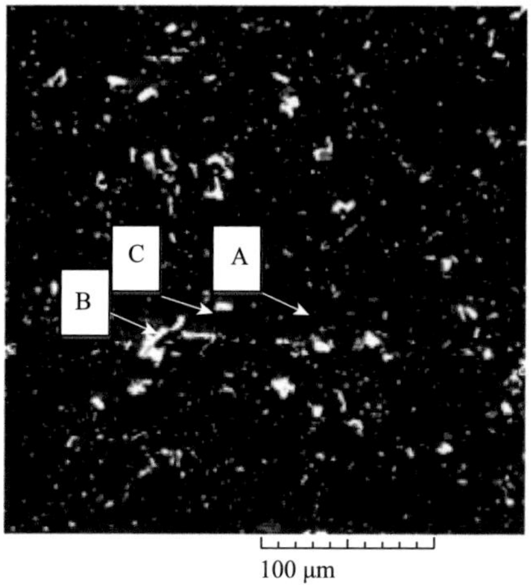

(b)

位置	Mg含量/%	Sn含量/%	总量/%
A	100.00		100.00
B	92.10	7.90	100.00

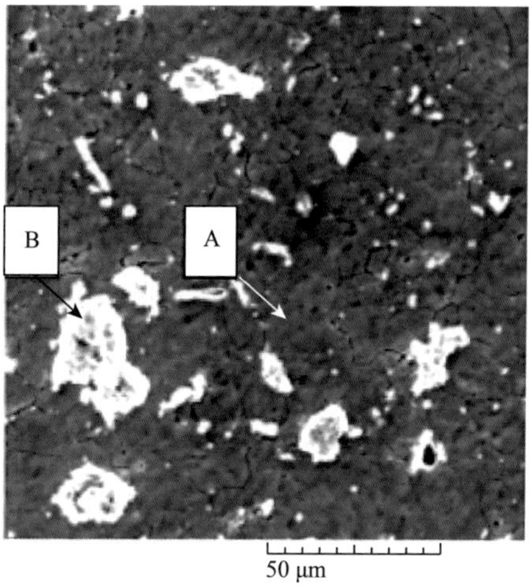

100 μm

50 μm

(c)

位置	Mg含量/%	Sn含量/%	总量/%
A	100.00		100.00
B	89.26	10.74	100.00

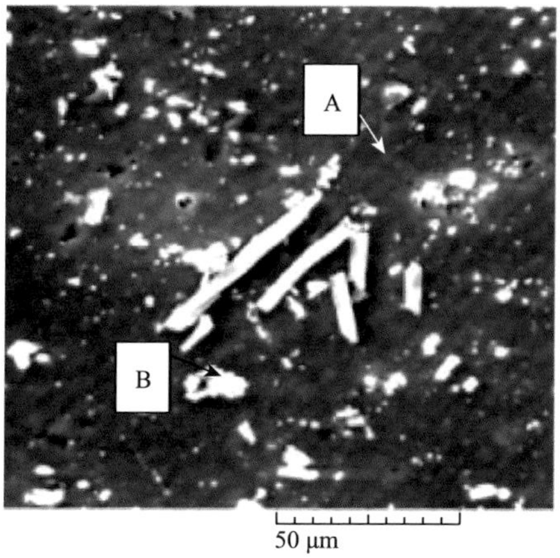

(d)

位置	Mg含量/%	Sn含量/%	总量/%
A	100.00		100.00
B	56.92	43.08	100.00

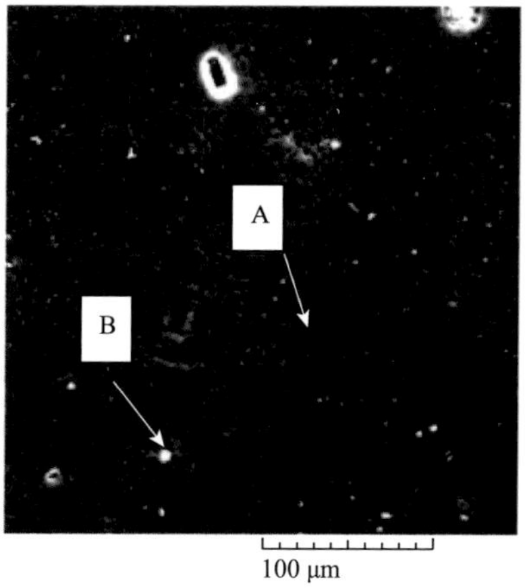

50 μm

100 μm

图 2-66　Mg-14Li-xSn 合金的 SEM 图和 EDS 图

（a）Mg-14Li-2.5Sn；（b）Mg-14Li-3.0Sn；（c）Mg-14Li-3.5Sn；（d）Mg-14Li-4.0Sn

　　由图 2-67 可知，挤压态 Mg-14Li-4.5Sn 合金由基体和与 Sn 有关的第二相组成，可以看出颗粒状的第二相沿晶界析出。随着 Sn 含量的增加，Mg-14Li-xSn 合金中的第二相析出得更多，分布也比较均匀。

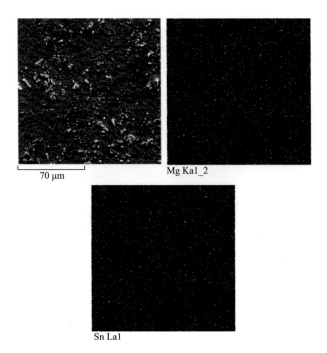

70 μm

Mg Ka1_2

Sn La1

图 2-67 Mg-14Li-4.5Sn 合金的面扫描 EDS 图

3. Sn 对 Mg-14Li-xSn 系列合金显微硬度的影响

由图 2-68 可知，对于铸态的 Mg-14Li-xSn 合金，随着 Sn 含量的增加，合金的硬度变化不大，这与合金的组织变化规律是一致的，合金的晶粒尺寸随着 Sn 含量的增加，变化程度不大。挤压态 Mg-14Li-xSn 合金的硬度变化曲线可以分为三个阶段。

第一阶段（2.5~3.0 wt%）：随着 Sn 含量的增加，合金的显微硬度有所提高，并在 Sn 含量为 3.0 wt%时，达到最大值，这一现象与晶粒度的变化有关。如图 2-69 所示，Sn 含量为 3.0 wt%时，合金的晶粒最细小，细小晶粒是硬度提高的原因之一，另外，均匀细小的第二相也是硬度提高的一个方面。另外，计算得到的第二相 Li_2MgSn 与基体 β-Li 相的错配度是 4%，这有利于形成稳定的共格界面，起到好的第二相强化的作用，错配度小会使得共格界面的弹性应变能升高，有利于形核。

第二阶段（3.0~3.5 wt%）：Sn 含量的增加导致硬度急剧下降，根据合金的金相组织可知，当 Sn 含量为 3.5 wt%时，第二相的颗粒尺寸增大，根据文献，第二相随着元素含量的增加而粗化，会导致合金性能的降低。

第三阶段（3.5~4.5 wt%）：合金硬度基本保持不变，这是因为在这一阶段，合金的晶粒和第二相颗粒的尺寸变化都不是很明显。

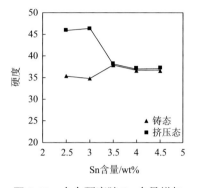

图 2-68　合金硬度随 Sn 含量增加变化曲线

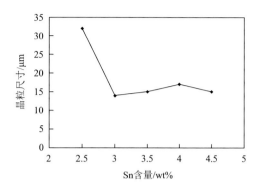

图 2-69　挤压态 Mg-14Li-xSn 合金的晶粒尺寸与 Sn 含量的变化曲线

比较合金铸态和挤压态的硬度，可以发现，挤压态合金的硬度高于铸态合金，是因为挤压态合金的组织明显比铸态合金的细小，细小的组织使合金具有较高的硬度。

4. Mg-14Li-xSn 系列合金晶粒细化机理分析

当第二相与基体的错配度小于 10%时，合金中的第二相可以有效地充当异质形核核心，如表 2-13 所示，合金中有一组晶面的错配度为 3.6%，合金中的 Li_2MgSn 符合作为异质核心的条件。同时，Li_2MgSn 属于高熔点物相，在合金熔炼冷却的过程中会优先析出，作为合金的形核点，这样就有效地细化了合金的铸态组织。而根据 Mg-14Li-xSn 和 Mg-9Li-xSn 合金的微观组织，合金中第二相均是沿晶界析出的，则可以进一步有效阻碍晶粒的长大。在随后的热挤压过程中，也是通过以上两个方面来细化合金组织的。

表 2-13　合金基体 Li 与 Li_2MgSn 的错配度

潜在匹配面	$(110)_{Li}/$ $(111)_{\tau}$	$(110)_{Li}/$ $(220)_{\tau}$	$(110)_{Li}/$ $(311)_{\tau}$	$(211)_{Li}/$ $(111)_{\tau}$	$(211)_{Li}/$ $(220)_{\tau}$	$(211)_{Li}/$ $(311)_{\tau}$	$(200)_{Li}/$ $(111)_{\tau}$	$(200)_{Li}/$ $(220)_{\tau}$	$(200)_{Li}/$ $(311)_{\tau}$
错配度/%	57.5	3.6	15.6	59.9	102.5	110.9	134.1	158.3	163.1

注：τ 为 Li_2MgSn。

5. Mg-14Li-xSn 合金的时效行为

由图 2-70 可知，对于挤压态 Mg-14Li-xSn 系列合金，在室温和 100℃进行时效处理，随着时效时间的延长，合金的显微硬度有一定的波动，但基本较为稳定，这意味着挤压态 Mg-14Li-xSn 合金没有明显的时效硬化和时效软化，在室温和高温下都是稳定性很高的合金。根据美国金属学会（ASM）的《金属手册》，Li_2MgSn 是一种很稳定的金属间化合物，不仅在室温下不会发生分解，即便在 500℃的高温下，Li_2MgSn 还是很稳定的化合物。

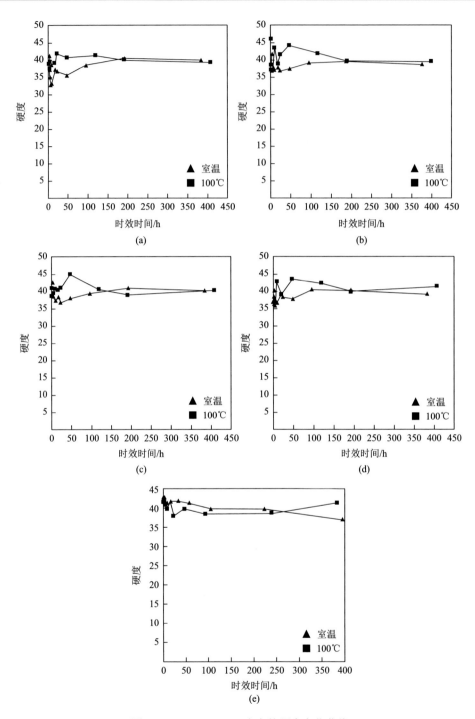

图 2-70　Mg-14Li-xSn 合金的硬度变化曲线

（a）Mg-14Li-2.5Sn；（b）Mg-14Li-3Sn；（c）Mg-14Li-3.5Sn；（d）Mg-14Li-4.0Sn；（e）Mg-14Li-4.5Sn

这与 LA141 和 LZ141 合金有所不同，LA141 和 LZ141 合金在 66℃或者室温下就会时效，发生物相的分解，Li_2MgAl 和 Li_2MgZn 发生分解将分别得到比较软的 AlLi 和 LiMgZn，从而发生时效软化，使合金的硬度下降。

2.3.2   Sr 对单相 β-Li 镁锂合金组织与性能的影响

1. Sr 对单相 β-Li 镁锂合金铸态组织的影响

由图 2-71 看出，随着 Sr 含量的增加，合金的组织变得细小，析出的第二相数量增加，并且分布更加均匀。图 2-71（a）中合金的晶粒很粗大，并且有少量颗粒状的第二相沿晶界析出；图 2-71（b）中合金晶粒有一定程度的细化，并且相当量的颗粒状第二相在晶界析出；图 2-71（c）中合金晶粒细化，第二相基本沿晶界析出。随着 Sr 含量的增加，合金的晶粒细化，这是由于添加的合金元素起到细化晶粒的作用，主要可以从两个方面来解释：其一，Sr 在 Mg-14Li 合金中会形成第二相，这些第二相在熔炼凝固的过程中会优先析出作为晶粒的核心；其二，合金中第二相偏聚在晶界附近，这些偏聚在晶界附近的第二相可以起到阻碍晶粒长大的作用，以上两个原因最终导致晶粒细化。

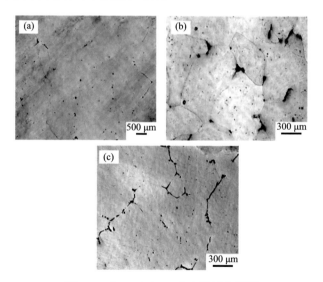

图 2-71   Mg-14Li-xSr 合金的铸态组织

（a）Mg-14Li-0.1Sr；（b）Mg-14Li-0.2Sr；（c）Mg-14Li-0.4Sr

由图 2-72 可知，Mg-14Li-xSr 合金由基体 Mg、Li 和含 Sr 第二相组成，长棒状的第二相沿晶界析出。随着 Sr 含量的增加，Mg-14Li-xSr 合金中第二相增多并且单个第二相颗粒的尺寸也逐渐增大。由图 2-73 可知，Mg-14Li-xSr 合金主要由基体 β-Li 和颗粒状的第二相 Mg_2Sr 组成。

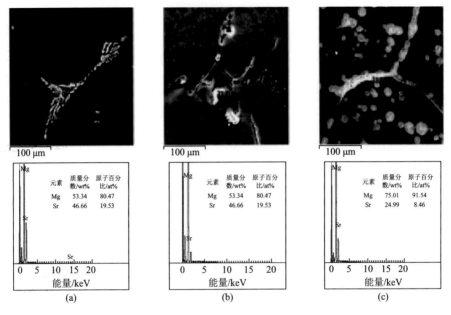

图 2-72　Mg-14Li-xSr 合金的 SEM 图和 EDS 图

（a）Mg-14Li-0.1Sr；（b）Mg-14Li-0.2Sr；（c）Mg-14Li-0.4Sr

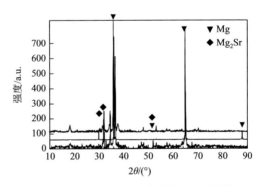

图 2-73　Mg-14Li-xSr 合金的 XRD 谱图

2. Sr 对单相 β-Li 镁锂合金挤压态组织的影响

由图 2-74 可知，随着 Sr 含量的增加，挤压态合金的晶粒尺寸逐渐减小。图 2-74（a）所示的 Mg-14Li-0.1Sr 合金是由细小的再结晶晶粒和粗大的铸态晶粒组成的，其平均晶粒尺寸约为 37.9 μm，同时有少量较细小的第二相沿晶界析出，分布比较均匀。当 Sr 含量增加到 0.2 wt%时，细小的再结晶晶粒明显增多，其平均晶粒尺寸约为 32.2 μm，少量较粗大的第二相沿晶界析出，分布很不均匀。由图 2-74（c）可以看出 Mg-14Li-0.4Sr 合金中细小再结晶晶粒的比例更高，其平均晶粒尺寸仅为 22.3 μm，第二相分布较为均匀。

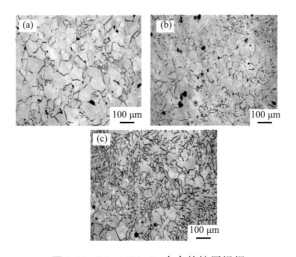

图 2-74　Mg-14Li-*x*Sr 合金的挤压组织

（a）Mg-14Li-0.1Sr；（b）Mg-14Li-0.2Sr；（c）Mg-14Li-0.4Sr

由图 2-75 可知，随着合金中 Sr 含量的增加，合金的晶粒尺寸不断减小，比较金相组织可知，随 Sr 含量的增加，颗粒状的第二相更加细小，在晶界处分布也比较均匀，可有效阻碍晶粒长大，促进晶粒细化。如图 2-76 所示，挤压态 Mg-14Li-*x*Sr合金主要由基体 Mg 和 Mg$_2$Sr 相组成。随着 Sr 含量的增加，Mg$_2$Sr 相的析出更多，并且第二相均聚集在晶界附近。

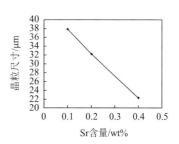

图 2-75　Mg-14Li-*x*Sr 合金的晶粒尺寸随 Sr 含量的变化曲线

位置	Mg 含量/%	Sr 含量/%	总量/%
A	100		100
B	49.70	50.30	100.00

位置	Mg 含量/%	Sr 含量/%	总量/%
A	100		100
B	77.72	22.28	100.00

位置	Mg 含量/%	Sr 含量/%	总量/%
A	100	0	100
B	75.01	24.99	100.00
C	100	0	100

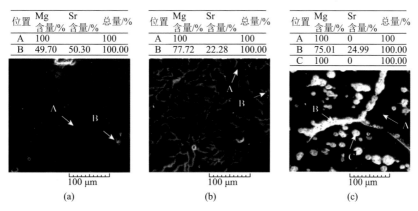

（a）　　　　　　　（b）　　　　　　　（c）

图 2-76　挤压态 Mg-14Li-*x*Sr 合金的 SEM 图和 EDS 图

（a）Mg-14Li-0.1Sr；（b）Mg-14Li-0.2Sr；（c）Mg-14Li-0.4Sr

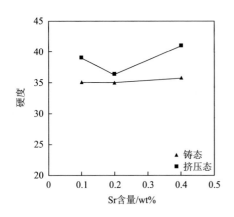

3. Sr 对 Mg-14Li-xSr 系列合金显微硬度的影响

图 2-77 为 Mg-14Li-xSr 合金的显微硬度随 Sr 含量的变化曲线。由图 2-77 可知，对于铸态 Mg-14Li-xSr 合金，显微硬度基本不随 Sr 含量的增加而变化。但是对于挤压态 Mg-14Li-xSr 合金，当 Sr 含量＞0.2 wt%时，随着 Sr 含量的增加，合金的显微硬度不断增大，主要有两个方面的原因，一是合金的晶粒度随着 Sr 含量的增加逐渐减小，细小的晶粒保证了合金的高硬度；二是合金中的第二相可

图 2-77　Mg-14Li-xSr 合金硬度随 Sr 含量的变化曲线

以起到强化的作用，随着合金中 Sr 含量增加，合金中颗粒状的第二相尺寸相较于铸态合金更小，能够阻碍位错的运动，从而起到强化的作用。

4. Mg-14Li-xSr 合金晶粒细化机理

由表 2-14 可看出 Li 与 Mg_2Sr 有一对晶面的错配度接近 10%，从理论上来讲，合金中的化合物 Mg_2Sr 可以作为异质形核的核心，但是由 Mg-Sr 相图可知，Mg_2Sr 的熔点只有 680℃，所以在熔炼凝固过程中，分布在晶界上的 Mg_2Sr 只能起到阻碍晶粒长大的作用，但是在之后的热挤压过程中，Mg_2Sr 既可以充当合金中的异质形核核心，又可阻碍晶粒的长大。

表 2-14　合金基体 Li 与 Mg_2Sr 的错配度

潜在匹配面	$(110)_{Li}/$ $(101)_\tau$	$(110)_{Li}/$ $(112)_\tau$	$(110)_{Li}/$ $(110)_\tau$	$(211)_{Li}/$ $(101)_\tau$	$(211)_{Li}/$ $(112)_\tau$	$(211)_{Li}/$ $(110)_\tau$	$(200)_{Li}/$ $(101)_\tau$	$(200)_{Li}/$ $(112)_\tau$	$(200)_{Li}/$ $(110)_\tau$
错配度/%	98.6	10.6	29.8	31.3	92.6	79.2	117.8	152.7	175.1

注：τ 为 Mg_2Sr。

5. Mg-14Li-xSr 合金的时效行为

由图 2-78 可知，对于挤压态 Mg-14Li-xSr 系列合金，在室温和 100℃时效下，随着时效时间的延长，合金的显微硬度有一定的波动，但始终保持在一定水平上，所以挤压态 Mg-14Li-xSr 合金没有明显的时效硬化和时效软化的现象，在室温和高温下都是稳定性很高的合金。

2.3.3　RE 对单相 β-Li 镁锂合金组织与性能的影响

根据文献可知[65]，在三种不同基体的 Mg-Li 合金中，α-Mg 基 Mg-Li-Al 合金的强度较高，但基体变形能力较差，尤其在室温下变形。具有体心立方结构

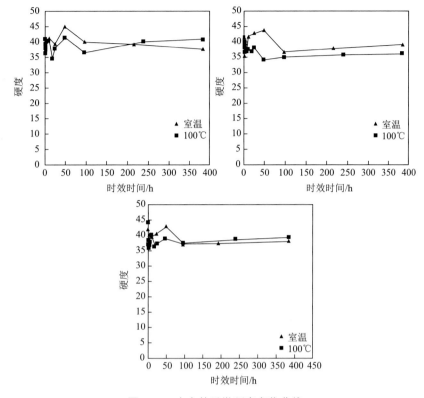

图 2-78　合金的显微硬度变化曲线

（a）Mg-14Li-0.1Sr；（b）Mg-14Li-0.2Sr；（c）Mg-14Li-0.4Sr

的 β-Li 基 Mg-Li-Al 合金的塑性变形能力较强，且密度更低，所以该类合金已在航空航天领域实现了商业化应用，如洛克希德导弹与航空公司利用 LA141 合金，开发了航天飞机 Saturn-V 用的 Mg-Li 合金部件。但 LA141 合金的强度普遍偏低（抗拉强度小于 200 MPa），限制了 LA141 合金的进一步推广应用。为了改善 LA141 合金的综合力学性能，本节采用合金化方法，添加 Sr、Y、La 元素，通过晶粒细化达到改善合金的力学性能。合金元素 Sr 对其他镁合金的组织及力学性能的改善已有较多报道，如微量 Sr 的添加即可对 Mg-Al 合金的组织起到变质细化作用，从而可提高该系列合金的力学性能[66]。同理，Sr 元素对 Mg-Li-Al 合金也具有细化晶粒的效果[67]，同样可以提高 Mg-Li 合金的力学性能。Y 元素添加到 Mg-Li 合金中可以使合金的晶粒得到细化，同时能够有效地提高合金的力学性能[68-70]。有研究表明，在 LA141 合金中添加少量的 Y 元素（0.5 wt%）即可起到较好的细化晶粒以及提高合金力学性能的作用[71]。元素 La 主要以混合稀土的形式加入 Mg-Li 合金中，其主要作用是形成较为稳定的第二相来细化晶粒，提高合金的力学性能。La 元素会与 Mg-Li-Al 合金中的 Al 元素形成 Al-La 化合物，通过这些第二相在晶界处的钉扎或在晶粒内部充当异质形核核心来细化晶粒，提高合金的性能。本节将介绍稀土元素 Y、La 与非稀土元素 Sr 的添加对 LA141 合金铸态组织的影响，深入分析稀土合金元素细化 LA141 合金显微组织的机理。

1. 合金元素对 LA141 合金的铸态组织的影响

合金成分如表 2-15 所示。图 2-79 显示了 LA141 合金在添加微量合金元素后组织的变化。从图中可以看出，微量稀土元素的添加即可细化 LA141 合金的铸态组织，在相同的添加量下，La 的细化效果最佳，其次是 Sr。铸态 LA141 合金的晶粒较为粗大。Y 的加入明显细化了合金的铸态组织，其中第二相呈粒状分布。Sr 的加入对合金的晶粒细化效果更为明显 [图 2-79（c）]，且合金相在晶界上呈网状分布。复合添加 Y、Sr 后晶粒更加细小，在晶粒内部以及晶界处都有第二相的存在。当添加 0.3 wt% La 后，合金的晶粒最为细小，而且可以明显地看到晶界处分布着大量的第二相。添加不同合金元素后 LA141 铸态合金的晶粒尺寸统计如图 2-80 所示，可以明显看出，添加了微量的合金元素后，LA141 合金的晶粒尺寸大大减小，其中添加 0.3 wt% La 的 LA141 合金的晶粒尺寸最小，为 200 μm，与 LA141 合金的原始晶粒尺寸相比（600 μm）降低了约 67%。

表 2-15 实验合金的实际成分

合金	测试成分/wt%					
	Li	Al	Y	Sr	La	Mg
LA141	14.3	1.11	—	—		余量
LA141-0.3Y	13.6	0.96	0.1	—		余量
LA141-0.3Sr	13.82	0.92	—	0.37		余量
LA141-0.3Y-0.3Sr	14.48	0.97	0.28	0.21		余量
LA141-0.3La	13.19	0.96	—	—	0.29	余量

图 2-81 为添加不同合金元素后 LA141 合金的 X 射线衍射分析结果。未添加其他元素的 LA141 合金主要由 β-Li 相与 $LiMgAl_2$ 相组成。$LiMgAl_2$ 相为稳定相，它是由 $MgLi_2Al$ 相转变而来的[72]。通常情况下，这种第二相在 Mg-Li 合金中以颗粒状存在。因此，可以通过 XRD 谱图初步判定合金中细小的颗粒相为 $LiMgAl_2$。当添加微量的 Y 元素后，合金中出现了 Al_2Y 相，但其峰值很小，说明该相的含量很少。

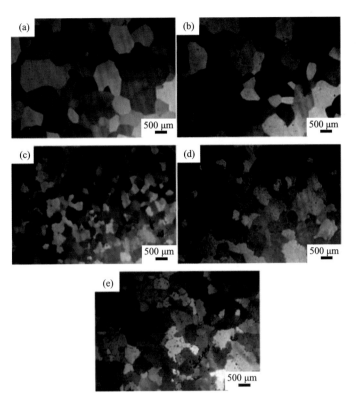

图 2-79　添加不同元素后的 LA141 合金铸态组织

（a）LA141；（b）LA141-0.3Y；（c）LA141-0.3Sr；（d）LA141-0.3Y-0.3Sr；（e）LA141-0.3La

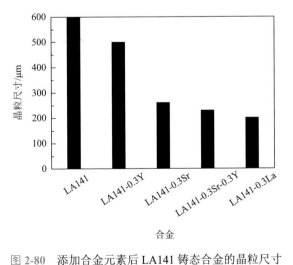

图 2-80　添加合金元素后 LA141 铸态合金的晶粒尺寸

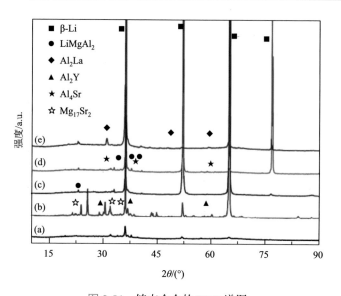

图 2-81　铸态合金的 XRD 谱图

（a）LA141；（b）LA141-0.3Y；（c）LA141-0.3Sr；（d）LA141-0.3Y-0.3Sr；（e）LA141-0.3La

　　从图 2-81 中也可以看出，Al_2Y 相主要呈颗粒状分布在 β-Li 基体上。当添加合金元素 Sr 后，合金中出现 Al_4Sr 和 $Mg_{17}Sr_2$ 相，而合金元素 La 的加入会使合金中出现 Al_2La 相。

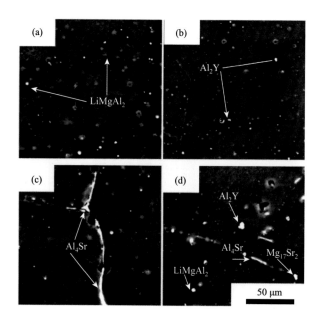

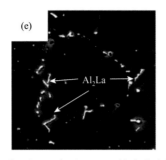

图 2-82　添加不同元素后 LA141 铸态合金的 SEM 图

（a）LA141；（b）LA141-0.3Y；（c）LA141-0.3Sr；（d）LA141-0.3Y-0.3Sr；（e）LA141-0.3La

图 2-82 为添加合金元素后 LA141 铸态合金的 SEM 图。从图中可以清晰地看出不同第二相的分布情况。结合 EDS 和 XRD 分析结果，可以初步判定这些第二相的种类及成分。$LiMgAl_2$ 相、Al_2Y 相均以颗粒状形态分布在晶粒内部，而 Al_4Sr、Al_2La 相则以棒状形态分布在晶界处。

2. 合金元素对 LA141 合金的挤压态组织及力学性能的影响

图 2-83 显示了 LA141 系列挤压板材的组织形貌，与铸态组织相比，经过 250℃挤压后，各种合金的组织均得到了细化。单就挤压态合金来说，LA141 合金在添加合金元素后，其组织得到了细化，其中添加 Sr 和 La 的合金的晶粒最为细小，晶粒平均尺寸分别为 71 μm 和 61 μm，如图 2-84 所示。

图 2-83　添加合金元素后 LA141 合金的挤压板材横截面组织形貌

（a）LA141；（b）LA141-0.3Y；（c）LA141-0.3Sr；（d）LA141-0.3Y-0.3Sr；（e）LA141-0.3La

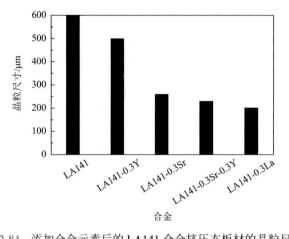

图 2-84　添加合金元素后的 LA141 合金挤压态板材的晶粒尺寸

图 2-85 为铸态合金经 250℃挤压成棒材的横截面组织形貌。与挤压板材组织相比，挤压棒材的组织要细小许多，且其组织由均匀细小的等轴晶组成，说明在挤压过程中合金进行了充分的动态再结晶。但三种合金元素 Y、Sr、La 对 LA141 挤压棒材组织的细化效果没有铸态及挤压板材明显。

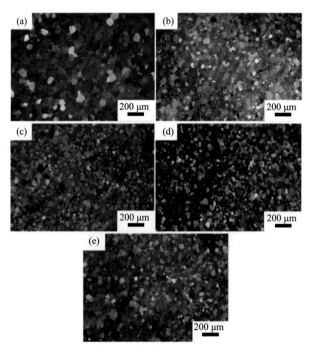

图 2-85　添加合金元素后 LA141 合金的挤压棒材横截面组织形貌
（a）LA141；（b）LA141-0.3Y；（c）LA141-0.3Sr；（d）LA141-0.3Y-0.3Sr；（e）LA141-0.3La

　　挤压态板材合金经过 150℃×1 h 去应力退火后，沿与挤压方向呈不同角度取样进行拉伸实验。实验结果如表 2-16 所示。从表中可以看出，无论是否添加合金元素，LA141 合金的强度各向异性较小，塑性各向异性差异较大。由于合金是在较低温度下进行挤压加工，合金的屈服强度比较高。添加合金元素 Y、Sr 后，LA141 合金的抗拉强度和屈服强度均有小幅度增加，添加 La 元素及复合添加 Y、Sr 元素后，LA141 合金的塑性均有不同程度的提高。其中 LA141-0.3Sr 合金的强度最高，且各向异性最小。添加 La 的 LA141 合金的延伸率最高，各向异性也较小，有利于合金的后续轧制加工。

表 2-16　挤压态合金板材在室温下的拉伸实验结果

合金	抗拉强度/MPa			屈服强度/MPa			延伸率/%		
	ED	45°	TD	ED	45°	TD	ED	45°	TD
LA141	159	157	166	147	149	157	21	20	12
LA141-0.3Y	161	155	175	154	151	168	25	31	14
LA141-0.3Sr	163	160	174	153	156	169	17	19	18
LA141-0.3Y-0.3Sr	143	137	150	117	114	126	30	29	16
LA141-0.3La	146	137	154	136	129	144	29	32	20

　　从图 2-86 中的断口形貌来看，LA141 合金的断口呈现出韧性断裂和脆性断裂相结合的特征，既有扇形河流花样的解理特征，又有韧窝存在。添加 Y 元素后，合金的断口由大量的韧窝和少量的解理断口组成。LA141-0.3Sr 合金的断裂几乎与 LA141-0.3Y 的断口特征相似，只是在韧窝的底部或者在扇形河流花样的底部发现有第二相颗粒的存在，说明一些裂纹是从这些第二相颗粒产生的。LA141-0.3Y-0.3Sr 与 LA141-0.3La 合金的断口特征相似，由大量的韧窝构成，局部有少量的解理特征，说明这两种合金的塑性较好，以上结果与合金的拉伸结果相互对应。

　　为了充分提高合金的力学性能，将挤压板材再次进行挤压，得到挤压棒材。铸态合金经二次挤压后棒材的拉伸曲线如图 2-87 所示，合金的力学性能如表 2-17 所示。总体来说，挤压棒材的力学性能要好于挤压板材，这与合金的组织相对应，挤压棒材的组织要比挤压板材的组织细小许多。在 LA141 合金中添加 Y 和 Sr 元素，使得合金力学性能均有所改善。但复合添加 Y 和 Sr 后，LA141 合金的强度并未得到改善，而延伸率有一定的提高。复合添加 Y 和 Sr 元素后，合金的延伸率提高了 47.4%。

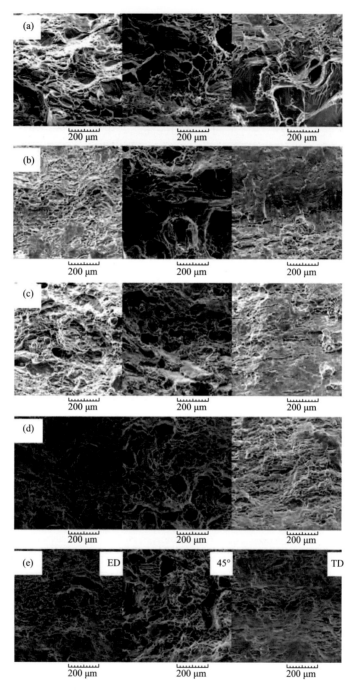

图 2-86　LA141 合金挤压板材室温拉伸断口 SEM 图

（a）LA141；（b）LA141-0.3Y；（c）LA141-0.3Sr；（d）LA141-0.3Y-0.3Sr；（e）LA141-0.3La

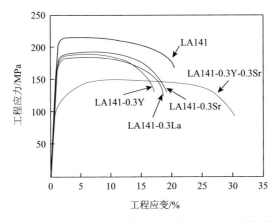

图 2-87　挤压态合金棒材的室温拉伸工程应力-应变曲线

表 2-17　添加合金元素后 LA141 合金挤压棒材的力学性能

合金	抗拉强度/MPa	屈服强度/MPa	延伸率/%
LA141	217	194	19
LA141-0.3Y	191	170	18
LA141-0.3Sr	192	164	19
LA141-0.3Y-0.3Sr	152	107	28
LA141-0.3La	185	157	16

3. 合金元素对 LA141 合金的轧制态组织及力学性能的影响

对挤压态 2 mm 厚板材进行不同压下量的多道次室温轧制实验，随后进行退火处理。前期实验表明，对室温轧制板材进行 100℃×1 h 退火处理，发现该退火工艺并不能有效地改善合金的力学性能，且对合金的组织也没有太大的改变。因此，本次设计的轧制及退火工艺为：室温多道次轧制，退火工艺：250℃×1 h。

图 2-88 为添加合金元素 Y、Sr、La 后 LA141 轧制态板材（轧制压下量为 50%，1 mm 厚）的组织。从图中发现，无论是否添加合金元素，LA141 系列合金的轧制态组织都比较相似，主要为拉长的纤维组织，晶粒在沿法线方向被压扁，沿轧制方向被拉长，且在局部有一些亚结构（可能为亚晶界或孪晶等）。晶粒内部存在一定数量的孪晶，且部分晶界呈弯曲状态，晶粒的取向比较一致。

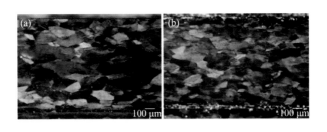

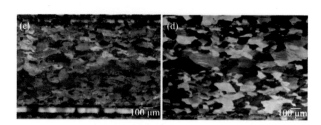

图 2-88 添加合金元素后 LA141 轧制板材微观组织形貌

（a）LA141；（b）LA141-0.3Y；（c）LA141-0.3Sr；（d）LA141-0.3La

图 2-89 显示了 LA141 系列合金在单道次压下 50%轧制（1 mm 厚）并经过 250℃×1 h 退火后的组织形貌。从图中可以发现，LA141 系列合金的退火态组织也比较类似，主要由均匀的等轴状晶粒构成，其中个别尺寸较大的晶粒有可能是在退火过程中异常长大形成的。这就表明，在 250℃×1 h 退火状态下，由于热处理温度较低，再结晶孕育期比较长，新生再结晶晶粒首先在位错密度较高的变形带上形核，且生长较慢，因而使得其他的位错密度较低的区域经过一定时间的孕育后也会出现再结晶晶核的形成，同时其生长也比较缓慢。这样就使得整个基体完全再结晶的时间延长，初始的轧制态组织完全变为尺寸较为细小的等轴状晶粒。

图 2-89 1 mm 厚 LA141 板材的退火态组织形貌

（a）LA141；（b）LA141-0.3Y；（c）LA141-0.3Sr；（d）LA141-0.3Y-0.3Sr；（e）LA141-0.3La

将轧制态板材进行 250℃×1 h 退火后在室温下进行拉伸实验,其结果如图 2-90 所示,并将力学性能数据列于表 2-18 中。从拉伸曲线可以看出,添加合金元素对轧制态合金的力学性能没有太大改善。同种合金板,其轧制态屈服强度较挤压态降低了约 40 MPa,而塑性均较挤压态有所提高。显然,轧制对提高抗拉强度的效果不太理想。同时,轧制态同种合金沿不同方向拉伸时的力学性能各向异性较小。综上所述,通过对轧制退火态合金的拉伸实验结果进行分析,得出了以下结论:

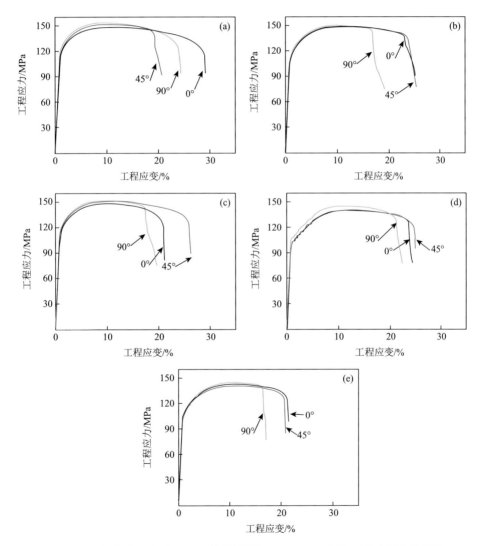

图 **2-90**　添加合金元素后 LA141 轧制板材经 250℃×1 h 退火后的室温拉伸曲线

（a）LA141；（b）LA141-0.3Y；（c）LA141-0.3Sr；（d）LA141-0.3Y-0.3Sr；（e）LA141-0.3La

在一定的工艺条件下，轧制变形能够显著细化合金组织，使材料的塑性得到改善，而对强度的改善效果不强。材料的组织结构决定材料的使用性能，而组织结构又受到变形工艺的影响。对于高 Li 含量的镁锂合金板材来说，其力学性能主要受晶粒尺寸、晶粒的取向分布以及合金中析出的第二相的形貌和分布等影响。可以通过调整轧制工艺，使合金在轧制变形过程中受力均匀，并改变析出相的形貌和分布，影响镁锂合金的塑性变形机制，从而影响合金板材的力学性能。

表 2-18   轧制退火态合金板材在室温下的拉伸实验结果

合金	抗拉强度/MPa			屈服强度/MPa			延伸率/%		
	ED	45°	TD	ED	45°	TD	ED	45°	TD
LA141	155	152	153	118	118	119	34.3	22.0	29.4
LA141-0.3Y	147	150	150	114	113	112	31.8	31.6	21.5
LA141-0.3Sr	147	150	147	111	113	114	22.8	32.9	25.7
LA141-0.3Y-0.3Sr	140	142	144	101	102	104	31.4	31.8	26.3
LA141-0.3La	143	141	146	104	104	109	24.6	22.7	19.6

4. 合金元素对 LA141 合金的晶粒细化及性能强化的内在机理

本节中 LA141 合金组织细化与加入的合金元素有着密切的关系，固溶原子在基体中的偏聚和金属间化合物异质形核的作用使得晶粒尺寸显著细化[73-75]。固溶元素对合金晶粒生长的抑制作用可借助生长抑制因子（GRF）描述。GRF 值越大，合金元素对晶粒生长的抑制作用越大，细化效果越明显[76]。根据计算，Sr 在 β-Li 中的 GRF 值为 0.74，远大于 Ca、Zn、Al 等元素在 Mg 基体中的 GRF 值。而 Li-Y 相图与 Li-La 相图至今还没有详细的信息，所以 GRF 值无从知晓。添加了典型元素后 LA141 合金的晶粒细化，也可能是由金属间化合物（Al_2Y、Al_4Sr、$Mg_{17}Sr_2$、Al_2La 等）的异质形核引起的。

元素间形成化合物的难易程度可以从它们的电负性差值来判断。电负性差值越大，元素间的结合力越大，越容易形成化合物。表 2-19 为各合金元素的电负性。由表可以看出，Sr 与 Al 的电负性差值大于 Sr 与 Mg 的电负性差值，因此 Sr 加入到 Mg-Li-Al 合金中后将优先与 Al 形成 Al-Sr 化合物。添加 Y 元素后 LA141 合金中没有发现 Mg-Y 相的存在，只有 Al-Y 相，其原理与添加 Sr 元素的原理相同。并且 Al-Sr 相的电负性差值比 Al-Y 相大，所以当复合添加 Y 和 Sr 后，优先形成 Al-Sr 相。同理，La 与 Al 的电负性差值大于 La 与 Mg 的电负性差值，所以在 LA141 合金中添加 La 元素后，更容易形成 Al-La 化合物。

表 2-19　各合金元素的电负性

成分	Mg	Li	Al	Y	Sr	La
电负性	1.31	0.98	1.5	1.22	0.95	1.1

Al_2Y 相为立方晶体结构，晶格常数为 $a=0.786\ nm$，而且具有很高的熔点（1485℃）[77]，这种化合物可以作为 β-Li 在凝固过程中的异质形核核心。因此，Al_2Y 相能在凝固初期优先结晶出来，以固体的形式存在于合金液中。在凝固过程中 Al_2Y 小颗粒易富集于 β-Li 相前沿，形成强烈的溶质过冷层，阻碍 β-Li 相基体晶粒的生长速度，细化了基体组织[78]。

因为 Sr 在 Li 中的固溶度极小，所以 Sr 的作用与 Y 相似，当添加合金元素 Sr 后，合金中会出现高温稳定化合物 Al_4Sr 和 $Mg_{17}Sr_2$ 相，这些第二相偏聚在 β-Li 晶粒相界面前沿，也会在一定程度上起到阻止晶粒长大的作用[79]。$Mg_{17}Sr_2$ 相为面心立方结构（$Ni_{17}Th_2$ 型，$a=b=10.468\ nm$，$c=10.300\ nm$）[80]，Al_4Sr 相为体心立方结构（DI3 型，$a=4.46\ nm$，$c=11.07\ nm$）[81]，β-Li 相为体心立方结构（$a=b=c=0.351\ nm$）。由于这两种化合物与 β-Li 相的结构很相近，可成为 β-Li 基体的有效形核核心。

La 元素也不固溶于 β-Li 基体，所以在 LA141 合金中加入 La 元素，其作用与 Sr 和 Y 相同。Al_2La 同样为体心立方结构（$a=b=c=0.815\ nm$），与 β-Li 的晶体结构相近，同样可以作为异质形核核心。

第二相的大小、形状、分布等特性对合金的组织及性能都有较大的影响，并且，已有研究表明，当合金中存在的第二相与基体之间的错配度小于 10% 时，则该相能够作为有效的异质形核核心，可以使合金的晶粒细化，力学性能提高。

从各种化合物与 β-Li 基体的错配度中选择数值最小的，并将结果列入表 2-20 中，从表中可以看出，这些第二相与 β-Li 基体的错配度均不高于 10%，也就是说这些化合物均可以作为 β-Li 的异质形核核心。另外，这三种元素都是表面活性元素，在晶粒生长界面会形成一种含 Sr/Y/La 的吸附膜，从而导致晶粒生长速度降低，使合金凝固时有更加充足的时间形成更多晶核而使晶粒细化[82]。相关研究还利用第一性原理分别计算了这些第二相的相关参数，如相的形成焓、结合能，以及弹性模量和泊松比等。并将其结果列入表 2-21 和表 2-22 中。

表 2-20　合金基体 β-Li 与第二相的错配度

潜在匹配面	$(110)_{Li}/$ $(302)_{Mg_{17}Sr_2}$	$(110)_{Li}/$ $(220)_{Mg_{17}Sr_2}$	$(110)_{Li}/$ $(200)_{Al_4Sr}$	$(110)_{Li}/$ $(311)_{Al_2Y}$	$(110)_{Li}/$ $(311)_{Al_2La}$
错配度/%	5.63	6.12	10	4.55	1.02

表 2-21　Mg$_{17}$Sr$_2$、Al$_4$Sr、Al$_2$Y 和 Al$_2$La 的平衡晶体学常数、晶胞总能、形成焓和结合能[83]

金属间化合物	晶体学常数			晶胞总能/eV	形成焓/(eV/atom)	结合能/(eV/atom)
	a/Å	c/Å	c/a			
Mg$_{17}$Sr$_2$	10.58	10.33	0.976	−63.14	−0.0107	−1.42
Al$_4$Sr	4.46	11.39	2.554	−18.33	−0.1622	−3.79
Al$_2$Y	7.855	7.855	7.855	−123.81	−0.577	−5.009
Al$_2$La	8.148	8.148	8.148	−110.61	−0.525	−4.394

表 2-22　合金相 Al$_4$Sr、Al$_2$Y 和 Al$_2$La 的弹性模量和泊松比[83]

合金相	B/GPa	G/GPa	E/GPa	v	A	Acomp	Ashear	G/B
Al$_4$Sr	51.3778	28.7349	72.6910	0.2655	1.0448	0.0028	0.0157	0.5577
Al$_2$Y	81.567	63.121	150.532	0.1925	0.8488	0	0.0032	0.7738
Al$_2$La	67.041	44.461	108.419	0.2284	0.7588	0	0.009	0.6632

注：B 表示体弹模量；G 表示剪切模量；E 表示杨氏模量；v 表示泊松比。

材料的弹性模量和泊松比也是表征材料力学性能的关键参数之一[84]。弹性模量通常用于表征晶体材料对外应力的抵抗，主要受到晶体的原子键能的影响，是材料的本征特性。弹性模量可用于分析材料的硬度、强度，以及机械稳定性等。对于材料的韧脆性特征，又有人提出一个简单的依据：如果材料的剪切模量与体弹模量之比 G/B 大于 0.57 时，材料呈现脆性，该比值越大，材料的脆性越大，当 G/B 值小于 0.57 时，则材料呈现韧性，且比值越小，韧性越好。

另外，晶体材料结构抵抗剪切的稳定性也常常用泊松比来评价。泊松比 v 值越大，则该材料的塑性越好，反之，则材料呈脆性。各向异性因子 A 是材料可能出现微裂纹的关键影响因素之一，当 A 值趋于 1 时，说明材料具有各向同性，当 A 值不等于 1 时，则代表着该材料具有各向异性。Acomp 和 Ashear 分别代表当材料受压缩和剪切时的各向异性因子，当 A 值为 0%时，说明材料具有各向同性，当 A 值越趋近于 100%时，则材料具有各向异性。从 Al$_4$Sr、Al$_2$Y 和 Al$_2$La 三种相的 G/B 值来看，只有 Al$_4$Sr 相为韧性相，Al$_2$Y 相和 Al$_2$La 相为脆性相。从各向异性因子 A 来看，三种相的各向异性都比较小。

因此，在 LA141 合金中添加 Y、Sr 以及 La 元素，都会与 Al 结合成化合物，而这些化合物在基体中起到钉扎晶界的作用，或是充当异质形核核心，都可以细化合金的晶粒。三种元素单独或复合添加后，LA141 合金的铸态组织都得到了细化，同时合金中出现了各种形态的第二相，有的分布在晶粒内部（如 LiMgAl$_2$、Al$_2$Y），有的分布在晶界处（如 Al$_4$Sr 和 Al$_2$La）。挤压变形后，其中大部分化合物已呈现颗粒状或短棒状分布在晶粒内部，且沿着挤压方向呈现一定的方向性。经后续轧制加工，合金的晶粒得到进一步的细化。这也对合金强度的提高有一定的作用。但是，这些元素与 Al 形成化合物的同时，也消耗了基体中固溶的 Al 元素，使得 Al 元素对 LA141 合金的固溶强化效果减弱。所以添加合金元素后，LA141 合金板材的强度提高不大，尤其是复合添加 Y 和 Sr 以及单独添加 La 元素后，而对合金的塑性提高较多。这是因为合金中形成的这些第二相与基体的错配度较小，与基体的结合能力较强，同时，基体本身的塑性较好，在变形过程中，可以与这些第二相的变形相互协调，使得合金更容易变形。因此，该合金强度的提高主要由变形工艺引起，而合金元素的添加对其塑性的提高起到了很大的作用。

参 考 文 献

[1] He C，Jiang B，Wang Q H，et al. Effect of precompression and subsequent annealing on the texture evolution and bendability of Mg-Gd binary alloy [J]. Materials Science and Engineering A，2021，799：140290.

[2] Bohlen J，Cano G，Drozdenko D，et al. Processing effects on the formability of magnesium alloy sheets [J]. Metals，2018，8（2）：147.

[3] Dudamell N V，Ulacia I，Gálvez F，et al. Influence of texture on the recrystallization mechanisms in an AZ31 Mg sheet alloy at dynamic rates [J]. Materials Science and Engineering A，2011，532：528-535.

[4] Jiang Y B，Guan L，Tang G Y，et al. Recrystallization and texture evolution of cold-rolled AZ31 Mg alloy treated by rapid thermal annealing [J]. Journal of Alloys and Compounds，2016，656：272-277.

[5] Agnew S R，Horton J A，Yoo M H，et al. Transmission electron microscopy investigation of $\langle c+a \rangle$ dislocations in Mg and α-solid solution Mg-Li alloys [J]. Metallurgical and Materials Transactions A，2002，33（3）：851-858.

[6] Becerra A，Pekguleryuz M. Effects of zinc，lithium，and indium on the grain size of magnesium [J]. Journal of Materials Research，2009，24（5）：1722-1729.

[7] Mackenzie L W F，Pekguleryuz M. The influences of alloying additions and processing parameters on the rolling microstructures and textures of magnesium alloys [J]. Materials Science and Engineering A，2007，480（1）：189-197.

[8] Wang X X，Mao P L，Liu Z，et al. Nucleation and growth analysis of {10 −12} extension twins in AZ31 magnesium alloy during *in-situ* tension [J]. Journal of Alloys and Compounds，2020，817（C）：152967.

[9] Al-Samman T，Gottstein G. Dynamic recrystallization during high temperature deformation of magnesium [J]. Materials Science and Engineering A，2008，490（1）：411-420.

[10] Baczmański A，Kot P，Wroński S，et al. Direct diffraction measurement of critical resolved shear stresses and stress localisation in magnesium alloy [J]. Materials Science and Engineering A，2021，801：140400.

[11] Yusuke O，Akinori H，Soichiro N，et al. Rietveld texture analysis for metals having hexagonal close-packed phase by using time-of-flight neutron diffraction at iMATERIA [J]. Advanced Engineering Materials，2018，20（4）：1700227.

[12] Styczynski A，Hartig C，Bohlen J，et al. Cold rolling textures in AZ31 wrought magnesium alloy [J]. Scripta Materialia，2004, 50 (7)：943-947.

[13] 任凤娟. 冷轧变形及轧后退火对双相镁锂合金微观组织与力学性能影响研究 [D]. 重庆：重庆大学，2018.

[14] Zeng Y，Jiang B，Yang Q R，et al. Effect of Li content on microstructure，texture and mechanical behaviors of the as-extruded Mg-Li sheets [J]. Materials Science and Engineering A，2017，700：59-65.

[15] Jung T K，Lee J W，Son K T，et al. Continuous dynamic recrystallization behavior and kinetics of Al-Mg-Si alloy modified with CaO-added Mg [J]. Journal of Engineering，2016，673（15）：648-659.

[16] Fatemi S M，Paul H. Characterization of continuous dynamic recrystallization in WE43 magnesium alloy [J]. Materials Chemistry and Physics，2021，257：1-8.

[17] Driver J. The limitations of continuous dynamic recrystallization（CDRX）of aluminum alloys [J]. Materials Letters，2018，222：135-137.

[18] Li Y，Guan Y J，Liu Y，et al. Study on microstructure evolution and continuous dynamic recrystallization constitutive model of dual-phase Mg-Li alloy LA103Z during hot deformation [J]. Journal of Materials Engineering and Performance，2023，32（6）：1-9.

[19] Zhou G W，Li Z H，Li D Y，et al. Misorientation development in continuous dynamic recrystallization of AZ31B alloy sheet and polycrystal plasticity simulation [J]. Materials Science and Engineering A，2018，730：438-456.

[20] Wang F L，Barrett C D，Mccabe R J，et al. Dislocation induced twin growth and formation of basal stacking faults in {10 −12} twins in pure Mg [J]. Acta Materialia，2019，165：471-485.

[21] Miura H，Ito M，Yang X，et al. Mechanisms of grain refinement in Mg-6Al-1Zn alloy during hot deformation [J]. Materials Science and Engineering A，2012，538：63-68.

[22] Yang X Y，Okabe Y，Miura H，et al. Effect of prior strain on continuous recrystallization in AZ31 magnesium alloy after hot deformation [J]. Materials Science and Engineering A，2012，535：209-215.

[23] 魏国兵. 镁锂合金挤压过程中的组织演变及数值模拟研究 [D]. 重庆：重庆大学，2015.

[24] Su J，Sanjari M，Kabir A S H，et al. Dynamic recrystallization mechanisms during high speed rolling of Mg-3Al-1Zn alloy sheets [J]. Scripta Materialia，2016，113：198-201.

[25] Gautam P C，Biswas S J. Effect of ECAP temperature on the microstructure，texture evolution and mechanical properties of pure magnesium [J]. Materials Today：Proceedings，2021，44（P2）：1-5.

[26] Pan X H，Wang L F，Li Y Q，et al. Twinning and dynamic recrystallization behaviors during inchoate deformation of pre-twinned AZ31 Mg alloy sheet at elevated temperatures [J]. Journal of Alloys and Compounds，2022，917：1-15.

[27] Ma Q，Li B，Marin E B，et al. Twinning-induced dynamic recrystallization in a magnesium alloy extruded at 450℃ [J]. Scripta Materialia，2011，65（9）：823-826.

[28] 熊晓明. Mg-Li-Zn-Mn 合金组织与性能研究 [D]. 重庆：重庆大学，2019.

[29] Gui Y W，Ouoyang L X，Cui Y J，et al. Grain refinement and weak-textured structures based on the dynamic recrystallization of Mg-9.80Gd-3.78Y-1.12Sm-0.48Zr alloy [J]. Journal of Magnesium and Alloys，2021，9（2）：456-466.

[30] 苏俊飞. Mg-Li-Y-Zn 合金的制备及其组织性能研究 [D]. 重庆：重庆大学，2018.

[31] Quan G Z，Shi Y，Wang Y X，et al. Constitutive modeling for the dynamic recrystallization evolution of AZ80 magnesium alloy based on stress-strain data [J]. Materials Science and Engineering A，2011，528（28）：8051-8059.

[32] Ji G L，Li F G，Li Q H，et al. Research on the dynamic recrystallization kinetics of Aermet100 steel [J]. Materials Science and Engineering A，2009，527（9）：2350-2355.

[33] Yue C X，Zhang L W，Liao S L，et al. Research on the dynamic recrystallization behavior of GCr15 steel [J]. Materials Science and Engineering A，2007，499（1）：177-181.

[34] Dieter L K，Thomas S，Kun Y，et al. *In situ* study of dynamic recrystallization and hot deformation behavior of a multiphase titanium aluminide alloy [J]. Journal of Applied Physics，2009，106（11）：1-7.

[35] 杨艳. 镁锂基超轻变形镁合金基础研究 [D]. 重庆：重庆大学，2013.

[36]　刘楚明，朱秀荣，周海涛. 镁合金相图集 [M]. 长沙：中南大学出版社，2006.

[37]　Tang Y，Jia W T，Liu X，et al. Precipitation evolution during annealing of Mg-Li alloys [J]. Materials Science and Engineering A，2017，689：332-344.

[38]　Li J Q，Qu Z K，Wu R Z，et al. Effects of Cu addition on the microstructure and hardness of Mg-5Li-3Al-2Zn alloy [J]. Materials Science and Engineering A，2010，527（10）：2780-2783.

[39]　殷恒梅. 镁锂合金的多元强化工艺与组织研究 [D]. 重庆：重庆大学，2010.

[40]　Jiang Z T，Jiang B，Yang H，et al. Influence of the Al$_2$Ca phase on microstructure and mechanical properties of Mg-Al-Ca alloys [J]. Journal of Alloys and Compounds，2015，647：357-363.

[41]　Suzuki A，Saddock N D，Jones J W，et al. Structure and transition of eutectic (Mg, Al) Ca laves phase in a die-cast(Mg, Al) Ca base alloy [J]. Scripta Materialia，2004，51（10）：1005-1010.

[42]　Suzuki A，Saddock N D，Jones J W，et al. Solidification paths and eutectic intermetallic phases in Mg-Al-Ca ternary alloys [J]. Acta Materialia，2005，53（9）：2823-2834.

[43]　杨晓敏. Mg-Al 基强化相及固溶体结构和性能的第一性原理研究 [D]. 太原：中北大学，2014.

[44]　周恬武，徐少华，张福全，等. Mg-Al-Ca 合金系金属间化合物的力学性质与热力学性能第一原理计算 [J]. 稀有金属材料与工程，2011，40（4）：640-644.

[45]　Zhou D W，Liu J S，Zhang J，et al. Structural stability of intermetallic compounds of Mg-Al-Ca alloy [J]. Transactions of Nonferrous Metals Society of China，2007，17（2）：250-256.

[46]　Chen B，Lu C，Lin D L，et al. Effect of zirconium addition on microstructure and mechanical properties of Mg$_{97}$Y$_2$Zn$_1$ alloy[J]. Transactions of Nonferrous Metals Society of China，2012，22（4）：773-778.

[47]　Ma C S，Yu W B，Pi X F，et al. Study of Mg-Al-Ca magnesium alloy ameliorated with designed Al$_8$Mn$_4$Gd phase [J]. Journal of Magnesium and Alloys，2020，8（4）：1084-1089.

[48]　Majhi J，Mondal A K，Basu A，et al. Influence of Ca plus Bi on tensile and strain hardening behaviour of AZ91 alloy [J]. Materials Science and Technology，2022，38（6）：377-389.

[49]　Wang C，Ma A，Sun J P，et al. Improving strength and ductility of a Mg-3.7Al-1.8Ca-0.4Mn alloy with refined and dispersed Al$_2$Ca particles by industrial-scale ECAP processing [J] Mining & Minerals，2019，767：1-15.

[50]　Chai S S，Zhong S Y，Yang Q S，et al. Transformation of laves phases and its effect on the mechanical properties of TIG welded Mg-Al-Ca-Mn alloys [J]. Journal of Materials Science & Technology，2022，120：108-117.

[51]　Nakata T，Xu C，Yoshida Y，et al. Improving room-temperature stretch formability of a high-alloyed Mg-Al-Ca-Mn alloy sheet by a high-temperature solution-treatment [J]. Materials Science and Engineering A，2021，801：140399.

[52]　Son H T，Kim Y H，Kim T S，et al. Mechanical properties and fracture behaviors of the as-extruded Mg-5Al-3Ca alloys containing yttrium at elevated temperature [J]. Journal of Nanoscience and Nanotechnology，2016，16（2）：1806.

[53]　Wei K，Xiao L R，Gao B，et al. Enhancing the strain hardening and ductility of Mg-Y alloy by introducing stacking faults [J]. Journal of Magnesium and Alloys，2020，8（4）：1221-1227.

[54]　Nandy S，Tsai S P，Stephenson L，et al. The role of Ca，Al and Zn on room temperature ductility and grain boundary cohesion of magnesium [J]. Journal of Magnesium and Alloys，2021，9（5）：1521-1536.

[55]　Tong L B，Chu J H，Sun W T，et al. Development of high-performance Mg-Zn-Ca-Mn alloy via an extrusion process at relatively low temperature [J]. Journal of Alloys and Compounds，2020，825：1-10.

[56]　肖迪. 高 Ca/Al 比 Mg-Al-Ca 合金的高温拉伸及蠕变性能的研究 [D]. 长沙：湖南大学，2016.

[57]　Kim J T，Park G H，Kim Y S，et al. Effect of Ca addition on the plastic deformation behavior of extruded

Mg-11Li-3Al-1Sn-0.4Mn alloy [J]. Journal of Alloys and Compounds, 2016, 687: 821-826.

[58] Wei Z, Zhang J H, Bao R R, et al. Achieving high strength in a Mg-Li-Zn-Y alloy by α-Mg precipitation [J]. Materials Science and Engineering A, 2022, 846: 1-7.

[59] 刘欢, 薛烽, 白晶. 长周期堆垛有序结构强化 Mg-Zn-Y 合金的组织与性能 [J]. 东南大学学报(自然科学版), 2012, 42 (03): 478-482.

[60] Garces G, Perez P, Cabeza S, et al. Reverse tension/compression asymmetry of a Mg-Y-Zn alloys containing LPSO phases [J]. Materials Science and Engineering A, 2015, 647: 287-293.

[61] Lee J Y, Kim D H, Lim H K. Effects of Zn/Y ratio on microstructure and mechanical properties of Mg-Zn-Y alloys [J]. Materials Letters, 2005, 59 (29/30): 3801-3805.

[62] Luo S Q, Tang A T, Pan F S, et al. Effect of mole ratio of Y to Zn on phase constituent of Mg-Zn-Zr-Y alloys [J]. Transactions of Nonferrous Metals Society of China, 2011, 21 (4): 795-800.

[63] Dudova N, Belyakov A, Sakai T, et al. Dynamic recrystallization mechanisms operating in a Ni-20%Cr alloy under hot-to-warm working [J]. Acta Materialia, 2010, 58 (10): 3624-3632.

[64] Yang X Y, Miura H, Sakai T. Recrystallization behaviour of fine-grained magnesium alloy after hot deformation [J]. Transactions of Nonferrous Metals Society of China, 2007, 17 (6): 1139-1142.

[65] 程丽任. 铸造态、挤压态、半固态 Mg-Li-Al 合金组织和力学性能研究 [D]. 长春: 吉林大学, 2011.

[66] Dargusch M S, Shi Z M, Zhu H L, et al. Microstructure modification and corrosion resistance enhancement of die-cast Mg-Al-RE alloy by Sr alloying [J]. Journal of Magnesium and Alloys, 2021, 9 (3): 950-963.

[67] Yang Y, Xiong X M, Su J F, et al. Influence of extrusion temperature on microstructure and mechanical behavior of duplex Mg-Li-Al-Sr alloy [J]. Journal of Alloys and Compounds, 2018, 750: 696-705.

[68] 沙桂英, 刘翠云, 刘腾, 等. 添加 Y 对 Mg-3.5%Li 合金冲击变形行为的影响 [J]. 材料工程, 2010 (7): 64-67.

[69] Qu Z K, Wu R Z, Zhang M L. Microstructure and mechanical properties of Mg-8Li-(1, 3)Al-(0, 1)Y alloys [J]. International Journal of Cast Metals Research, 2010, 23 (6): 364-367.

[70] Wei Z, Zhang J H, Bao R R, et al. Achieving high strength in a Mg-Li-Zn-Y alloy by α-Mg precipitation [J]. Materials Science and Engineering A, 2022, 846: 1-7.

[71] Li C Q, Xu D K, Wang B J, et al. Effects of icosahedral phase on mechanical anisotropy of as-extruded Mg-14Li (in wt%) based alloys [J]. Journal of Materials Science & Technology, 2019, 35 (11): 2477-2484.

[72] Liu T, Wu S D, Li S X, et al. Microstructure evolution of Mg-14%Li-1%Al alloy during the process of equal channel angular pressing [J]. Materials Science and Engineering A, 2007, 460: 499-503.

[73] 何俊杰. 织构调控改善镁合金板材成形性能的研究 [D]. 重庆: 重庆大学, 2018.

[74] StJohn D H, Qian M, Easton M A, et al. Grain refinement of magnesium alloys [J]. Metallurgical and Materials Transaction A, 2005, 36: 1669-1679.

[75] Wen Y F, Liu Q S, Zhao W K, et al. *In vitro* studies on Mg-Zn-Sn-based alloys eeveloped as a new kind of biodegradable metal [J]. Materials, 2021, 14 (7): 1606.

[76] 王晓军, 魏帅虎, 施海龙, 等. 外加粒子对镁合金组织细化的研究进展 [J]. 特种铸造及有色合金, 2022, 42 (6): 694-699.

[77] Li R H, Pan F S, Jiang B, et al. Effects of yttrium and strontium additions on as-cast microstructure of Mg-14Li-1Al alloys [J]. Transactions of Nonferrous Metals Society of China, 2011, 21 (4): 778-783.

[78] Ma X C, Jin S Y, Wu R Z, et al. Influence alloying elements of Al and Y in Mg-Li alloy on the corrosion behavior and wear resistance of microarc oxidation coatings [J]. Surface and Coatings Technology, 2021, 432: 1-12.

[79] 李瑞红, 逄雪, 冯效玱, 等. Sr 对大挤压比制备 Mg-14Li-1Al 合金微观组织及力学性能的影响 [J]. 内蒙古

科技大学学报，2022，41（2）：156-159.

[80]　Gerashi E，Asadollahi M，Alizadeh R，et al. Effects of Sr additions on the microstructural stability and mechanical properties of a cast Mg-4Zn alloy [J]. Materials Science and Engineering A，2022，843：1-11.

[81]　Ahmad S I，Hamoudi H，Zekri A，et al. Investigating the thermal stability of nanocrystalline aluminum-lithium alloy by combining different mechanisms：reinforcing with graphene and alloying with Sr [J]. Journal of Alloys and Compounds，2022，914：1-10.

[82]　Zeng X Q，Wang Y X，Ding W J，et al. Effect of strontium on the microstructure，mechanical properties，and fracture behavior of AZ31 magnesium alloy [J]. Metallurgical and Materials Transactions A，2006，37：1333-1341.

[83]　吴菊英. 典型变形镁合金中合金相的计算研究 [D]. 重庆：重庆大学，2013.

[84]　张忠明，杜庚艺，黄正华，等. 医用多孔镁合金植入材料的研究及其应用进展 [J]. 铸造技术，2020，41（6）：565-568.

第3章

高强韧镁锂合金设计与制备

镁锂合金与其他金属结构材料相比，具有高比强度等优势，但其强度不高，而高强韧镁锂合金是先进装备轻量化发展的追求目标。因此，通过优化镁锂合金成分设计，采用变形以及热处理的方法调控镁锂合金的宏观性能具有重要意义。纵观镁锂合金的发展历史，采用有效的、低成本的方式提升镁锂合金的性能，已经成为研究者不断深入的研究方向。本章节将重点介绍笔者团队在高强韧镁锂合金方面的相关研究进展，期望系统加强高强韧镁锂合金的科学研究。

3.1 镁锂合金基体和第二相的协同调控

3.1.1 高强韧镁锂合金组织调控

挤压态双相 Mg-8Li-1Al-0.5Sn 合金的金相组织图如图 3-1 所示，合金的透射电镜形貌如图 3-2 所示，可见，该合金组织由亚微米级动态再结晶细晶、拉长的变形态粗晶和纳米级析出相构成，合金组织呈现出典型的多尺度晶粒分布特征。挤压态合金的室温抗拉强度达到 320 MPa，在 150℃抗拉强度达到 220 MPa[1]，合金强度明显高于多数已报道的双相镁锂合金[2-9]，如图 3-3 所示。分析发现：双相 Mg-Li-Al-Sn 合金在热挤压过程中发生第二相析出与动态再结晶，在挤压变形过程中形变诱导的第二相析出使得合金中形成大量纳米析出相；在第二相析出和动态再结晶协同作用下制备了多尺度晶粒分布的双相 Mg-Li-Al-Sn 合金，合金呈现出优异的强度。通过与已有报道对比发现：在双相 Mg-Li-Al-Sn 合金中除了第二相强化之外，双相基体的多尺度微观组织构型（晶粒大小及分布、双相基体形貌和分布等）对合金强度的提高也具有重要影响。由此可见，对双相镁锂合金中纳米第二相和双相基体进行协同调控，是提高合金韧性的有效途径。

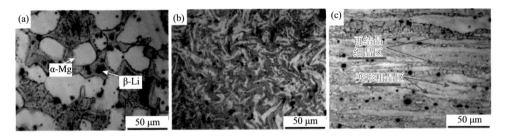

图 3-1　双相 Mg-8Li-1Al-0.5Sn 合金的金相组织图

（a）铸态；（b）垂直于挤压方向；（c）平行于挤压方向

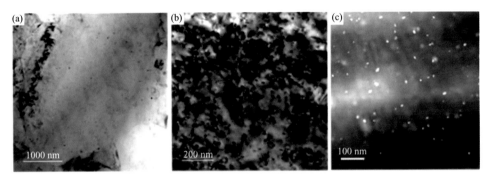

图 3-2　（a，b）挤压态 Mg-8Li-1Al-0.5Sn 析出相 TEM 图；（c）析出相 STEM 图

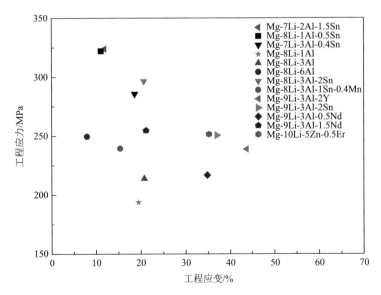

图 3-3　挤压态 Mg-Li-Al-Sn 合金与已报道部分双相镁锂合金力学性能比较

研究者普遍认为，基于颗粒诱导形核（PSN）的再结晶机制，微纳增强相的

引入可有效细化再结晶晶粒。湖南大学研究表明[10]，Mg-5Zn-1Mn-xSn 合金中微纳 Mg_2Sn 相能够有效抑制动态再结晶晶粒长大。严红革等[11]采用高应变速率轧制对 Mg-5Zn-1Mn 合金进行塑性变形，发现变形诱导合金内部发生动态再结晶和动态析出，而析出相有效阻碍了再结晶晶粒的长大，在动态析出和动态再结晶的协同作用下，成功制备出具有优异综合力学性能的双峰异构的 Mg-Zn-Mn 合金。杜玉洲和郑明毅等[12, 13]研究发现了形变诱导 Mg-Zn-Ca 合金中的动态析出反应，动态析出相一方面有效钉扎位错，抑制了动态再结晶的进行；另一方面位于晶界处的动态析出相有效抑制了再结晶晶粒的长大，细化了晶粒，进而实现合金力学性能的大幅度提升。由此可见，基于第二相析出和动态再结晶协同调控双相镁锂合金组织与性能，是实现高强韧镁锂合金设计制备的有效思路。

3.1.2 挤压–旋锻复合成形工艺

塑性变形是提高镁锂合金力学性能的重要手段。已有报道证实高压扭转、等径通道挤压、累积叠轧、多向锻造、搅拌摩擦加工、高应变速率轧制等[14-21]剧烈变形方法均能实现镁合金材料晶粒的超细化。高压扭转可制备出平均晶粒尺寸为 0.77 μm，甚至更细的镁合金材料，但材料尺寸较小（ϕ10 mm×0.8 mm），且强度不均匀。室温条件下对 AZ61 镁合金进行多向锻造可获得超细晶镁合金，其抗拉强度超过 500 MPa。利用搅拌摩擦加工技术制备的超细晶 AZ31 镁合金，晶粒尺寸低于 0.3 μm，超细晶区域硬度高达 120。通过高应变速率轧制可获得晶粒尺寸为 0.6 μm 的 AZ31 镁合金材料，其屈服强度达到 382 MPa。剧烈变形法制备超细晶镁合金的工艺研究已开展了几十年，其制备方式较多，对合金体系容纳度高，几乎适用于所有的镁合金体系。

但是目前关于剧烈变形法在镁锂合金，特别是双相镁锂合金中的研究应用还非常有限，还很难将双相镁锂合金细化至数微米及以下。此外，剧烈变形法制备的超细晶产品尺寸较小，一般只适用于一些特殊用途，并且其成本较高，对设备要求高，产品规格受限制，缺乏适合大规模工业化生产的工艺，这些导致超细晶变形镁合金材料的推广及应用存在明显的局限性。

旋转模锻（简称旋锻）是一种具有高应变速率特点的工艺方法[22, 23]，图 3-4 为旋锻工艺示意图，图 3-5 为 X50 旋锻机实物图。作为一种高频率锻打的过程，其锻打频率为 1500～6000 次/min，具有生产效率高的优点。已有报道表明：在室温、小应变变形的情况下，采用旋锻可制备超高强度的镁合金。当挤压棒材进一步通过旋转模锻后，挤压棒材会因径向缩减，而达到较好的加工硬化效果，同时在表面形成大量的位错胞等结构，向材料引入大量的纳米化组织。南京理工大学陈翔等[15]利用旋锻工艺方法，在室温、小应变变形的情况下制备了具有超高强度的

Mg-4Li-3Al-3Zn 合金，其室温抗拉强度可达到 405 MPa。低应变旋锻在晶粒内部引入大量孪晶和层错，有效地阻碍了变形过程中位错的运动，进而提高了合金的强度。

图 3-4　旋锻工艺示意图　　　　　　图 3-5　X50 旋锻机实物图

　　然而目前关于旋锻制备超轻高强镁锂合金的报道较少。为了进一步优化超轻镁锂合金的变形工艺，提升材料的性能，同时防止应变量过大，导致合金棒材中产生大量微裂纹，造成材料性能降低，笔者团队发展了挤压-旋锻复合成形工艺，采用该工艺成功制备了高强韧 Mg-Li-Sn、Mg-Li-Ca 和 Mg-Li-RE 合金。

3.2　高强韧 Mg-Li-Sn 合金

　　通过以往的研究表明，在 200～300℃热挤压变形时，能够向双相 Mg-Li-Al-Sn 合金中引入 Li_2MgSn 和 Mg_2Sn 等强化颗粒，达到限制晶粒长大并且阻碍位错运动等效果，为合金的力学性能优化起到较好的强化作用。而挤压过程为材料带来动态再结晶的驱动力，产生晶粒细化的效果，如连续动态再结晶更容易在低温和大变形条件下发生。结合之前的研究，在挤压温度为 280℃、挤压比为 25 的实验条件下，α-Mg 相会产生形变诱发的晶粒细化，也称为连续动态再结晶，同时，β-Li 相在较高的温度下更容易发生非连续动态再结晶。为了促进非连续动态再结晶的进行，通常需要一定的形变量。因此，挤压工艺确定为挤压温度为 280℃、挤压比为 25 的实验条件。

　　图 3-6 所示为铸态 Mg-6Li-3Al-1Sn 合金的金相组织图。由图可知，铸态合金的晶粒十分粗大，同时在晶界处存在部分深色区域，考虑到 β-Li 相不耐腐蚀，因此认为 β-Li 相分布在粗大的白色 α-Mg 晶界附近。除此之外，还有部分较小的黑色颗粒存在于 α-Mg 相区域内。根据以往的研究表明，在 α-Mg 相区域内为富 Sn 相（Mg_2Sn 或 Li_2MgSn），能够成为材料性能提升的有效质点。图 3-7 所示为铸态 Mg-6Li-3Al-1Sn 合金的 SEM 图及能谱图。从 SEM 图可以看出，合金中第二相颗粒数目较少，同时存在部分粒径约为 10 μm 的富 Sn 相，结合以往的研究表明，该第二相颗粒为 Mg_2Sn 颗粒。

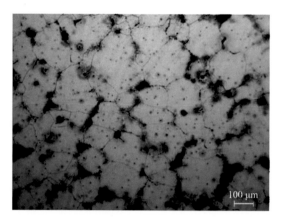

图 3-6   铸态 Mg-6Li-3Al-1Sn 合金的金相组织图

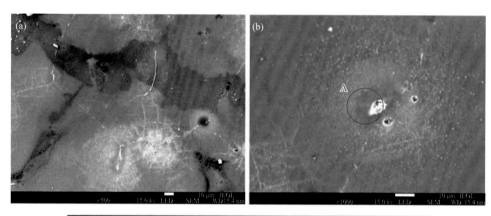

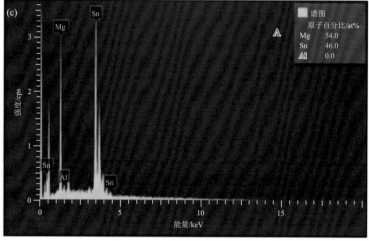

图 3-7   铸态 Mg-6Li-3Al-1Sn 合金的 SEM 图及能谱图

（a）SEM 图；（b）图（a）的放大图；（c）能谱图

挤压后 Mg-6Li-3Al-1Sn 合金的金相组织图如图 3-8 所示，由图可知：挤压之后，合金基体仍由 α-Mg 相和 β-Li 相构成，但是合金组织得到有效的细化，其晶粒尺寸为 2～10 μm。同时，第二相在挤压过程中产生破碎，以更为细小的黑色颗粒状形式弥散分布在晶界处。图 3-9 所示为挤压后 Mg-6Li-3Al-1Sn 合金的 SEM 图及 EDS 分析结果，从图中可以看出，相较于铸态合金，其第二相颗粒明显增多，且颗粒尺寸减小，分布在 2～5 μm。能谱结果显示富 Al 相和富 Sn 相弥散分布，这意味着合金在挤压过程中有粗大第二相颗粒的破碎以及析出相的形成。这有利于在材料变形过程中颗粒对位错运动阻碍效果的提升，进而有效提升材料在室温下变形的强度。

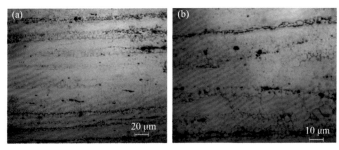

图 3-8　挤压后 Mg-6Li-3Al-1Sn 合金的金相组织图

（a）500 倍；（b）1000 倍

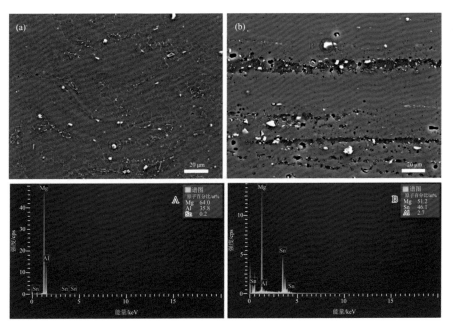

图 3-9　挤压后 Mg-6Li-3Al-1Sn 合金的 SEM 图及 EDS 分析结果

（a）垂直挤压方向 SEM 图及能谱图；（b）平行挤压方向 SEM 图及能谱图

　　图 3-10 所示为旋锻后 Mg-6Li-3Al-1Sn 合金的金相组织图，由图可知：旋锻之后，合金棒材的基体仍然存在一部分尺寸为 1～3 μm 的黑色第二相颗粒，同时合金中 α-Mg 区域产生大量的孪晶组织。图 3-11 为旋锻后 Mg-6Li-3Al-1Sn 合金的 SEM 图及 EDS 分析结果。通过 SEM 图进一步分析可知，其第二相颗粒在旋锻过程发生破碎。对合金中的第二相的能谱分析可知，第二相颗粒主要由 Mg、Al、Sn 元素组成，由于 Li 元素的原子序数过小，无法被检测出来，同时考虑到 Al 元素固溶的影响，因此判断合金中的化合物相为富 Sn 相（Mg_2Sn 和 Li_2MgSn）与 $LiMgAl_2$。图 3-12 为旋锻后 Mg-6Li-3Al-1Sn 合金的 TEM 图，从中可以看出，旋锻态合金中存在纳米级晶粒、孪晶、较高的位错密度以及纳米级颗粒，这些微纳结构为旋锻态镁锂合金力学性能的提升作出了巨大的贡献。

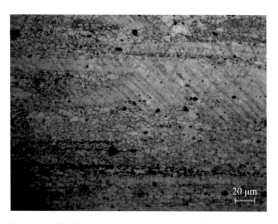

图 3-10　旋锻后 Mg-6Li-3Al-1Sn 合金的金相组织图

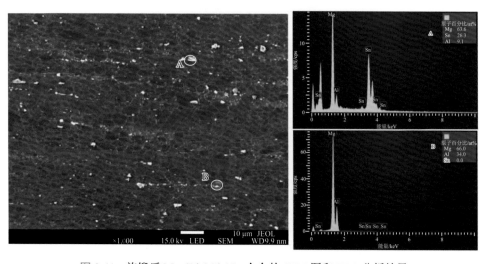

图 3-11　旋锻后 Mg-6Li-3Al-1Sn 合金的 SEM 图和 EDS 分析结果

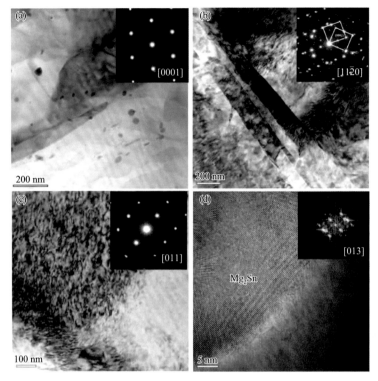

图 3-12　旋锻后 Mg-6Li-3Al-1Sn 合金的 TEM 图

（a）纳米级 α-Mg 晶粒；（b）二次孪晶；（c）β-Li 晶粒；（d）Mg$_2$Sn 相的高分辨图

图 3-13 所示为铸态、挤压态和旋锻态 Mg-6Li-3Al-1Sn 合金的工程应力-应变曲线。表 3-1 列出了铸态、挤压态和旋锻态实验合金的力学性能。从数据中可以看出，挤压态与旋锻态合金的力学性能都明显高于铸态合金。铸态合金的屈服强度、抗拉强度和延伸率分别为 88 MPa、178 MPa 和 20.4%。挤压态合金的屈服强度、抗拉强度和延伸率分别为 156 MPa、259 MPa 和 17.2%。旋锻态合金沿平行于挤压方向的屈服强度、抗拉强度和延伸率分别达到 296 MPa、355 MPa 和 19.2%。

挤压变形后，合金的力学性能明显改善，分析认为：挤压变形改善了合金中的铸造缺陷，如缩松、气孔等，有利于合金性能的提高。同时，热变形为合金中的动态再结晶提供了热力学条件，在挤压变形过程中，合金内部发生动态再结晶，晶粒明显细化，根据霍尔-佩奇公式，晶粒细化有利于合金力学性能的提高。而原本粗大的第二相因挤压而发生破碎，其分布也更加均匀，部分纳米级析出相也在挤压过程中产生，起到更好的弥散强化效果，进而有利于合金性能的提高。而合理的旋锻工艺以及径向压缩等工艺为合金微观组织的合理调控做出了更加

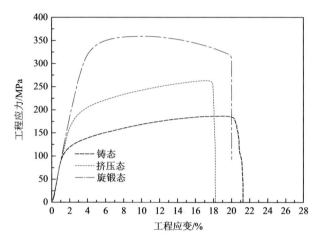

图 3-13 不同状态下 Mg-6Li-3Al-1Sn 拉伸应力-应变曲线

表 3-1 不同条件下 Mg-6Li-3Al-1Sn 的拉伸性能

合金状态	屈服强度/MPa	抗拉强度/MPa	延伸率/%
铸态	88±6.5	178＋11	20.4±2.5
挤压态	156±9	259±3	17.2±1.8
旋锻态	296±8	355±3	19.2±1.9

有效的贡献,导致第二相颗粒重新分布,并且为纳米级颗粒的动态析出提供足够的晶体缺陷,促进其形核。同时,挤压-旋锻复合工艺相比于挤压工艺,能够引入更多具有强化效应的微纳组织,如纳米孪晶等,进一步实现了合金强塑性的提升。

3.3　高强韧 Mg-Li-Ca 合金

采用真空熔炼方式制备了 Mg-7Li-3Al-0.4Ca 合金铸锭,经测定,该合金密度为 1.535 g/cm³。在 280℃下分别采用传统挤压和连续锻造挤压工艺来制备 Mg-7Li-3Al-0.4Ca 挤压态合金。挤压态合金的拉伸应力-应变曲线如图 3-14 所示。

对比可知,锻造挤压后,合金的抗拉强度为 228 MPa,屈服强度为 165 MPa,延伸率为 24%;传统挤压后,合金的抗拉强度为 222 MPa,屈服强度为 175 MPa,延伸率为 22%,性能如表 3-2 所示。因此,与直接挤压工艺相比,锻造挤压没有显著改善 Mg-7Li-3Al-0.4Ca 合金的力学性能。进一步工艺优化采取降低挤压温度的方式进行,分别在 220℃和 250℃下挤压合金,不同挤压温度下 Mg-7Li-3Al-0.4Ca 合金的金相组织图如图 3-15 所示。

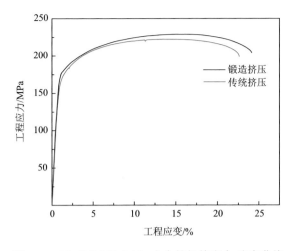

图 3-14　Mg-7Li-3Al-0.4Ca 合金的拉伸应力-应变曲线

表 3-2　传统挤压和锻造挤压 Mg-7Li-3Al-0.4Ca 合金拉伸性能

合金状态	屈服强度/MPa	抗拉强度/MPa	延伸率/%
传统挤压	175	222	22
锻造挤压	165	228	24

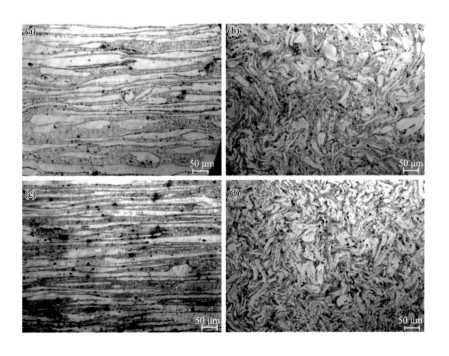

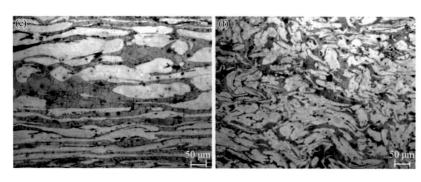

图 3-15 不同挤压温度下 Mg-7Li-3Al-0.4Ca 合金的金相组织图

（a，b）220℃；（c，d）250℃；（e，f）280℃。（a）、（c）、（e）平行于挤压方向；（b）、（d）、（f）垂直于挤压方向

从图 3-15 可以看出，挤压态合金中 β-Li 相为灰色细条状，α-Mg 为白色块状。而随挤压温度的降低，β-Li 相变的细长，再结晶晶粒的尺寸更加细小，其密集分布于 α-Mg 基体中。同时随着温度降低，合金基体中的第二相颗粒尺寸也呈现出减小的趋势。

不同挤压温度下 Mg-7Li-3Al-0.4Ca 合金的应力-应变曲线如图 3-16 所示。从图中可以看出，随挤压温度降低，挤压态合金的抗拉强度不断升高，延伸率略微下降。Mg-7Li-3Al-0.4Ca 合金在 220℃、250℃、280℃挤压态合金的拉伸性能如表 3-3 所示。220℃挤压合金沿平行挤压方向的抗拉强度为 252 MPa，屈服强度为 193 MPa，延伸率为 20%；250℃挤压合金沿平行挤压方向的抗拉强度为 233 MPa，屈服强度为 168 MPa，延伸率为 24%。

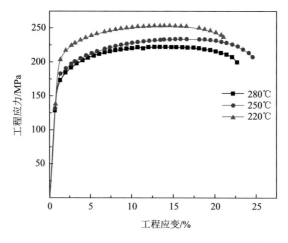

图 3-16 不同挤压温度下挤压态 Mg-7Li-3Al-0.4Ca 合金的应力-应变曲线

表 3-3　不同挤压温度下挤压态 Mg-7Li-3Al-0.4Ca 合金拉伸性能

挤压温度/℃	屈服强度/MPa	抗拉强度/MPa	延伸率/%
220	193	252	20
250	168	233	24
280	175	222	22

为进一步提升合金的性能，对挤压态 Mg-7Li-3Al-0.4Ca 合金进行室温旋转模锻。图 3-17 为挤压态 Mg-7Li-3Al-0.4Ca 合金的金相组织图。图中亮白色为 α-Mg 相，褐色为 β-Li 相。从中可以看出第二相主要沿两相界面处分布，同时有尺寸更小的黑色颗粒在 α-Mg 相中均匀分布。图 3-18 为旋锻态 Mg-7Li-3Al-0.4Ca 合金的金相组织图。从中可以看出，合金沿挤压方向存在大量的孪晶组织，第二相颗粒相较于挤压态合金更加细小。

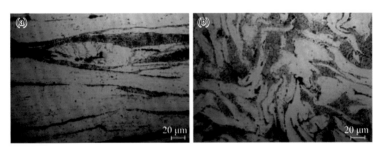

图 3-17　挤压态 Mg-7Li-3Al-0.4Ca 合金的金相组织图

（a）平行于挤压方向；（b）垂直于挤压方向

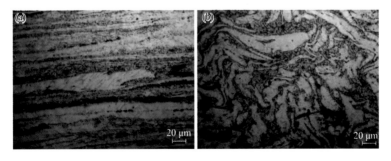

图 3-18　旋锻态 Mg-7Li-3Al-0.4Ca 合金的金相组织图

（a）平行于挤压方向；（b）垂直于挤压方向

图 3-19 为旋锻态 Mg-7Li-3Al-0.4Ca 合金在垂直挤压方向的 SEM 图，从图 3-19（b）可以看出，第二相颗粒大多数分布于 β-Li 中。同时其尺寸达到亚微米级，一些块状的第二相在旋锻后破碎，分布于 α-Mg 和 β-Li 相界中。

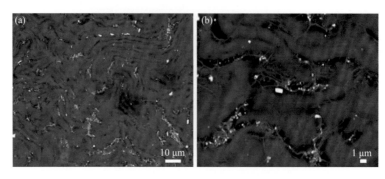

图 3-19　旋锻态 Mg-7Li-3Al-0.4Ca 合金在垂直挤压方向的 SEM 图

（a）低倍；（b）高倍

旋锻态 Mg-7Li-3Al-0.4Ca 合金的拉伸应力-应变曲线如图 3-20 所示，旋锻态 Mg-7Li- 3Al-0.4Ca 合金的拉伸性能如表 3-4 所示。可以看出，旋锻态 Mg-7Li-3Al-0.4Ca 合金的抗拉强度为 296 MPa，屈服强度为 226 MPa，延伸率为 25%，旋锻变形后，合金性能得到大幅度提升。

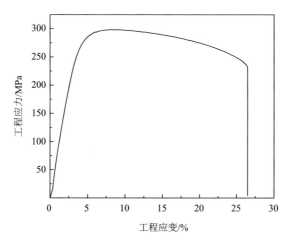

图 3-20　旋锻态 Mg-7Li-3Al-0.4Ca 合金的拉伸应力-应变曲线

表 3-4　旋锻态 Mg-7Li-3Al-0.4Ca 合金的拉伸性能

合金状态	屈服强度/MPa	抗拉强度/MPa	延伸率/%
旋锻态	226	296	25

图 3-21 为旋锻态 Mg-7Li-3Al-0.4Ca 合金的断口组织，可以看出断口中有大量韧窝，其分布较为均匀，同时韧窝较深，意味着材料塑性较好，其断裂方式以韧性断裂为主。

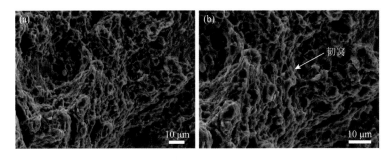

图 3-21　旋锻态 Mg-7Li-3Al-0.4Ca 合金的断口组织

（a）低倍；（b）高倍

3.4　高强韧 Mg-Li-RE 合金

　　向双相 Mg-6Li-3Al 合金中加入轻稀土元素 Ce，通过旋锻工艺对该合金施加强剪切应变，制备了 Mg-6Li-3Al-0.4Ce 合金（微观组织和力学性能如图 3-22 所示），挤压 + 剪切变形极大地提升了合金的综合力学性能，合金屈服强度和抗拉强度分别达到 257 MPa 和 348 MPa，延伸率达到 13.5%，呈现出较为优异的综合力学性能。分析发现：加入稀土元素 Ce，合金中形成高稳定性稀土强化相，旋锻变形后，合金中块状第二相被破碎，α-Mg 相中形成大量孪晶，有利于合金强度的提升，而体心立方结构的 β-Li 相有利于合金塑性的协同提升。由此可见，基于稀土合金化、α + β 双相基体协同调控和新型变形工艺一体化设计，可以实现合金微观组织构型的精细调控，达到合金的强塑性协同提升，进而研发高性能镁锂合金的目的。

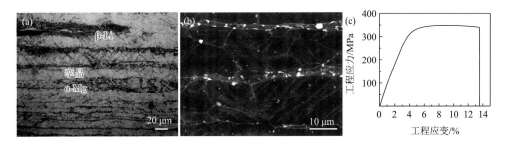

图 3-22　旋锻态 Mg-6Li-3Al-0.4Ce 合金的微观组织与力学性能

（a）旋锻态金相组织图；（b）旋锻态 SEM 图；（c）旋锻后合金拉伸曲线

　　双相镁锂合金中 α-Mg 相为硬相，β-Li 相为软相，由于 α-Mg 与 β-Li 的两相变形行为差异较大，合金的变形协调行为难以单纯地用传统的强韧化机理进行解释。多尺度晶粒分布的微观组织构型参数（晶粒尺寸及分布、界面形貌等）对其应变分配行为具有重要影响，因此通过合理地调控双相合金中两相基体的多尺度微观组织结构参数，能够有效实现合金强度与塑性的协同提升。然而，目前关于双相镁锂合金中多尺度微观组织的变形协调行为还不清楚，关于稀土增强双相镁锂合金的强韧化机制缺乏系统研究，合金中的微纳稀土增强相除了起到第二相强化之外，其是否会影响基体异构组织之间的应变协调，也是一个值得探究的问题。该问题的研究将对稀土增强双相 Mg-Li 合金的多尺度微观组织设计优化及合金宏观力学性能的定量调控具有指导意义。

参 考 文 献

[1] Zhou G，Yang Y，Zhang H Z，et al. Microstructure and strengthening mechanism of hot-extruded ultralight Mg-Li-Al-Sn alloys with high strength [J]. Journal of Materials Science & Technology，2022，103（8）：186-196.

[2] Fu X S，Yang Y，Hu J W，et al. Microstructure and mechanical properties of as-cast and extruded Mg-8Li-1Al-0.5Sn alloy [J]. Materials Science and Engineering A，2018，709：247-253.

[3] Kim Y H，Kim J H，Yu H S，et al. Microstructure and mechanical properties of Mg-xLi-3Al-1Sn-0.4Mn alloys（x = 5，8 and 11 wt%）[J]. Journal of Alloys and Compounds，2014，583：15-20.

[4] Guo J，Chang L L，Zhao Y R，et al. Effect of Sn and Y addition on the microstructural evolution and mechanical properties of hot-extruded Mg-9Li-3Al alloy [J]. Materials Characterization，2018，148：35-42.

[5] Xiong X M，Yang Y，Ma L N，et al. Microstructure and mechanical properties of Mg-8Li-xAl-0.5Ca alloys [J]. Materials Science and Technology，2019，35（1）：26-36.

[6] Tang Y，Le Q C，Misra R D K，et al. Influence of extruding temperature and heat treatment process on microstructure and mechanical properties of three structures containing Mg-Li alloy bars [J]. Materials Science and Engineering A，2018，712：266-280.

[7] Xu T C，Shen X，Li B X，et al. Effect of Nd on microstructure and mechanical properties of dual-phase Mg-9Li-3Al alloys [J]. Materials Research Express，2019，6（7）：1-20.

[8] Ji H，Wu G H，Liu W C，et al. Microstructure characterization and mechanical properties of the as-cast and as-extruded Mg-xLi-5Zn-0.5Er（x = 8，10 and 12 wt%）alloys [J]. Materials Characterization，2019，159：1-13.

[9] Meng X R，Wu R Z，Zhang M L，et al. Microstructures and properties of superlight Mg-Li-Al-Zn wrought alloys [J]. Journal of Alloys and Compounds，2009，486（1）：722-725.

[10] Zou J K，Chen J H，Yan H G，et al. Effects of Sn addition on dynamic recrystallization of Mg-5Zn-1Mn alloy during high strain rate deformation [J]. Materials Science and Engineering A，2018，735：49-60.

[11] 陈潮，严红革，陈吉华，等. Mg-5Zn-1Mn 合金高应变速率热压缩过程中的组织演变和流变行为 [J]. 中国有色金属学报，2016，26（8）：1597-1606.

[12] Du Y Z，Zheng M Y，Qiao X G，et al. Strength and ductility balance on an extruded Mg-Zn-Ca-La alloy [J]. Advanced Engineering Materials，2017，19（5）：1-6.

[13] Du Y Z，Zheng M Y，Jiang B L，et al. Deformation-induced dynamic precipitation and resulting microstructure in a Mg-Zn-Ca alloy[J]. Journal of the Minerals，Metals & Materials Society，2018，70（8）：1611-1615.

[14] Hou L G，Wang T Z，Wu R Z，et al. Microstructure and mechanical properties of Mg-5Li-1Al sheets prepared by accumulative roll bonding [J]. Journal of Materials Science & Technology，2018，34（2）：317-323.

[15] Yang Y，Chen X，Nie J F，et al. Achieving ultra-strong magnesium-lithium alloys by low-strain rotary swaging [J].

Materials Research Letters，2021，9（6）：255-262.

[16] 张校烽，李英龙. 通道转角挤压对 ZM61 镁合金组织与性能的影响 [J]. 材料与冶金学报，2022，21（6）：428-434.

[17] Saito Y，Utsunomiya H，Tsuji N，et al. Novel ultra-high straining process for bulk materials-development of the accumulative roll-bonding（ARB）process [J]. Acta Materialia，1999，47（2）：579-583.

[18] 张娜. 高压扭转变形超细晶 Mg-Al-Ca-Mn 合金显微组织和力学性能研究 [D]. 哈尔滨：哈尔滨工业大学，2021.

[19] Karami M，Mahmudi R. The microstructural，textural，and mechanical properties of extruded and equal channel angularly pressed Mg-Li-Zn alloys [J]. Metallurgical and Materials Transactions A，2013，44（8）：1-13.

[20] 乔柯，王晨曦，刘明霞，等. 搅拌摩擦加工 AZ31 超细晶镁合金超塑性行为 [J]. 塑性工程学报，2021，28（4）：105-111.

[21] 姜丽红，郭正华，杨亮，等. 高应变速率下 ZK61M 镁合金动态压缩性能和微观组织各向异性 [J]. 塑性工程学报，2020，27（11）：188-194.

[22] Fang M，Liu C，Jiang S，et al. Nanocrystallization of Mg-Y-Zn alloy containing long-period stacking-ordered phase during cold rotary swaging [J]. Journal of Materials Engineering and Performance，2022，31：5042-5049.

[23] Mao Q，Liu Y，Zhao Y. A review on mechanical properties and microstructure of ultrafine grained metals and alloys processed by rotary swaging [J]. Journal of Alloys and Compounds，2022，896：1-13.

第4章

高成形性镁锂合金板材

重庆大学潘复生团队提出了"固溶强化增塑"高塑性镁合金设计新原理,利用不同温度下多种合金元素对镁层错能的影响,发现某些特定元素原子固溶在镁中具有降低镁基体基面与非基面滑移阻力差值的独特作用,有利于非基面滑移的启动,继而实现强度和塑性的协同提升[1],由此发展了多种高塑性镁合金,其中变形镁合金的室温延伸率达到 40%~60%,铸造镁合金的室温抗拉强度超过350 MPa、延伸率达到 10%,部分已用于汽车零部件和航空航天关键装备生产与加工[2]。通过细化晶粒和提高应变速率也可促进位错形核和滑移,促进各种类型位错(刃、螺、混合型)的滑移[3],从而改善镁合金塑性成形能力。

通常,提高镁合金塑性成形性的方式主要包括:①细化合金晶粒,提高基体的位错容量,并降低晶粒所需的转动力矩而提高其转动性;②引入特定合金元素或提高成形温度,启动基面滑移系之外的其他滑移系;③引入 α-Mg 相之外的塑性相,如体心立方结构的 β-Li 相、长周期堆垛有序(LPSO)相等[1];④调控变形镁合金的织构分布,进而改善成形性。本章重点介绍笔者团队在调控镁锂合金板材织构以及引入 β-Li 相,进而提高镁锂合金板材成形性的相关工作进展。

4.1 基于预拉伸退火工艺调控的高成形性 LAZ331 板材

4.1.1 LAZ331 镁锂合金板材的力学行为

本节以 AZ31-3Li 合金为对象,所得合金铸锭实际成分为 Mg-2.93 wt% Li-2.61 wt% Al-0.78 wt% Zn-0.32 wt% Mn,简称为 LAZ331 合金。将直径 160 mm 铸锭经 380℃挤压得到宽 120 mm、厚 2 mm 的宽板。图 4-1 为挤压板材的金相显微组织及宏观织构分析结果,可以看出,挤压板材呈现较为均匀的完全再结晶组织，利用截线法测得其平均晶粒尺寸约为 35 μm；此外，LAZ331 板材呈现出沿 ND 轴向不对称的极轴全偏的 c 轴∥TD 织构类型，最大极密度为 21.2，其织构强度比同一批次挤压的 AZ31 合金下降了近 60%，说明 Li 元素的添加能显著弱化基面织构强度，并使挤压板材呈现较强的织构分布不对称性。

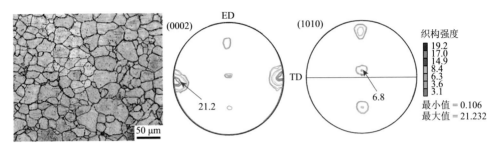

图 4-1　LAZ331 板材 ED-TD 面的金相显微组织及宏观织构分布

　　图 4-2 为 LAZ331 合金板材沿 ED、45°以及 TD 方向的室温拉伸应力-应变曲线和加工硬化率变化曲线，可以看出，沿三个方向的拉伸力学行为差异较大，说明 LAZ331 板材具有明显的力学性能平面各向异性。表 4-1 为 LAZ331 合金板沿 ED、45°以及 TD 方向的室温拉伸力学性能数据。对比同一批次挤压所得的 AZ31 板材，LAZ331 板材的屈服强度、屈强比（YS/UTS）明显降低，且延伸率、n 值显著上升，尤其是 45°及 TD 方向的性能明显提升，这是由于 Li 的添加引起了有效的织构改性及织构弱化。为了研究此种织构改性对板材室温多向成形性能的影响，LAZ331 挤压板材的室温杯突测试表明，其杯突（IE）平均值为 3.2 mm，对比 AZ31 板材的杯突值 2.2 mm 虽有一定提升，但其杯突值并不十分理想，如图 4-3 所示。此外，可以注意到的是，LAZ331 板材在杯突过程中出现的裂纹总是与板材 ED 方向相互垂直。

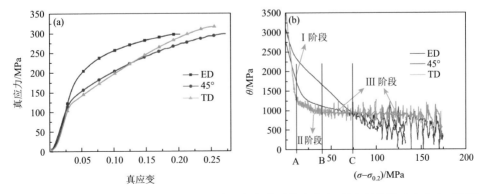

图 4-2　LAZ331 板材在室温沿三个不同方向进行拉伸时的真应力-真应变曲线（a）和加工硬化曲线（b）

横坐标 $\sigma - \sigma_{0.2}$ 代表材料迈过其屈服强度 $\sigma_{0.2}$ 后的实时应力值；纵坐标 θ 表示材料实时加工硬化大小的数值

表 4-1　LAZ331 板材与 AZ31 板材沿不同方向拉伸时的力学性能

合金	与 ED 夹角	屈服强度/MPa	抗拉强度/MPa	延伸率/%	n 值	屈强比
	0°	175.3	303.4	17.8	0.24	0.58
LAZ331	45°	120.8	297.3	24.7	0.45	0.41
	90°	111.3	312.6	22.0	0.59	0.36
	0°	202.5	299.7	15.7	0.17	0.68
AZ31	45°	187.7	288.2	18.8	0.20	0.65
	90°	173.2	281.3	17.1	0.24	0.62

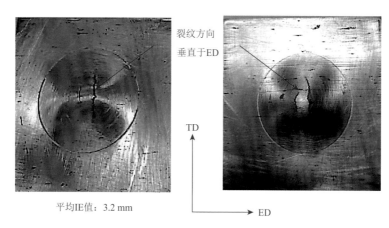

裂纹方向
垂直于ED

TD

ED

平均IE值：3.2 mm

图 4-3　LAZ331 板材杯突成形分析

　　结合表 4-1 中的数据可知，沿 ED 拉伸的性能较其他方向更差，且板材 ED 试样与 TD 试样的拉伸屈服强度的差异达到了约 64 MPa，另外延伸率各向异性也较 AZ31 板材更为明显。裂纹的出现方式总是垂直于 ED，说明沿 ED 较差的拉伸成形性可能会导致板材在多向成形中优先失效，从而使得其他方向的变形潜力未能得到充分发挥。可见 Li 的添加形成的织构强度较低的 c 轴∥TD 型织构虽能有效提升板材的单轴力学性能，但织构分布不对称，导致强烈的力学性能各向异性，限制了板材的室温多向成形能力。

4.1.2　预拉伸变形机理及变形量确定

　　图 4-4 为 LAZ331 板材沿不同方向拉伸时塑性变形机制分析，由图可见，根据板材宏观织构特征，板材沿 ED 进行拉伸时，既不利于基面滑移，又不利于拉伸孪生，仅有高临界剪切应力的柱面〈a〉滑移可以协调应变，导致高屈服强度和

低延伸率。沿 TD 拉伸时，{1012}拉伸孪晶却具有极高的施密特因子（SF），导致板材较低的屈服强度。沿 ND（板材法向）轴向分布不对称的织构引起不同方向变形机制的差异是力学性能各向异性的关键。由于挤压板材沿 TD 进行拉伸时能够引入大量{1012}拉伸孪晶，孪晶能消耗这种不对称的 c 轴∥TD 型织构成分的基体，并在退火时诱导再结晶晶粒形成新取向，因此沿 TD 预拉伸是一个可行的织构分布对称化调控方案。

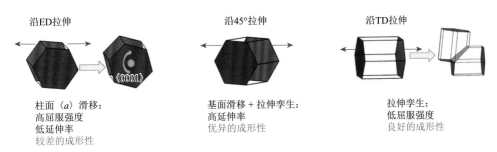

图 4-4　LAZ331 板材沿不同方向拉伸时塑性变形机制分析

确定了预拉伸工艺的方向后，为了合理地确定预拉伸量，对 TD 拉伸样的加工硬化曲线进行了深入分析，如图 4-2（b）所示。

TD 试样在拉伸时的加工硬化曲线可以分为三个阶段：Ⅰ阶段，弹塑性转化后的加工硬化率快速下降阶段，镁合金形变中这一阶段主要是由于弹性变形后，利于塑性变形的形变软取向大量参与塑性变形，使加工硬化率呈线性迅速下降；Ⅱ阶段，加工硬化率的下降明显放缓，呈双曲线型，一般可能是由于随着形变软取向的逐渐消耗，位错运动的障碍增加，如当引入孪生数量较多时不仅能阻碍加工硬化率的下降，甚至能提升加工硬化率；Ⅲ阶段，线性硬化阶段，此阶段一般由滑移机制主导。三个阶段的加工硬化由于两次突变出现明显的分割临界点，加工硬化率的突变一般伴随着塑性变形机制的改变。因此，可根据拉伸变形的加工硬化率曲线反馈并确定预拉伸的变形参数。为了研究这种反馈对于预拉伸工艺的准确性，研究过程中选取Ⅰ阶段末（线 A）与Ⅱ阶段末（线 B）的临界点分别对应的真应变值2.3%和5.4%作为预拉伸的变形参数，并选取了Ⅲ阶段的真应变 8%作为参考应变，预拉伸变形后的样品分别命名为 2.3% PRH、5.4% PRH 和 8% PRH。

4.1.3　不同预拉伸 LAZ331 挤压板材的显微组织和取向演变

图 4-5 为 LAZ331 板材沿 TD 进行不同预拉伸变形量后的金相组织图，预拉伸板材均出现孪晶。可以看出仅经过 2.3%的预拉伸变形，组织中已经出现较多体积分数的孪晶，这是由于沿 TD 拉伸时，拉伸力轴几乎与所有晶粒的 c 轴平行，前期塑性变形由拉伸孪生机制主导。

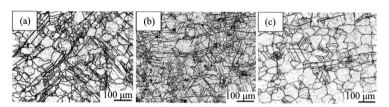

图 4-5　LAZ331 板材沿 TD 的不同预拉伸变形量后的金相组织图

（a）2.3% PRH；（b）5.4% PRH；（c）8% PRH

此外，同一晶粒内部的孪晶基本呈相互平行状态。随着预拉伸变形量增加至 5.4%，孪晶体积分数显著增加，且出现了大量的孪晶交叉行为，即同一母晶粒内部孪晶相互交错。而随着预拉伸变形量的进一步增加，8% PRH 试样中孪晶体积分数没有增加，反而减少。为了更深入研究，对三组预拉伸变形样品做了 EBSD 分析，如图 4-6 所示。

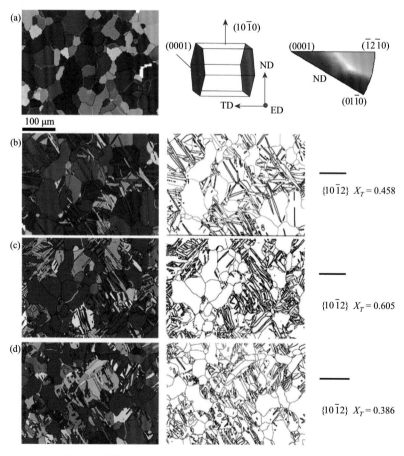

图 4-6　原始态及预拉伸变形 LAZ331 板材的 EBSD 分析

（a）原始板材；（b）2.3% PRH；（c）5.4% PRH；（d）8% PRH

可以看出预拉伸引入的孪晶均为拉伸孪晶，统计得到的孪晶体积分数演变规律与金相组织一致，其随着预拉伸变形量的增加先增大后减小。对于 2.3% PRH 样品，其晶粒内部的孪晶大多呈红色，且一个母晶粒内部孪晶片相互平行，说明在拉伸变形初期，c 轴//ND 或接近于此取向的孪生变体更易被激活。当预拉伸变形量增至 5.4% 时，除了呈红色的孪晶片外，还引入了许多蓝色或绿色的孪晶，且这些呈不同颜色的孪晶片在一个母晶粒内相互交叉，这主要是由于母晶中多种孪生变体在变形中被激活。随着预拉伸变形量迈过 II 阶段增至 8%，孪晶体积分数显著减少。值得注意的是，原始板材由于呈现 c 轴//TD 织构，且具有一定的柱面择优取向（为 $\langle 10\bar{1}0 \rangle$ 由 ND 偏向 ED 约 12°)，因此大部分母晶粒呈蓝色或接近蓝色，并无呈红色的 c 轴//ND 晶粒存在。而通过预拉伸变形后，有许多呈红色的完整晶粒存在，且随着预拉伸变形量的增加有增加的趋势，可以认为这些呈红色的完整晶粒也为孪生产物，应为 c 轴//ND 型孪生产物的迅速长大合并或吞噬整个母晶粒，从而形成完整的新取向晶粒。

图 4-7 为不同预拉伸变形量下 LAZ331 挤压板材的宏观织构演变及取向差角分布，从图 4-7（a）的 XRD 宏观极图中可以看出，2.3% 预拉伸变形量下，只能有效激活一对孪生变体 I，其取向接近于 c 轴//ND，且孪生产物会引起最大极密度位置迁移至 (0002) 投影面中心。率先激活潜在孪生面 I 是因为原始板材具有一定的 $\langle 10\bar{1}0 \rangle$ 近乎平行于 ND 的择优取向，由于拉伸时板材沿厚度与宽度方向收缩，而孪生面 I 几乎正对着板材表面，因此收缩内应力在孪生面 I 上的分量较大，导致 I 型变体更容易产生，这也是预变形样品中呈红色的完整晶粒体积分数较大的原因。随着预拉伸变形量增加至 5.4%，邻位孪生变体 II 被激活，形成了靠近于 ED 轴向的取向峰，对应在 EBSD 图中则是呈蓝色或绿色的孪晶片。此取向峰与变体 I 引起的取向峰之间的取向差角约为 60°，反映在取向差角分布图上则是 60° 取向差角的体积分数显著增加，如图 4-7（b）所示。由于不同孪生变体的激活，5.4% PRH 试样引入了四峰正交织构。同时可以推断，当预拉伸变形量迈过加工硬化曲线 I 阶段，一个晶粒内部多种孪生变体被激活，新孪生变体的形核所需剪切应力显著大于孪生长大的剪切应力，故可加强应变硬化[4]；不同孪生变体之间形成孪晶交叉，孪晶交叉细化晶粒的效果显著，可有效提供加工硬化[5]；此外也有报道孪晶本身尤其是孪晶交叉可以有效阻碍位错运动，从而形成额外加工硬化；因此在这一形变阶段，加工硬化的快速下降受到了阻滞，从而其下降趋势放缓[6]。随着预拉伸变形量的进一步增加，由之前的 EBSD 分析可知孪晶界体积分数显著减少，这是由于试样经历了接近完全孪生化的过程，孪生变体逐渐吞噬基体，孪晶界相互合并或作用继而形成完整的新取向晶粒，这种现象被称为孪生动态再结晶行为[7-9]。同时从图 4-7（c）中可知，最大极密度位置发生了变化，其迁移至沿 ND 轴向 TD 偏转 50°~65°，这种织构演变在 AZ 系变形镁合金中未曾报道，

推测应该是合金发生了明显的锥面 $\langle c+a \rangle$ 滑移所致。由于加入 3 wt% 的 Li 后可以使合金轴比 c/a 显著降低，其可能会引起锥面 $\langle c+a \rangle$ 滑移在室温下的临界剪切应力显著降低。Ando 等[10]曾在研究单相 hcp 结构的 Mg-3.5Li 合金时发现，即使在室温条件下变形，锥面 $\langle c+a \rangle$ 滑移依然能够被有效激活。

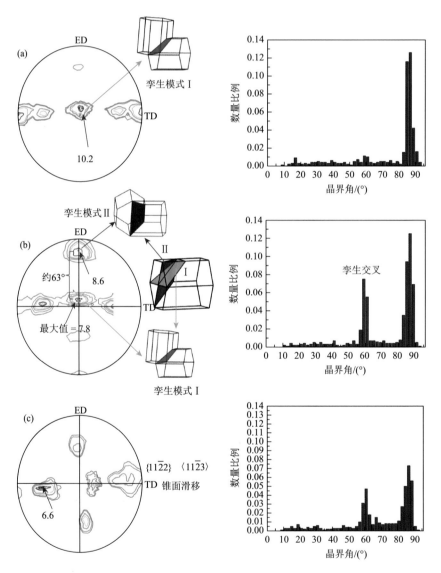

图 4-7   不同预拉伸变形量下 LAZ331 挤压板材的宏观织构演变及取向差角分布

（a）2.3% PRH；（b）5.4% PRH；（c）8% PRH

　　此外，最大极密度偏转的角度与{11$\bar{2}$2}〈11$\bar{2}$3〉滑移主导塑性变形后的取向峰角度（58.2°）非常接近，也可进一步证实此取向峰强度的增大是发生了锥面滑移所致。因此，当塑性变形量迈过加工硬化曲线Ⅱ阶段后，锥面滑移逐步取代孪生成为主导塑性变形机制，当然，具体的塑性变形机制的动态演变行为还需进一步研究。

4.1.4　预拉伸退火挤压板材的显微组织与织构

　　将三个经过不同预拉伸变形量的 LAZ331 挤压板材进行 300℃下 1 h 退火处理，研究预拉伸变形引入的组织与取向对再结晶组织与再结晶取向的影响。退火处理后的样品分别命名为 2.3% PHA、5.4% PHA 和 8% PHA。图 4-8 为预拉伸退火 LAZ331 挤压板材的显微组织及织构演变，可以看出三种挤压板材均呈现完全再结晶组织。其中，2.3% PHA 试样在退火后晶粒较为粗大，平均晶粒尺寸达到约 65.4 μm，是原始板材平均晶粒尺寸（约 35.0 μm）的 1.8 倍，这主要是由 2.3%变形量可能还处于板材的临界变形度范围，导致退火时晶粒长大的速度远大于晶粒形核速度。与此同时，2.3% PHA 试样的晶粒取向特征在退火后被保留下来，只是最大极密度有所减小，这主要是由于{10$\bar{1}$2}拉伸孪晶界可作为再结晶形核核心，

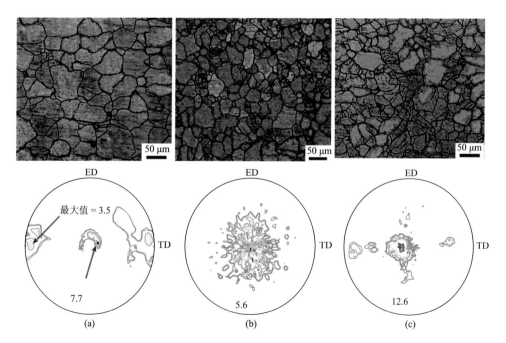

图 4-8　预拉伸退火 LAZ331 挤压板材的显微组织及织构演变

（a）2.3% PHA；（b）5.4% PHA；（c）8% PHA

且再结晶晶粒会受到孪生取向的诱导从而继承孪生取向。由于母晶粒还有相当一部分未被孪生化,再结晶晶粒在这些基体晶界处形核,依然保留了基体的取向特征。总的来说,虽然 2.3% PHA 试样织构强度较原始态显著降低,但织构分布仍然沿 ND 轴向不对称。

随着预拉伸变形量增至形变 Ⅱ 阶段末,退火后再结晶晶粒得到显著细化,5.4% PHA 试样平均晶粒尺寸减小为约 22.5 μm,这主要是由于更多的孪晶界以及孪晶交叉被引入。Li 等[11]认为{10$\bar{1}$2}拉伸孪晶界,尤其是孪晶交叉点能够作为再结晶晶粒优先形核点,从而达到细化晶粒的效果。值得注意的是,5.4% PHA 试样在经过退火后得到了比较随机的取向分布,最大极密度仅有 5.6,主要是因为预拉伸变形工艺引入了正交四峰织构。由孪晶交叉点、孪生与基体之间组成的正交四峰织构可以提供沿各个方向的随机取向梯度,从而在退火中影响或诱导再结晶晶粒的新取向,由于取向梯度多样化,再结晶晶粒的取向较为随机,最终得到了相对比较随机的再结晶织构。由此也可以看出,2.3%的拉伸应变下,只有 c 轴∥ND 型孪生变体被激活,未能引入沿 ED 方向偏转的取向峰,其在退火过程中不能提供沿 ED 方向的取向梯度,无法诱导再结晶晶粒向 ED 方向生长,从而造成板材沿 ED 变形时仍为硬取向。随着预拉伸变形量迈过形变 Ⅱ 阶段,孪晶界数目减少,尤其是孪晶交叉点显著减少,锥面〈$c+a$〉滑移逐渐主导塑性变形,随机取向梯度减少,最终退火后形成了较强的基面织构,由于锥面滑移取向峰向 TD 偏转,再结晶织构向 TD 方向偏转约 14.2°。

同时,8% PHA 试样的平均晶粒尺寸约为 26.0 μm,甚至略大于经历较小拉伸应变 5.4% PHA 试样的平均晶粒尺寸。一般而言,对于同一批次试样,退火前塑性变形量越大,再结晶晶粒尺寸应更小,但值得注意的是,由于拉伸应变超过形变 Ⅱ 阶段后,孪晶界特别是孪晶交叉点显著减少,这可能导致退火过程中总体有效形核点有所减小,从而 8% PHA 试样得到较为粗大的晶粒尺寸。

4.1.5 预拉伸退火挤压板材的单轴拉伸力学性能

图 4-9 为各个预拉伸退火 LAZ331 挤压板材与原始挤压板材的真应力-真应变曲线,其对应的具体力学性能汇总在表 4-2 中。对于 2.3% PHA 试样,虽存在织构弱化,最大屈服强度之差由原始态的约 64 MPa 缩小至约 40 MPa,但各向异性仍然明显,主要是由于 2.3% PHA 工艺未能弱化沿 ED 方向的取向分布,当沿ED 拉伸时,基面滑移 SF 仍比较小,故屈服强度较高,而沿 TD 拉伸时,遗留的 c 轴∥TD 织构成分仍然容易发生拉伸孪生,因此力学性能各向异性问题并未得到有效解决。对于 5.4% PHA 试样,引入更弱、更对称的织构使得与板材沿不同方向拉伸时塑性变形机制的选择行为保持一致,均为基面滑移为主,且各方向 SF

较为均衡，因此力学性能各向同性得到了显著改善，三个方向屈服强度之差缩小至 10 MPa 以内，且延伸率也几乎保持各向同性。

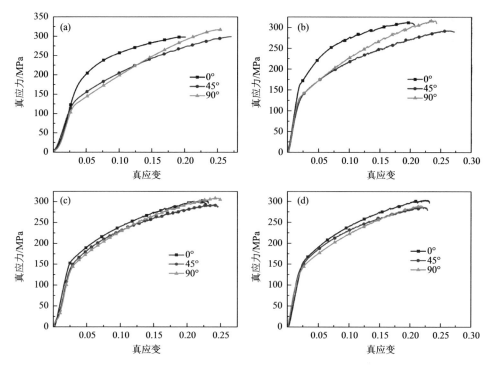

图 4-9　不同预拉伸退火 LAZ331 挤压板材与原始挤压板材的真应力-真应变曲线

（a）原始板材；（b）2.3% PHA；（c）5.4% PHA；（d）8% PHA

表 4-2　预拉伸退火 LAZ331 挤压板材力学性能

工艺	与 ED 夹角	屈服强度/MPa	抗拉强度/MPa	延伸率/%	n 值	屈强比
2.3% PHA	0°	168.3	298.6	17.4	0.28	0.57
	45°	128.7	294.6	23.2	0.38	0.44
	90°	128.5	313.7	20.9	0.45	0.41
5.4% PHA	0°	150.5	308.0	21.5	0.41	0.48
	45°	145.7	295.8	23.3	0.40	0.49
	90°	144.3	306.3	23.8	0.43	0.47
8% PHA	0°	158.1	295.2	17.9	0.33	0.54
	45°	145.6	288.6	19.6	0.31	0.51

图 4-9（c）中三个方向拉伸曲线几乎重合也可直观反映这一点。除此之外，有效的织构改性还使板材的总体延伸率有所提升，室温拉伸成形性显著提升。

8% PHA 试样由于基面织构的增强，板材力学性能各向异性虽无明显恶化，但延伸率较 5.4% PHA 试样有所下降。可见，当选取加工硬化 Ⅱ 阶段末对应的预拉伸变形值时，能引入最多的孪晶数量以及孪晶交叉点，退火得到的对称型弱织构能够有效改善基面织构全偏型板材的各向同性及室温拉伸性能。实验结果也说明预拉伸变形量的选取对力学性能的影响较大，对材料进行预拉伸处理时，需谨慎确定参数。

4.1.6 织构改性对 LAZ331 板材多向成形性的影响

由上述分析可知，5.4%预拉伸变形及退火工艺可以有效调控 LAZ331 板材的基面织构，从而改善板材的室温单轴拉伸性能。因此，以 5.4%预拉伸变形为基础，本节研究了不同温度退火工艺对挤压板材成形性能的影响。分别将 5.4% PRH 试样进行 180℃（简称 PRS）去应力退火 5 h 以及 300℃再结晶退火 1 h（简称 PHA），测试其单轴力学性能及室温多向成形能力，具体性能对比见表 4-3。研究发现，经过 5.4%预拉伸变形并经去应力退火的试样，其屈服强度有明显上升，ED、45°以及 TD 试样屈服强度较板材原始态分别提升约 5 MPa、55 MPa 及 58 MPa，抗拉强度提升平均值也达约 25 MPa，板材强化效果明显，而延伸率下降却并不显著。这主要是由于：①TD 预拉伸消耗了 c 轴∥TD 孪生软取向；②预拉伸变形引入众多孪晶，去应力退火后这些孪晶仍能保留下来，二次变形时显著强化基体。此外，去应力退火后 45°与 TD 方向显著被强化，力学性能各向同性也有大幅度提升，可见预拉伸变形＋去应力退火是强化此类全偏型织构板材的有效手段。

表 4-3　不同退火工艺下各个预拉伸试样与板材原始态的力学性能对比

工艺	角度	屈服强度/MPa	抗拉强度/MPa	延伸率/%	n 值	屈强比
原始挤压态	ED	175.3	303.4	17.8	0.24	0.58
	45°	120.8	297.3	24.7	0.45	0.41
	TD	111.3	312.6	22.0	0.59	0.36
5.4% PRS 试样	ED	180.0	329.1	15.2	0.23	0.56
	45°	175.6	332.1	21.9	0.30	0.53
	TD	169.6	327.9	17.6	0.39	0.52
5.4% PHA 试样	ED	150.5	308.0	21.5	0.41	0.48
	45°	145.7	295.8	23.8	0.40	0.49
	TD	144.3	306.3	23.8	0.43	0.47

另外对这三种试样进行了杯突成形的测定，每组至少有 3 个样品进行测试，选取其平均的杯突值作为测试值，结果如图 4-10 所示。原始态板材由于织构极其

不对称，沿 ED 方向变形能力差，其杯突值仅有 3.2 mm，而研究发现 5.4% PRS 试样的杯突值较板材原始挤压态有小幅度的上升，另值得注意的是 5.4% PHA 试样的杯突值达到了 5.8 mm，相较原始挤压态板材提升了约 80%，说明织构的弱化及对称性优化显著提升了镁合金板材的多向成形能力。

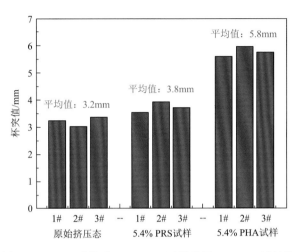

图 4-10　原始挤压态、5.4% PRS 试样及 5.4% PHA 试样挤压 LAZ331 板材的室温杯突成形性能

　　通常，镁合金杯突成形对织构分布对称性及变形中应变协调性非常敏感。已有研究[12]曾对 Mg-Zn-Y 合金进行了杯突成形的测定，发现失效时裂纹的萌生总是垂直于晶粒取向分布较强的一侧，说明变形能力差的方向往往会在多向成形中优先失效从而浪费了其他方向更好的形变潜力，这一点在 LAZ331 板材上也有所体现。因此，除了织构弱化外，织构分布对称性是影响镁合金板材多向成形的另一个重要因素。织构分布对称性优良反映在变形中则是板材在多向成形中各个方向力学性能接近，平面多向应力-应变协调性好。杯突成形是基于多向拉伸的成形工艺，图 4-11 为三种试样在不同方向拉伸时的加工硬化曲线对比，可大致反映板材在杯突成形时各个方向的应力-应变协调性的好坏。可以清楚地看到，经过织构对称化调控的 5.4% PHA 试样在沿不同方向变形时，应变硬化行为几乎一致，反映出最好的多向应变协调性。5.4% PRS 试样由于消耗了 c 轴 ∥ TD 的不对称织构，不同方向的力学性能较原始板材更为对称，应变硬化行为也更为接近，这也是其杯突值稍优于原始板材的一个重要原因。

　　除了织构对称性引起的平面应力-应变协调性外，板材变形时宽厚向协调性也是控制多向成形的另一重要因素。宽厚向协调性多由 r 值表示，r 值越接近于 1，则代表变形中宽厚向协调性更好，越利于后续变形。图 4-12 为三种试样沿 ED、45° 及 TD 的 r 值统计，对于具有 c 轴 ∥ TD 全偏型织构的 LAZ331 板材而言，沿其

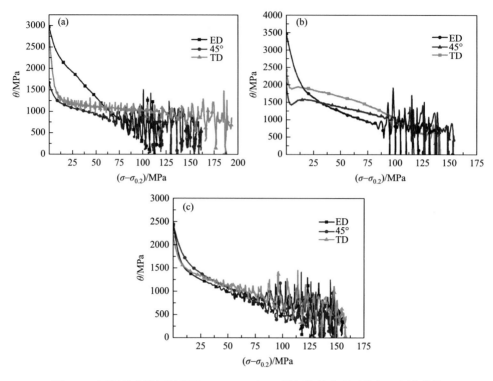

图 4-11 不同状态挤压板材沿 ED、45°及 TD 进行拉伸变形时的加工硬化曲线

(a) 原始挤压态；(b) 5.4% PRS 试样；(c) 5.4% PHA 试样

ED 进行拉伸时，基面滑移及拉伸孪生由于其 SF 很小均不能发生，仅有柱面 $\langle a \rangle$ 滑移可有效协调应变，然而柱面 $\langle a \rangle$ 滑移本身对厚向应变的贡献不是很大，而对宽向应变贡献较大，导致 ED 试样 r 值达到 2.10，说明沿 ED 拉伸时，宽厚向应变协调能力并不好。同时，对于 TD 试样，$\{10\bar{1}2\}$ 拉伸孪生主导塑性变形，其可将基体 c 轴沿 $\langle 10\bar{1}0 \rangle$ 旋转接近 90°，可有效协调厚向应变，尤其是本研究中的 c 轴 // ND 型孪生产物。但其对宽向应变协调性则偏弱，导致变形中 r 值仅有 0.36，说明沿 TD 拉伸时宽厚向协调性也不好。因此，沿 ED 及 TD 变形时较差的宽厚向协调性将会大大限制 LAZ331 板材的多向成形性能，因此其最终的杯突值较低。然而对于 5.4% PHA 试样而言，更为发散、对称的织构类型使得板材沿不同方向变形时基面滑移 SF 都较大，沿 ED、45°及 TD 的 r 值都更接近于 1，说明变形中板材各个方向宽厚向协调性较好，这也是其杯突值显著提升的重要原因。当然，除了 r 值本身的大小外，不同方向 r 值的差异也能反映出基于平面拉伸的多向应变协调性的好坏，当然这种平面多向较为均衡的宽厚向协调性同样也取决于织构分布的对称性程度。

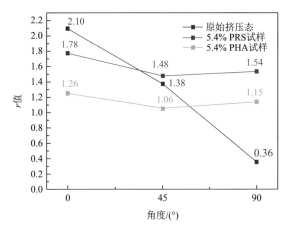

图 4-12　原始挤压态、5.4% PRS 试样及 5.4% PHA 试样挤压 LAZ331 板材沿 ED、45°及 TD 拉伸变形的 r 值

4.2　基于预轧制退火工艺调控的高成形性 LAZ331 板材

　　冷轧往往可作为板材的最后一道工序以来稳定尺寸和性能，对于具有全偏型基面织构的 LAZ331 板材而言，由于织构分布不对称，其沿不同轧制应变路径得到的显微组织与力学性能可能相差较大，这对织构不对称分布型板材的轧制工艺探索提出新要求。鉴于以往很少报道基于轧制工艺对此类织构的板材进行力学性能调控，因此以 LAZ331 板材为对象，详细研究织构全偏型 LAZ331 镁合金板材基于轧制路径及轧制压下量变化条件下的显微组织以及晶粒取向演变规律。

4.2.1　轧制压下量对 LAZ331 板材显微组织及织构的影响

　　将 LAZ331 板材切割成 50 mm×60 mm（ED×TD）的矩形样品，分别沿板材 ED 方向及 TD 方向进行单道次冷轧，单道次压下量分别为 5%、10% 和 15%，依次可得到 ED-5%R、ED-10%R、ED-15%R 和 TD-5%R、TD-10%R、TD-15%R 试样。此外，一些样品还通过加大压下量来考察不同应变路径下单道次轧制应变能力。随后，将轧制变形样品进行 300℃退火 1 h 处理，以考察冷轧变形 + 再结晶退火工艺对挤压板材后续组织、织构及力学性能的影响，以此评估针对基面织构全偏型板材基于轧制变形来调节力学性能的合理工艺参数。

　　图 4-13 为 LAZ331 板材沿 ED 分别进行单道次轧制压下 5%、10% 及 15%的 EBSD 数据分析。经过沿 ED 进行冷轧 5%后，仅有少部分接近 $\langle 10\bar{1}0\rangle /\!/$ ND 取向晶粒（呈蓝色）被保留下来，同时，最大极密度由 TD 轴向附近向 ED-TD 面中心迁移，形成一个新的取向峰 Peak A，此取向峰与 ND 轴向角度约为 60°，与 hcp

结构镁合金中由于 $\{11\bar{2}2\}\langle11\bar{2}3\rangle$ 滑移系主导塑性变形后的择优取向峰偏离角度 58.2°非常接近。在笔者团队前期的探索中曾发现,当 5 wt% Li 加入纯 Mg 或者 AZ31 合金中,挤压所得的镁合金的最大极密度位置会由 ND 轴向偏向 TD 轴向约 58°,这主要是因为 Li 的大量添加可以有效降低合金轴比 c/a,减小 $\langle c+a\rangle$ 滑移系的临界剪切应力,致使非基面 $\langle c+a\rangle$ 滑移在热挤压过程中被大量激活[13]。

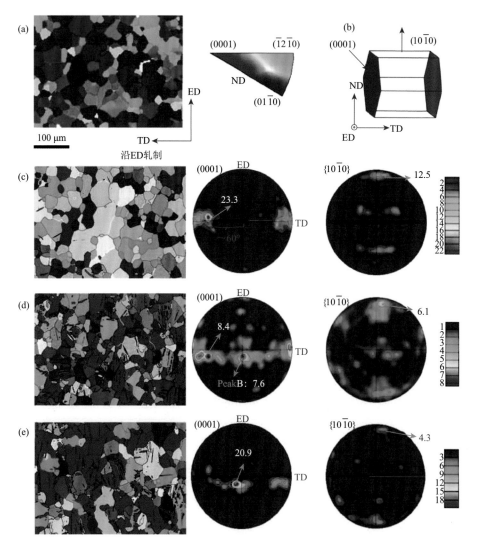

图 4-13 LAZ331 板材沿 ED 单道次轧制不同应变量的 EBSD 分析(a,c~e)和挤压态板材取向示意图(b)

(a)原始挤压态;(c)ED-5%R;(d)ED-10%R;(e)ED-15%R

Ando 等[10]也曾对 Mg-3.5Li 合金做了研究，发现合金在变形时非常容易发生 $\{11\bar{2}2\}\langle11\bar{2}3\rangle\langle c+a\rangle$ 滑移，即使在室温条件下也可发生。此外，轧制时，c 轴 //TD 织构型 LAZ331 板材的基面 $\langle a\rangle$ 滑移的 SF 几乎为 0，因此也不可能是基面滑移引起的晶粒取向的改变。由此可以初步断定，在沿 ED 进行小应变 5%的轧制时，$\{11\bar{2}2\}\langle11\bar{2}3\rangle$ 锥面滑移应是主要的变形协调机制。当单道次压下量增至 10%，织构成分呈多极化分布，由锥面滑移引起的取向峰 Peak A 相较 ED-5%R 有了一定的弱化，而 ED-TD 面的中心出现了新的取向峰 Peak B。这种具有 c 轴 //ND 型的硬取向峰 Peak B 在普通 AZ 合金经轧制变形后较为常见，主要是因为发生基面滑移导致基面织构增强。而 LAZ331 板材特殊的初始取向，很显然并不是由基面滑移所导致。结合 ED-10%R 的 IPF 图可以看到组织中出现了许多 c 轴 //ND（呈红色）的拉伸孪晶片，此外还有许多 c 轴 //ND（呈红色）的晶粒出现，由此可以断定在 ED-10%R 轧制工艺中除了锥面滑移的发生外，拉伸孪生也被显著激活以协调轧制应变，出现的 c 轴 //ND 的晶粒也应是孪生产物，其为初始母晶粒发生了完全孪生化所引起的。当单道次压下量进一步增加至 15%，呈红色的晶粒体积分数显著增加，且最大极密度迁移至 ED-TD 投影面中心，形成了强基面织构特征，最大极密度达到 20.9，同时，由锥面滑移引起的取向峰 Peak A 进一步弱化，说明随着单道次压下量的增加，$\{10\bar{1}2\}$ 锥面孪生逐渐取代 $\{11\bar{2}2\}\langle11\bar{2}3\rangle$ 锥面滑移成为主导塑性变形机制。锥面滑移对塑性变形的贡献随着单道次压下量的增加而减小，这可能是由于锥面滑移对于应变速率的敏感性较高，而孪生则对其不敏感所致。此外，在三个 ED-R 试样中 $\{10\bar{1}0\}$ 投影图上均出现了一定强度的 $\langle10\bar{1}0\rangle$//ED 择优取向，这主要也是由于 $\langle c+a\rangle$ 滑移引起的晶胞旋转所致，其随着单道次压下量的增加，择优取向强度也逐渐弱化。但总的来说，虽然锥面滑移的贡献逐渐减小弱化，但板材沿 ED 进行轧制时，其总会参与一定的轧制变形，引起一定的织构成分分布在 $\langle11\bar{2}3\rangle$ 轴向位置附近。

为了更加深入分析 ED-R 工艺下的形变机制与显微组织演变，图 4-14 对比了不同压下量试样的取向差分布图，并统计了相应的孪晶体积分数。对于小轧制应变的 5%样品，拉伸孪晶取向差所对应的角度无明显峰值出现，尽管轧制时晶胞 c 轴与轧制压下宏观应力几乎垂直，引入的拉伸孪晶数量还是非常少。对于 ED-10%R 试样，拉伸孪晶取向差 86°峰就比较明显了，统计所得的拉伸孪晶界体积分数约为 0.208，同时 56°附近也出现了一定强度的峰值，这主要是被孪生化的基体呈现 c 轴 //ND 硬取向，这类硬取向在后续轧制应变下既不能发生基面滑移，又不能发生拉伸孪生，但可能发生 $\{10\bar{1}1\}$ 压缩孪生，由 EBSD 结果统计所得引入压缩孪晶体积分数约为 0.089，此外由于高能态的 $\{10\bar{1}1\}$ 压缩孪生极不稳定，易于再次发生孪生，对应的 $\{10\bar{1}1\}$-$\{10\bar{1}2\}$ 二次孪生的 38°取向差附近也有一定的峰强，统计可得二次孪晶的体积分数约为 0.062。随着单道次压下量的进一步增加，$\{10\bar{1}2\}$

拉伸孪晶界的体积分数显著减小，这是由于大部分基体被完全孪生化所致。同时 {10$\bar{1}$1}-{10$\bar{1}$2} 二次孪生的体积分数显著增加，说明板材在沿 ED 进行单道次大应变轧制时，在接近完全孪生化以后，压缩孪生与二次孪生机制会被显著激活。虽然由 EBSD 统计所得的孪晶体积分数只是相应轧制状态下遗留的孪晶界体积分数，尤其是对于整个轧制工艺中拉伸孪生产物的体积分数统计并不准确，但这些统计值依然具有参考意义，因为其能用来帮助分析和研究试样在后续退火中的再结晶行为。

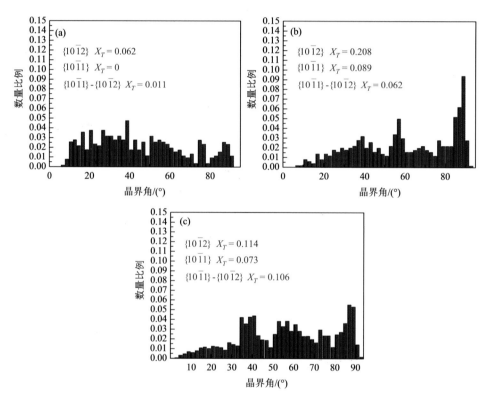

图 4-14　沿 ED 轧制不同压下量的 LAZ331 挤压板材的取向差分布图及相应的孪晶体积分数

（a）ED-5%R；（b）ED-10%R；（c）ED-15%R

图 4-15 为 LAZ331 板材在沿 TD 分别进行单道次轧制 5%、10%以及 15%后的显微组织及织构演变。相较于 ED-5%R 试样，在经过沿 TD 单道次压下 5%应变后，组织中已经出现了大量的孪晶，而且 LAZ331 原始挤压态中的柱面取向（呈蓝色或浅绿色）的晶粒都消失了，取而代之的是大量 c 轴∥ND 基面织构取向型晶粒，这说明{10$\bar{1}$2}孪生机制在沿 TD 的小应变轧制工艺中就已被显著激活。此

外，除了拉伸孪生引起的 c 轴∥ND 取向峰 Peak B 外，并无 ED-R 试样般的由滑移导致的择优取向峰存在，说明板材在沿 TD 轧制时，仅有{10$\bar{1}$2}拉伸孪生机制被激活。随着单道次压下量的增加，c 轴∥TD 型基体孪生化严重，由 IPF 图中可以看出，c 轴∥ND 取向几乎完全吞噬了母基体，由孪生引起的基面织构取向峰 Peak B 强度进一步增强，达到 21.5。而当单道次压下量超过 10%达到 15%后，由拉伸孪晶引起的强基面织构取向峰 Peak B 几乎消失，取而代之的是若干围绕在原有取向峰 Peak B 周围的弱取向峰。结合 TD-15%R 的 IPF 图、孪晶图以及织构图，这些散漫分布的择优取向峰应是在原有 c 轴∥ND 一次拉伸孪晶产物的基础上产生压缩孪晶以及二次孪晶所引起。

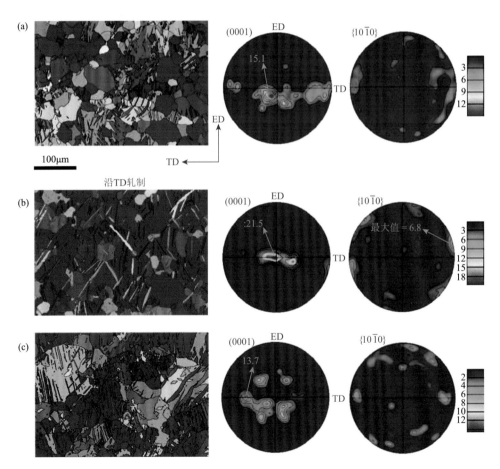

图 4-15　沿 TD 轧制不同压下量的 LAZ331 挤压板材的显微组织及织构演变

（a）TD-5%R；（b）TD-10%R；（c）TD-15%R

对于 TD-R 试样，无论是单道次小应变或是单道次大应变下轧制，均无明显 $\langle 10\bar{1}0\rangle$∥ED 择优取向形成，说明织构全偏型 LAZ331 板材在沿其织构偏转的方向进行轧制时，$\langle a\rangle$ 滑移与 $\langle c+a\rangle$ 滑移均不能被有效激活。在 TD-10%R 中可以观察到一定强度的 $\langle 10\bar{1}0\rangle$∥TD 择优取向，但这种择优取向并不是由滑移引起，而是由大量的 $\{10\bar{1}2\}$ 拉伸孪生引起，因为母晶粒拥有一定的近似 $\langle 10\bar{1}0\rangle$∥ND 择优取向，导致孪生后有一组 c 轴近乎平行于 TD 轴。综上所述，板材在沿 TD 进行轧制时，无论单道次压下量大小，仅有拉伸孪生协调轧制应变，在经大应变轧制时，待母晶粒被完全孪生化后，压缩孪生及二次孪生机制会被激活继续参与塑性变形。

同样，对各个压下量的 TD-R 试样的取向差分布与相应的孪晶体积分数做了统计与对比，如图 4-16 所示。对于 TD-5%R 试样，拉伸孪晶所对应的 86° 取向峰非常突出，统计其体积分数约为 0.395，远高于 ED-R 试样的体积分数，进一步证实了 $\{10\bar{1}2\}$ 拉伸孪晶是 LAZ331 合金沿 TD 轧制过程中前期协调应变的主导塑性变形机制。

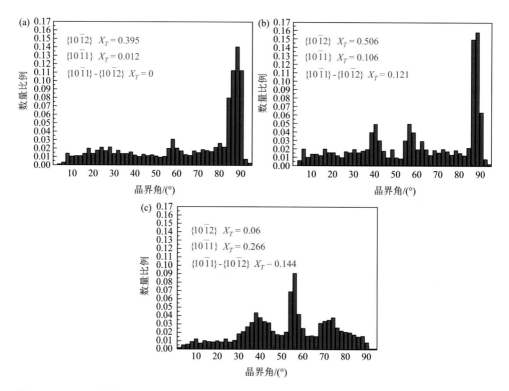

图 4-16　沿 TD 轧制不同压下量的 LAZ331 挤压板材的取向差分布及相应的孪晶体积分数统计

（a）TD-5%R；（b）TD-10%R；（c）TD-15%R

当单道次压下量增至 10%，几乎所有的晶粒都被孪生化，除了孪晶界体积分数进一步增加外，呈红色的完整晶粒也在增加，说明这一阶段拉伸孪晶的长大与合并是主要的协调变形机制。与此同时，显微组织中还出现了一定数量的 $\{10\bar{1}1\}$ 压缩孪晶（$X_T = 0.106$）及 $\{10\bar{1}1\}$-$\{10\bar{1}2\}$ 二次孪晶（$X_T = 0.121$），说明在沿 TD 单道次压下量达到 10% 左右时，压缩孪生以及二次孪生已经在一定程度上参与塑性变形。可见，TD-R 试样压缩孪生及二次孪生的参与显著早于相同应变条件下的 ED-R 试样，这是因为 TD-R 试样在进行轧制的前期应变中，仅有拉伸孪生被激活以协调应变，这促使基体被更为迅速地完全孪生化而形成 c 轴//ND 硬取向，继而过早发生压缩孪生及二次孪生。随着单道次压下量进一步增加，被完全孪生化的呈 c 轴//ND 的基体进一步被压缩孪生以及二次孪生所消耗，拉伸孪晶界的统计量显著下降，而压缩孪晶及二次孪晶体积分数增加。

4.2.2　LAZ331 板材沿不同路径轧制时的单道次压下能力

实验表明，对于基面织构全偏型 LAZ331 板材而言，其单道次轧制压下能力对于轧制应变路径非常敏感，对于 TD-R 试样，当单道次压下量达到 15% 时，试样已经出现轻微的边裂，而单道次压下量达到 20% 时，裂纹扩展明显，甚至贯穿整个试样。而对于 ED-R 试样，其在单道次压下 25% 后几乎没有裂纹产生，直到单道次压下量达到 30% 时才有较小的边裂产生，说明板材沿 ED 进行轧制时的单道次压下能力显著优于其沿 TD 进行轧制时的压下能力。两个方向轧制能力的差异主要是由于塑性变形机制的选择差异所引起。对于 TD-R 工艺，前期应变仅能通过 $\{10\bar{1}2\}$ 拉伸孪晶协调，由于 LAZ331 板材有近似于 $\langle 10\bar{1}0 \rangle$//ND 择优取向，基体被迅速孪生化，孪生产物多呈现 c 轴//ND 硬取向，在后续的变形中不利于滑移，仅能发生压缩孪生及二次孪生。当压缩孪晶及二次孪晶的体积分数逐渐变多，应力集中明显继而导致板材失效。而对于 ED-R 试样，由于锥面滑移的参与可以有效阻滞 c 轴//TD 母基体被完全孪生化而迅速形成硬取向，且锥面滑移本身也能够有效协调厚向应变，因此板材沿 ED 进行轧制时的压下能力要显著高于沿 TD 轧制时的压下能力。值得注意的是，锥面滑移对于 ED 轧制试样在形变中的贡献会随着单道次压下量的增加而减小，因此若对 ED 试样进行多道次小应变轧制，所得到的累计应变将会显著大于其最大单道次压下量。

4.2.3　退火温度对轧制态 LAZ331 板材组织与力学性能的影响

1. 退火对 LAZ331 板材的显微组织及织构的影响

在进行不同轧制路径及不同压下量后，对各 ED-R 试样与 TD-R 试样进行 300℃ 退火 1 h 处理，以稳定和调控板材力学性能，以此探究针对织构全偏型板材最合理的轧制工艺参数。图4-17为ED-R轧制LAZ331挤压板材退火后的金相显微组织及织构图,三个试样在退火后都得到了完全再结晶组织,通过截线法得到的ED-5%RA、ED-10%RA及ED-15%RA试样的平均晶粒尺寸分别为51.2 μm、28.3 μm及23.8 μm。此外,从织构图中可以发现,ED-5%RA试样中由锥面$\langle c+a \rangle$滑移导致的取向峰在退火后被继承了下来,这是因为锥面$\langle c+a \rangle$位错可以作为再结晶晶粒的形核点从而形成了较强的$\langle 11\bar{2}3 \rangle$非基面织构组分。同时由柱面滑移引起的$\langle 10\bar{1}0 \rangle /\!/$ ED柱面择优取向也被保留下来,再结晶织构分布仍然呈现显著的不对称性。

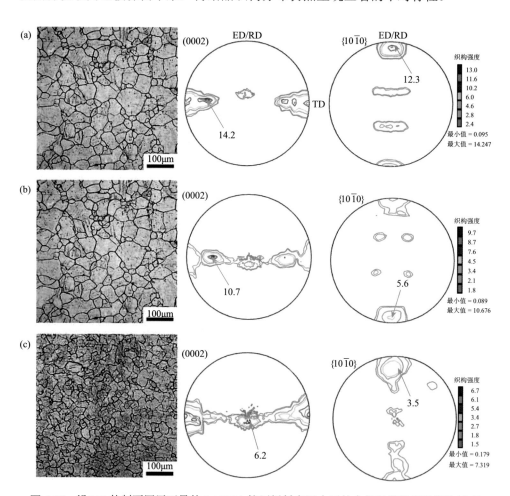

图4-17　沿ED轧制不同压下量的LAZ331挤压板材在退火后的金相显微组织及织构演变
（a）ED-5%RA；（b）ED-10%RA；（c）ED-15%RA

而后随着单道次压下量的增加,虽然锥面滑移在整个形变中的贡献比例变小,但其存在总会诱导一部分再结晶晶粒的生长取向继而形成非基面织构组分。同时随着引入孪晶体积分数的增加，再结晶晶粒基于孪生的取向继承也逐渐变强，但总体而言 ED-RA 试样的织构分布均依然呈现明显的不对称性。由此可见，ED 轧制＋退火工艺并不能有效调节和改善 LAZ331 板材织构分布的对称性。

图 4-18 为 TD-R 轧制 LAZ331 挤压板材退火后的金相显微组织及织构图，三个试样在退火后都得到了完全再结晶组织，通过截线法测得 TD-5%RA、TD-10%RA 及 TD-15%RA 试样的平均晶粒尺寸分别为 40.0 μm、24.5 μm 及 18.1 μm。

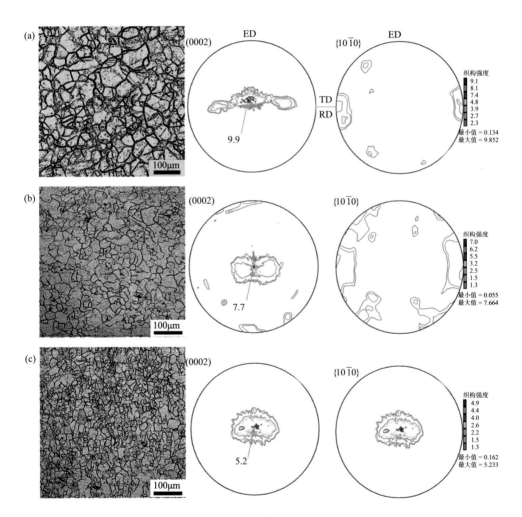

图 4-18　沿 TD 轧制不同压下量的 LAZ331 挤压板材退火后的金相显微组织及织构演变

（a）TD-5%RA；（b）TD-10%RA；（c）TD-15%RA

可以看出同一轧制压下量下 TD-R 试样经退火后的平均晶粒尺寸要比 ED-R 试样更小，这主要得益于板材沿 TD 轧制时可以引入更多的孪晶，尤其是 {10$\bar{1}$1} 压缩孪晶及 {10$\bar{1}$1}-{10$\bar{1}$2} 二次孪晶能够提供有效形核位置，从而提升形核率以细化晶粒。除了显微组织演变较 ED-R 试样有所差别外，宏观织构的演变差异则更大。对于 TD-5%RA，绝大部分晶粒的 c 轴已经由 TD 轴转至 ND 轴附近，织构分布沿 ND 轴向的对称性有效改善，且再结晶织构得到了显著的弱化，最大极密度仅有 9.9。

织构对称性得以改善主要是由于在沿 TD 进行 5%单道次轧制时 {10$\bar{1}$2} 拉伸孪生的大量激活，使大部分 c 轴//TD 的基体转向了 c 轴//ND 取向，而在退火中，孪晶诱导再结晶晶粒生长方向形成类似基面织构特征。当单道次压下量增至 10%，由于原始晶粒几乎被完全孪生化为 c 轴//ND 取向，所以试样在退火后引入了典型的基面织构特征。而当单道次压下量进一步增加至 15%，孪生化引起的基面织构被压缩孪生及二次孪生显著消耗，形变织构沿 ND 轴向分布散漫，最终在退火后引入了较弱的基面织构。总的来说，TD-R 试样由于能够引入更多的孪晶，退火后再结晶织构不仅得到弱化，且晶粒取向沿 ND 轴向的分布对称性显著增强。

2. 退火对 LAZ331 板材力学性能的影响

图 4-19 为板材沿 ED 单道次轧制不同压下量并退火的真应力-真应变曲线，分别测定了各个试样沿其原始 ED 方向呈 0°、45°及 90°方向的拉伸力学性能来评估不同轧制路径下的综合性能，对应的表 4-4 为三个 ED-RA 试样的具体性能测定值。对于 ED-5%RA 试样，其沿 0°的拉伸屈服强度较原始挤压态板材的 0°方向提升了 25.6 MPa，而延伸率则有小幅度的下降，这主要是由于形成的锥面织构。其一，此类 〈11$\bar{2}$3〉 型织构使得板材在沿 0°进行拉伸时仍为硬取向；其二，由前期变形引入的 〈10$\bar{1}$0〉//ED 柱面择优取向在退火后被保留下来，引起后续沿此方向拉伸时柱面 〈a〉 滑移 SF 下降，从而导致屈服强度升高，延伸率略降低。与此同时，由于 c 轴//TD 基体经过滑移发生了再取向，其拉伸孪晶 SF 显著减低，致使 90° 试样屈服强度增大，延伸率较板材原始态也有所降低。从表中 ED-5%RA 试样的三向力学性能来看，板材在此应变路径轧制退火后性能发生了一定的恶化，且力学性能平面各向异性不仅没有得到改善，反而更加明显。而随着单道次压下量的增大，{10$\bar{1}$2} 拉伸孪晶的引入量加大，ED-RA 试样在退火后织构更加弱化且对称性程度有所提升，试样 0°方向屈服强度逐渐下降，90°方向屈服强度逐渐升高，延伸率有所回升，力学性能各向同性也有所改善，但总的来讲，相较原始挤压板材的性能优化并不明显，对于平面各向同性的改善效果也不理想，这主要是因为 ED-RA 工艺无法实现板材的织构分布对称化调控。

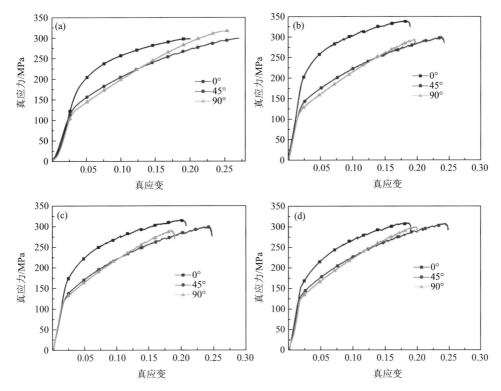

图 4-19　原始挤压板材及各 ED-RA 挤压板材的真应力-真应变曲线

（a）原始挤压态；（b）ED-5%RA；（c）ED-10%RA；（d）ED-15%RA

表 4-4　ED-RA 处理 LAZ331 挤压板材沿不同方向的拉伸力学性能

工艺	与 ED 夹角	屈服强度/MPa	抗拉强度/MPa	延伸率/%	n 值	屈强比
ED-5%RA	0°	200.9	337.5	16.3	0.18	0.60
	45°	129.8	300.9	22.2	0.36	0.43
	90°	115.2	294.8	18.0	0.50	0.39
ED-10%RA	0°	173.0	317.6	18.4	0.24	0.55
	45°	128.1	301.3	22.7	0.36	0.43
	90°	119.4	295.3	17.4	0.45	0.40
ED-15%RA	0°	160.9	309.8	17.2	0.27	0.52
	45°	128.2	310.6	23.2	0.36	0.41
	90°	128.8	301.6	18.1	0.42	0.43

相应地，图 4-20 为板材沿 TD 单道次轧制不同压下量并退火的真应力-真应变曲线，表 4-5 为相应的具体性能测定值对比。可以看出，仅在沿 TD 进行 5%压下

量轧制并退火后，TD-5%RA 试样三个方向屈服强度之差已由原始挤压态的约 64 MPa 降至约 26 MPa，屈服强度平面各向同性得到明显改善，改善程度已经优于 ED-15%RA 试样。此外，TD-10%RA 试样与 TD-15%RA 试样沿不同方向拉伸时的屈服强度之差都已降至约 10 MPa 及以下，并且延伸率各向异性也得到了显著弱化。这主要得益于 TD 轧制 + 退火工艺可以成功引入沿 ND 轴向分布对称的织构类型，取向对称性的提升使得板材在沿不同方向变形时激活的滑移系或者孪生体系具有大体相同的平均 SF，故板材可得到多方向上较为均衡的力学性能，这点从图 4-20 中 TD-RA 试样沿不同方向拉伸得到的真应力-真应变曲线的重合程度可以直观地看出。对于 TD-15%RA 试样，其屈服强度及延伸率都较 TD-10%RA 试样有所提升，这主要得益于晶粒细化及织构弱化的综合效应。总的来看，经过"TD 轧制 + 退火"的试样除了较原始挤压态板材及 ED-RA 试样表现出更弱的基面织构外，其织构分布对称性也得到显著改善，使得板材在单轴力学性能提升的情况下，平面各向同性也得到了大幅度改善。

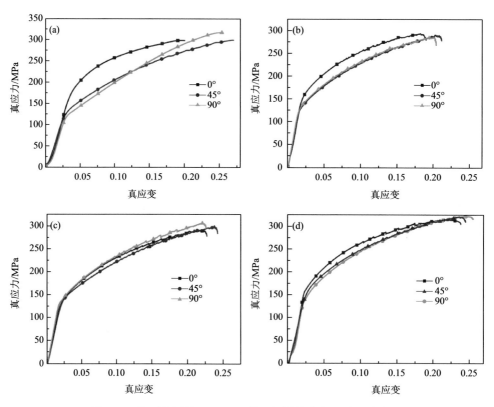

图 4-20 挤压态板材及 TD-RA 挤压板材的真应力-真应变曲线

（a）原始挤压态；（b）TD-5%RA；（c）TD-10%RA；（d）TD-15%RA

表 4-5　TD-RA 处理 LAZ331 挤压板材沿不同方向的拉伸力学性能

工艺	与 ED 夹角	屈服强度/MPa	抗拉强度/MPa	延伸率/%	n 值	屈强比
TD-5%RA	0°	151.5	294.1	17.9	0.29	0.51
	45°	129.1	290.8	19.8	0.35	0.44
	90°	126.0	285.2	19.4	0.35	0.44
TD-10%RA	0°	137.0	294.6	20.4	0.34	0.46
	45°	133.5	300.9	22.1	0.36	0.44
	90°	133.0	307.1	20.7	0.35	0.43
TD-15%RA	0°	156.3	311.5	22.3	0.35	0.49
	45°	150.3	316.8	22.8	0.37	0.47
	90°	146.6	319.6	23.2	0.38	0.46

3. 织构改性对 LAZ331 板材室温多向成形性能的影响

　　为了进一步研究基于"轧制路径 + 压下量改变"织构改性对于板材多向成形性能的影响，分别对各个状态下的 RA 试样做了杯突成形测试，结果如图 4-21（a）所示。可以看到，经过有效"织构弱化 + 织构对称化"调控的 TD-RA 试样，其杯突值明显优于挤压态及 ED-RA 试样，且随着织构的弱化及分布对称性的增强，杯突值也增加，TD-15%RA 试样的杯突值达到了 5.2 mm，较挤压态板材杯突值提升超过 60%。图 4-21（b）选取对比了板材的挤压态、ED-15%RA 及 TD-15%RA 达到室温杯突能力极限时的宏观裂纹形貌，可以看出 ED-15%RA 试样杯突值虽较板材原始态有所提升，但杯突成形失效时形成的裂纹也呈现垂直于 ED 的情况，这主要还是由于织构分布不对称引起的沿 ED 方向变形能力较差导致材料在多向成形中优先失效。

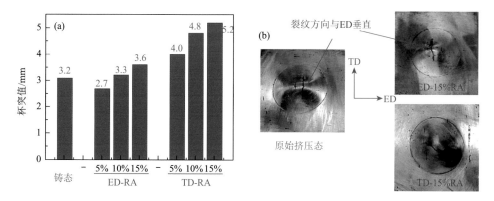

图 4-21　（a）挤压态及 RA 板材的室温杯突性能；（b）经室温杯突成形后的挤压态板材、ED-15%RA 及 TD-15%RA 的杯突裂纹形貌

织构分布对称性对于镁合金板材多向成形能力的积极影响主要表现在材料在多向成形过程中应力-应变协调性的改善，图 4-22 为 ED-RA 试样及 TD-RA 试样沿不同方向拉伸时的加工硬化行为分析，可以清楚地反映出具有良好织构分布对称性的 TD-RA 试样在沿不同方向变形时，其加工硬化行为几乎一致，说明其能在多向塑性成形过程中表现出良好的平面应变协调性。这一点从 TD-15%RA 试样杯突成形后的裂纹形貌也可以得出，TD-15%RA 试样裂纹呈现围绕杯突最顶端的弧形而非直线形，也反映了多向成形中板材的形变能力对称性，同时也反映出除了织构弱化外，织构分布对称性对于多向成形能力的重要意义。

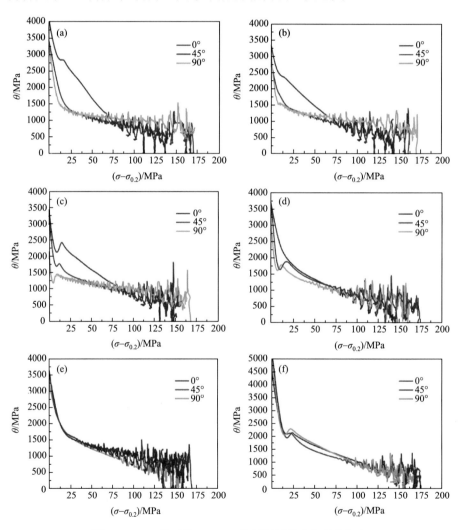

图 4-22　RA 处理的 LAZ331 挤压板材的应变硬化行为

（a）ED-5%RA；（b）ED-10%RA；（c）ED-15%RA；（d）TD-5%RA；（e）TD-10%RA；（f）TD-15%RA

4.2.4　织构全偏型 LAZ331 板材在轧制变形中塑性变形机制的选择性与竞争性

通过模型法总结了织构全偏型 LAZ331 板材基于轧制应变路径及单道次压下量改变时对于塑性变形机制的选择，如图 4-23 所示。结合上述分析，板材在沿垂直于其织构倾倒方向进行小应变轧制时，锥面{$11\bar{2}2$}〈$11\bar{2}3$〉为塑性变形主导机制，会引起〈$10\bar{1}0$〉∥ED 择优取向。根据以往报道，〈$c+a$〉位错滑移可分解为〈c〉位错与〈a〉位错，大量的〈a〉位错的产生往往能够引起晶胞沿其自身〈0001〉轴的旋转，从而引起柱面择优取向。由于挤压态 LAZ331 板材的晶粒 c 轴平行于 TD，当沿 ED 进行轧制时，由宏观轧制力引起的剪切力偶 τ 可有效引起晶胞的旋转，即可促进〈a〉滑移的激活。然而，当沿 TD 进行轧制时，剪切力偶 τ 只可能引起

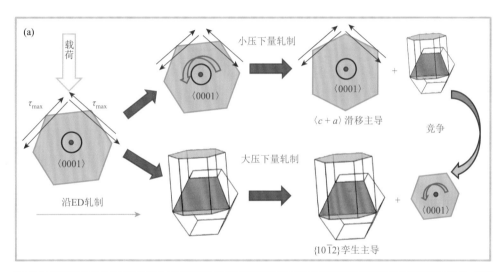

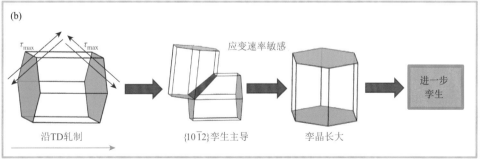

图 4-23　模型法分析织构全偏型 LAZ331 挤压板材沿不同方向轧制时晶粒倾转

（a）沿 ED 轧制；（b）沿 TD 轧制

晶胞沿〈$10\bar{1}0$〉/〈$11\bar{2}0$〉的旋转，无法有效促进晶胞绕其〈0001〉轴发生旋转，因此能够引起柱面择优的〈a〉滑移被禁止，致使板材沿 TD 轧制时无法发生锥面〈$c+a$〉滑移。当然，无论是在沿 ED 还是 TD 的轧制过程中，{$10\bar{1}2$}孪生的 SF 均很大，且由于其对应变速率并不敏感（相较于孪生，滑移机制受应变速率的影响大得多），因此在对沿 ED 轧制的试样加大单道次压下量时，塑性变形的选择行为发生了明显的转变。

值得注意的是，在 Mg-Li-Al-Zn 体系中，c 轴∥TD 的织构成分在沿垂直于其偏转方向进行轧制时发生的是锥面〈$c+a$〉滑移而不是 AZ 合金中的柱面〈a〉滑移，这可能与 Li 的大量添加改变了板材室温各个滑移系的临界分剪切应力有关，导致其在轧制变形时对于塑性变形机制选择较 AZ 合金有所差异，以往也有相关研究发现 Li 含量的添加对于 Mg-Li 合金室温下锥面〈$c+a$〉滑移具有较强的促进作用，其具体机理还需进一步研究[14]。

4.3　高成形性 LZ91 镁锂合金板材

4.3.1　轧制变形量对 LZ91 板材组织与力学性能的影响

1. LZ91 合金的微观组织及物相分析

图 4-24 为铸态 LZ91 合金微观组织的光学显微图，图 4-25 为其高倍下 SEM 图和 EDS 图，图 4-26 为其 XRD 谱图。

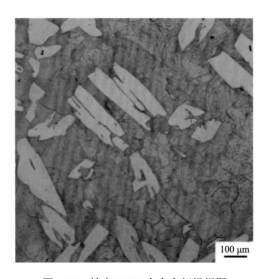

图 4-24　铸态 LZ91 合金金相组织图

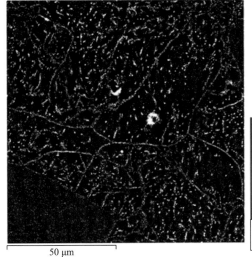

元素	质量 分数/wt%	原子 百分比/at%
Mg	98.48	99.43
Zn	1.52	0.57
总量	100.00	100.00

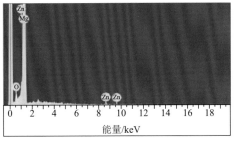

图 4-25　铸态 LZ91 的 SEM 图和 EDS 图

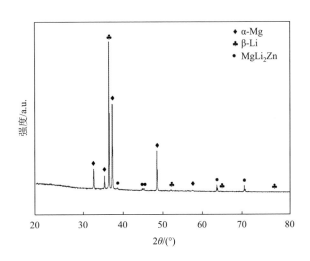

图 4-26　铸态 LZ91 合金 XRD 谱图

从图 4-24 可以看出，铸态 LZ91 合金主要由在金相组织中呈亮色的板块状 α-Mg 相和暗色的 β-Li 相及化合物相组成，其中 α-Mg 相占 24.3%、β-Li 相占 75.7%。合金中相界面明显，β-Li 相中晶粒尺寸较大。Zn 固溶在双相组织中，且由于 Zn 含量少，因此在金相组织图中基本看不到金属间化合物。

从图 4-25 中的 SEM 图可以看出，在 β-Li 基体的晶界和晶粒内部存在很多白色小颗粒，从 EDS 图可以看出这些小颗粒点主要由 Mg 和 Zn 组成，但因为 Li 在能谱分析中检测不出其占比[15]，所以不能确定这些白色颗粒是否只是含镁锌的金属间化合物。D. K. Xu 等[16]研究了 Zn/Y 含量比接近 5：1 的 Mg-8Li-aZn-bY 合金，得出合金中存在 α 相、β 相、I 相、W 相和 LiMgZn 相。现有文献[17]通过 TEM 等表征手段得出：在低锂 LZ44 单相合金中，Zn 在 α-Mg 相中沉淀析出稳定相 θ（LiMgZn），且与 α 相存在位相关系：$[10\bar{1}0]_\alpha//[110]_\theta$，$(0001)_\alpha//(1\bar{1}1)_\theta$；在高锂 LZ84 双相合金中，Zn 在 β-Li 相中沉淀析出亚稳相 θ′（MgLi$_2$Zn），与 α 相存在位相关系：$(0001)_\alpha//(0\bar{1}1)_{\theta'}$，$[0\bar{1}10]_\alpha//[111]_{\theta'}$。本实验 Li 含量为 9 wt%，结合图 4-26 的 XRD 物相分析，可以得出这些白色颗粒物为 MgLi$_2$Zn。

图 4-27 为 LZ91 合金在不同变形量冷轧态和轧后 200℃、1 h 退火处理态的微观组织形貌。图 4-27（a）、（c）和（e）是不同冷轧变形量（25%、50% 和 75%）下合金的金相组织图。

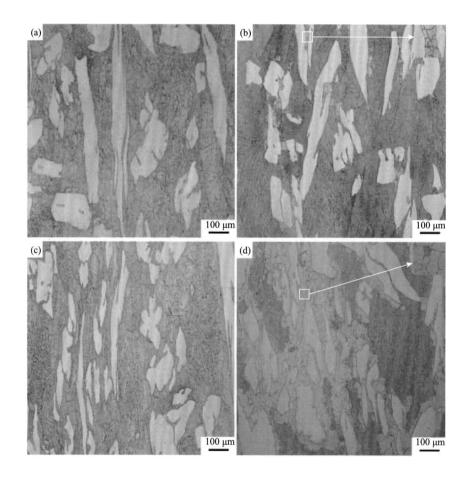

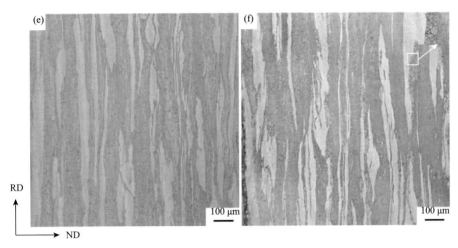

图 4-27　LZ91 合金在不同变形量下冷轧态及退火态的微观组织

（a）25%；（b）25% + 退火；（c）50%；（d）50% + 退火；（e）75%；（f）75% + 退火

由图可以看出，当冷轧变形量为 25% 时，合金中部分 α-Mg 相已明显被拉长，且随着变形量的增加，合金组织沿着轧制方向被拉长的程度越明显，组织越均匀。当变形量达到 75% 时，两相组织明显被细化，相界增加。图 4-27（b）、（d）和（f）分别为对应变形量下进行退火处理后合金的金相组织，可以看出，退火处理后在 α-Mg 相和 β-Li 相的边界处出现再结晶晶粒，晶粒尺寸≤100 μm，如图 4-27（b）、（d）和（f）图片右上角所示（200 倍放大图）。金属冷变形之后，变形组织结构中存在着以位错为主的晶体缺陷，这使变形金属内保留了一定的储存能，并成为再结晶的驱动力[16]。LZ91 合金中，α-Mg 和 β-Li 两相晶格不同，硬度及塑性等性能均不同，在冷轧变形时，两相相界处容易缺陷聚集，位错密度增加，造成该处残余应力较大，使得退火处理时在合金相界处最先发生再结晶。一般在再结晶退火过程中，回复、再结晶和晶粒长大是交错重叠进行的。在变形量为 25% 时，相界处存储能量相对较少，退火时结晶驱动力不充足，再结晶不完全，从而使得相界处再结晶晶粒较少。当变形量为 50% 时，再结晶晶粒明显增加且趋向 β-Li 相内长大，这是因为此时相界处驱动力相对充足，形核速度和晶粒生长速度都明显提高，此时再结晶晶粒比 25% 变形量时多，但在保温过程中晶粒继续长大，进而形成相对粗的再结晶晶粒。当变形量进一步增加到 75% 时，合金内残余应力较多，形核速度比晶粒生长速度更占优势，使得晶核数量很快增加，晶粒来不及长大，空间已被周围晶核占据，所以此时合金内部再结晶晶粒数量更多且尺寸更加细小。推测此时合金的综合力学性能更加优异。

从 Mg-Li-Zn 三元相图[18]可看出，当镁和锌含量超过 40 at% 时将形成 LiMgZn

相。H. Takuda 等[19]研究表明 LZ91 合金冷轧板在退火前后存在金属间化合物 LiMgZn。现有文献[17]的研究表明在 Mg-(4~13)% Li-(4~5)% Zn 合金中，α 相中沉淀析出的 θ 相（MgLiZn）是稳定相；α-β 相界、β-β 相界处的 MgLi$_2$Zn 是亚稳相。

为探究冷轧及退火处理后合金内物相的变化，对各状态合金进行了 XRD 物相分析，结果如图 4-28 所示。从中可以看出，LZ91 合金在轧制变形或再进行退火处理后产生 LiMgZn 相，且部分 MgLi$_2$Zn 相的衍射峰较铸态时消失，这与前述学者所得结论一致。

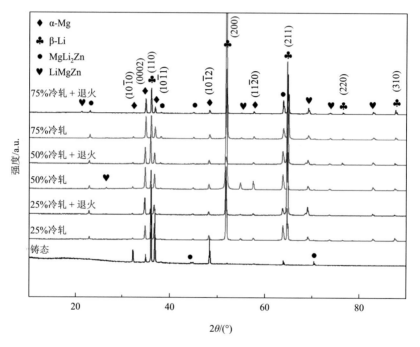

图 4-28   LZ91 合金在不同变形量下冷轧态及退火态的 XRD 谱图

从图 4-28 可看出，铸态 LZ91 合金中 β-Li 相的（110）晶面为其强峰，轧制和退火处理后其（200）和（211）晶面的峰强高于（110）晶面，这与 H. Takuda 等[19]的研究规律一致。铸态 LZ91 合金中 α-Mg 相（10$\bar{1}$1）和（10$\bar{1}$2）晶面为强峰，经轧制和退火后（0002）晶面为强峰。

2. 75%冷轧态及轧后退火态 LZ91 合金的织构分析

为进一步探究其原因，进行了 75%变形量下退火前后 LZ91 合金的织构分析实验。图 4-29 为冷轧变形量为 75%时 LZ91 合金中 hcp 结构的 α-Mg 相的（0002）、（10$\bar{1}$0）和（10$\bar{1}$1）晶面的 XRD 宏观织构极图，RD 为轧制方向，TD 为轧制横向，图 4-29（a）为不进行退火处理，图 4-29（b）为进行 200℃、1 h 退火处理。从中可以看出，在冷轧处理后，合金基面表现出一定的择优取向，（0002）基面极点在 ND 方向（轧制法向）附近，c 轴与 ND 之间的夹角约为 $15°$，故 α-Mg 相晶粒的基面在与 RD-TD 面呈 $75°$附近聚集。在 $200℃$退火后，该晶面极图的双峰增强且向 RD 方向偏转，c 轴与 ND 方向呈约 $60°$，故此时基面与 RD-TD 面呈 $30°$。（$10\bar{1}0$）柱面和（$10\bar{1}1$）锥面极密度值都较低，滑移不明显。

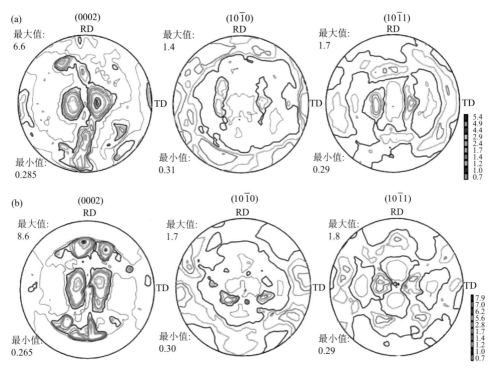

图 4-29　冷轧变形量 75%的 LZ91 合金 α 相晶面极图

(a) 室温；(b) 200℃退火

　　图 4-30 为冷轧变形量为 75%时 LZ91 合金中 bcc 结构的 β 相的（110）、（200）和（211）晶面的 XRD 宏观织构极图，图 4-30（a）为不进行退火处理，图 4-30（b）为进行 $200℃$、1 h 退火处理。从图中可以看出，合金 β 相的（110）晶面表现出较强择优取向，其极点在 RD 方向分布，说明该晶面平行于 ND 方向且与 RD-TD 面垂直，退火后该晶面极密度最大值降低。

3. LZ91 合金的力学性能

　　所用 LZ91 合金中两相 α-Mg 与 β-Li 之比约为 1∶3，该合金的塑性优异，冷加工变形能力强。为探究冷轧和退火处理对 LZ91 合金力学性能的影响，且与铸态合金形成对比，对不同状态下的合金样进行了室温拉伸实验，结果如图 4-31 和表 4-6 所示。

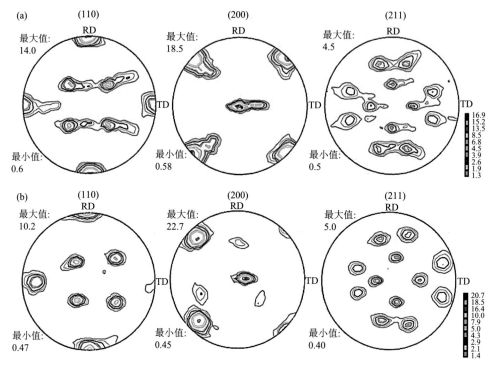

图 4-30 冷轧变形量 75%的 LZ91 合金 β 相晶面极图

（a）室温；（b）200℃退火

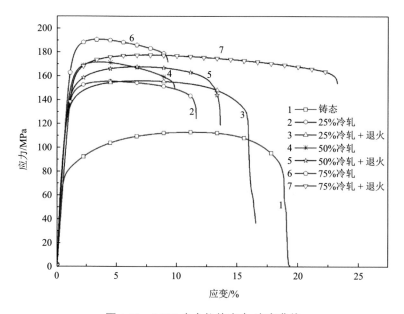

图 4-31 LZ91 合金拉伸应力-应变曲线

表 4-6　LZ91 合金不同处理状态下的力学性能

合金状态	抗拉强度/MPa	延伸率/%
铸态	113	19.2
25%冷轧	156	11.6
25%冷轧 + 退火	156	16.5
50%冷轧	172	9.9
50%冷轧 + 退火	168	13.6
75%冷轧	190	9.2
75%冷轧 + 退火	177	23.2

由图 4-31 的应力-应变曲线及表 4-6 中的数据可以看出，铸态 LZ91 合金的抗拉强度和延伸率分别为 113 MPa 和 19.2%，抗拉强度相较 Mg-9Li 合金稍有提高，延伸率略降，这是由于 Zn 的添加使合金生成了金属间化合物，新相分布在基体中，产生强化作用。冷轧变形后，合金的抗拉强度比铸态时有明显提高，在冷轧变形量为 25%、50%和 75%时，合金的抗拉强度分别为 156 MPa、172 MPa 和 190 MPa，增幅最高达 68%，且变形量越大，抗拉强度越高；但合金的延伸率却随着变形量的增大而逐渐降低，当变形量为 75%时，延伸率只有 9.2%。轧制变形量越大，合金的相和晶粒就越细小，相界和晶界越多，位错等缺陷数量也越大，从而产生明显的加工硬化现象。

为消除合金冷轧变形过程中的内应力及晶体缺陷，提高合金综合力学性能，对各变形量下的实验材料采取退火处理。从表 4-6 可看出，退火处理后，25%、50%和 75%变形量下合金的延伸率分别为 16.5%、13.6%和 23.2%，相较于冷轧状态最大提高了 152%，合金塑性得到很大改善。

图 4-32 为各状态下 LZ91 合金的硬度，由图可知，铸态合金的显微硬度为 45.7，在经过 25%、50%和 75%冷轧变形后合金硬度分别达到 57.3、59.3 和 71.8，硬度随变形量增大而逐渐提高，与铸态相比最大增幅为 57%。在各变形量下进行退火处理后，合金的硬度均有所下降。这是由于退火处理时合金发生回复再结晶，使晶粒细化，同时降低或消除残余内应力，使合金产生软化现象。综上可看出，75%冷轧变形 LZ91 合金在退火后有较优的综合力学性能。

图 4-33 为铸态 LZ91 合金拉伸断口形貌，断口处有岩石状撕裂棱及深浅不均匀的韧窝出现，可判定其断裂方式为塑性断裂。图 4-34（a）、（c）和（e）是变形量在 25%、50%和 75%冷轧状态下合金的拉伸断口形貌，可看出其韧窝减少，且口径变大，撕裂棱相对增多，与其低塑性相对应；图 4-34（b）、（d）和（f）为合金在对应冷轧应变形量下退火处理后的拉伸断口形貌，可看出退火后合金断口处岩石状撕裂棱减少，韧窝增多且变细小，这与其较优的塑性一致。

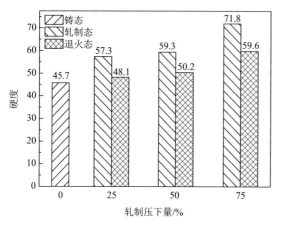

图 4-32　不同状态 LZ91 合金的显微硬度　　　图 4-33　铸态 LZ91 合金拉伸断口形貌

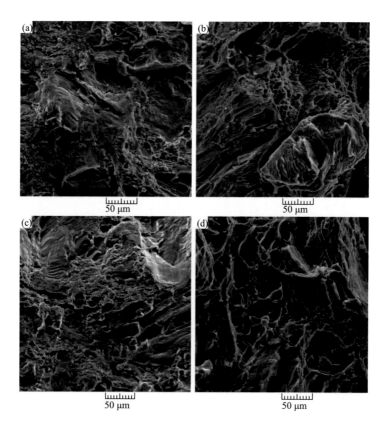

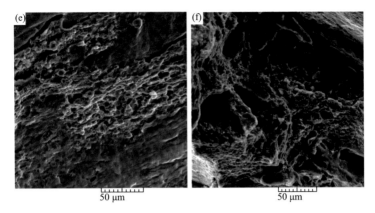

图 4-34　冷轧和退火状态下 LZ91 合金拉伸断口形貌

（a）25%冷轧；（b）25%冷轧＋退火；（c）50%冷轧；（d）50%冷轧＋退火；（e）75%冷轧；（f）75%冷轧＋退火

4.3.2　退火温度对 LZ91 板材组织与力学性能的影响

1. 不同退火温度下 95%冷轧变形量 LZ91 合金的微观组织与物相分析

图 4-35 为冷轧变形量为 95%的 LZ91 合金在不同温度下进行 1 h 保温退火处理的金相组织图。由图 4-35（a）可看出，在冷轧变形量为 95%时，LZ91 合金由亮色的 α-Mg 相和暗色的 β-Li 相组成，合金组织沿着轧制方向明显被拉成纤维状，且被细化。图 4-35（b）、（c）、（d）、（e）、（f）和（g）分别是 95％变形量的冷轧 LZ91 合金在 75℃、100℃、125℃、150℃、250℃和 350℃下进行退火处理后的微观组织，图 4-35（b）、（c）和（d）的右上角为其局部放大图（500 倍）。可看出，在 75℃退火时，合金内部只有极少数再结晶晶粒，且多在 α-β 相界处，这是因为此时温度较低，合金主要发生回复过程，只在存储能较高的相界出现很少量的再结晶晶粒。在 100℃退火时，在 β-Li 相内部生成部分细小的再结晶晶粒，但不充分。在 125℃退火时，α-Mg 相开始球化，β-Li 相再结晶过程完成，此时形成的大量细小的等轴再结晶晶粒（约 3 μm）均匀地分布于基体上。进一步提高退火温度至 150℃时，α-Mg 相进一步球化，而 β-Li 相中的等轴再结晶晶粒开始粗化，部分晶粒显著长大到 15 μm。当退火温度为 250℃时，合金中 α-Mg 相球化完成，但 β-Li 相晶粒却严重粗化，晶粒尺寸为 50～90 μm。当退火温度为 350℃时，两相均继续长大，粗大晶粒会使合金的力学性能下降。

从上述实验结果可以看出，当退火温度达到 125℃时，再结晶完成并形成大量均匀细小的晶粒分布于基体上，推测此时的力学性能较优，为进一步研究，对此温度退火的合金进行了后续的 XRD 物相分析、织构分析和 TEM 测试。分析可知，冷轧变形量为 95%的 LZ91 合金在 125℃下退火处理后仍是由 α-Mg、β-Li 两基体相和 MgLiZn、MgLi$_2$Zn 两化合物相组成，如图 4-36 所示。

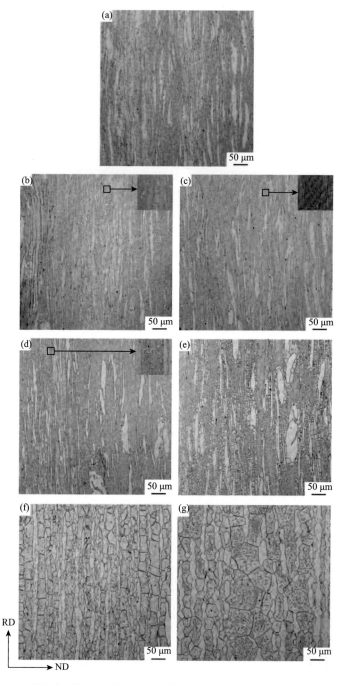

图 4-35 冷轧变形量 95%的 LZ91 合金在不同温度下退火后的金相组织图

（a）室温；（b）75℃；（c）100℃；（d）125℃；（e）150℃；（f）250℃；（g）350℃

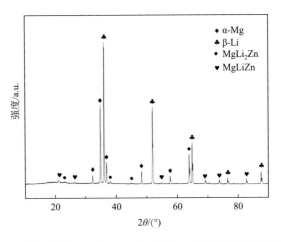

图 4-36　冷轧变形量 95%的 LZ91 合金在 125℃下退火时的 XRD 谱图

图 4-37 是该状态下 LZ91 合金 TEM 图和选区电子衍射花样（SADP）图。从图 4-37（a）可以看出两相间有清晰的相界，由图 4-37（b）和（c）可确定其黑色区和白色区分别为 hcp 结构的 α-Mg 相和 bcc 结构的 β-Li 相。在 α-Mg 晶粒内部

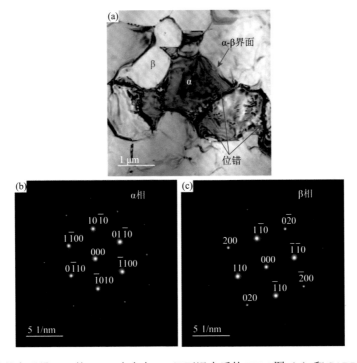

图 4-37　冷轧变形量 95%的 LZ91 合金在 125℃下退火后的 TEM 图（a）和 SADP 图（b，c）

（a）TEM；（b）黑色区 SADP；（c）白色区 SADP

和晶界处存在着位错。合金在室温进行塑性变形时，内部会开启位错滑移，由于本实验中 LZ91 的冷变形量为 95%，因此合金内部有较高的位错密度，且在晶界处形成位错集聚并对后续位错产生阻碍，最终使择优取向增多，进而使合金加工硬化效果增强。在对该冷轧状态合金进行 125℃退火处理后，可看出其仍有部分位错存在，所以推测退火后合金硬度不会明显下降。

2. 冷轧及退火温度为 125℃时挤压板材 XRD 宏观织构

图 4-38 为 95%冷轧变形量的 LZ91 合金中 hcp 结构的 α-Mg 相的（0002）、（10$\bar{1}$0）和（10$\bar{1}$1）的 XRD 宏观织构极图，X 为 RD 方向（轧制方向），Y 为 TD 方向（轧制横向）。

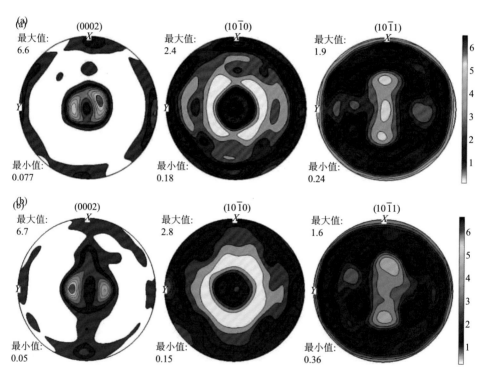

图 4-38　冷轧变形量 95%的 LZ91 合金 α 相晶面极图
（a）轧制态；（b）125℃退火

图 4-38（a）为轧制态，图 4-38（b）为 125℃退火处理的 LZ91 板材。从中可以看出，在进行大变形量冷轧处理后，合金表现出一定的择优取向。（0002）基面极点在 ND 方向附近呈双峰结构，c 轴与 ND 之间的夹角约为 15°，α-Mg 相晶粒的基面在与 RD-TD 面 75°附近聚集，在 125℃退火后该晶面极图并无太大变化。镁锂合金 α-Mg 相（10$\bar{1}$0）柱面和（10$\bar{1}$1）锥面极密度值较低，滑移不明显。

3. 冷轧变形 95% LZ91 合金在不同退火温度下的力学性能

对 95%冷轧变形的 LZ91 合金在不同温度下进行退火，并测试其室温拉伸力学性能，数据处理结果如图 4-39 和表 4-7 所示。

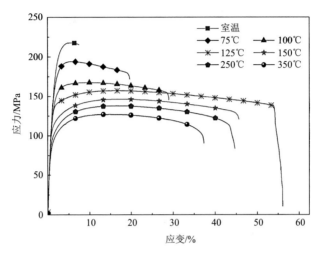

图 4-39　冷轧变形量 95%的 LZ91 合金在不同温度下退火后的拉伸应力-应变曲线

表 4-7　冷轧变形量 95%的 LZ91 合金在不同温度下退火处理后的力学性能

退火温度	抗拉强度/MPa	延伸率/%	退火温度	抗拉强度/MPa	延伸率/%
室温	217	7.6	150℃	146	45.6
75℃	194	19.8	250℃	138	44.7
100℃	167	29	350℃	127	37.3
125℃	157	56.1			

由图 4-39 和表 4-7 可看出，随着退火温度的逐渐升高，95%冷轧变形量的 LZ91 合金的抗拉强度逐渐降低，但延伸率则呈现出先增大后减小的规律。冷轧后不退火处理时，该合金表现出明显的加工硬化现象，其抗拉强度为 217 MPa，大约是铸态（抗拉强度 113 MPa）的 2 倍，但其延伸率仅为 7.6%。在 125℃、1 h 保温退火处理后，合金的延伸率有很大提高，为 56.1%，此时的延伸率达到冷轧态的 7 倍以上；进一步升高退火温度，合金的延伸率和强度都逐步降低。

图 4-40 所示为冷轧变形量为 95%的 LZ91 合金在不同温度下退火后的显微硬度，由图可知，随着退火温度的升高，合金的硬度呈逐渐降低趋势，但变化不明显，这与退火后合金内部仍存在位错有关。综上可以看出，95%冷轧变形量的 LZ91 合金在 125℃、1 h 退火处理后具有最优的综合力学性能。

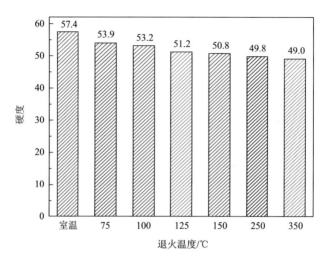

图 4-40　冷轧变形量 95%的 LZ91 合金在不同温度下退火后的显微硬度

　　图 4-41 为冷轧变形量为 95%的 LZ91 合金在不同温度下退火后进行拉伸的断口形貌。从图 4-41（a）可以看出，冷轧后不进行退火处理的样品断口处多为岩石状撕裂棱；从图 4-41（b）～（g）可看出，随着退火温度的升高，断口处出现深浅不均的韧窝，可判定其断裂方式为撕裂塑性断裂，与其较优的塑性一致[20]。

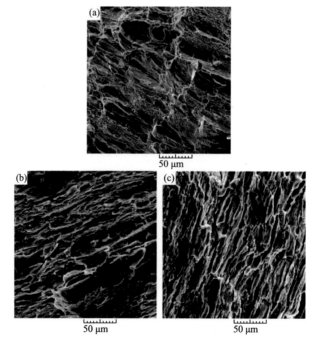

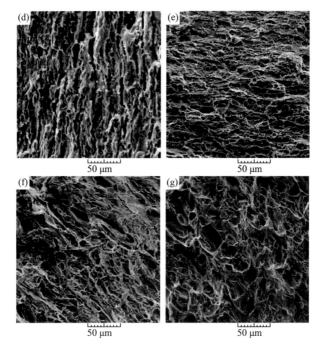

图 4-41　冷轧变形量 95%的 LZ91 合金在不同温度下退火后的拉伸断口形貌

（a）室温；（b）75℃；（c）100℃；（d）125℃；（e）150℃；（f）250℃；（g）350℃

参 考 文 献

[1]　刘婷婷，潘复生. 镁合金"固溶强化增塑"理论的发展和应用 [J]. 中国有色金属学报，2019，29（9）：2050-2063.

[2]　Zhang Z，Zhang J H，Xie J S，et al. Developing a Mg alloy with ultrahigh room temperature ductility via grain boundary segregation and activation of non-basal slips [J]. International Journal of Plasticity，2023，162，103548.

[3]　Liu B Y，Liu F，Yang N，et al. Large plasticity in magnesium mediated by pyramidal dislocations [J]. Science，2019，365（6448）：73-75.

[4]　Hong S G，Park S H，Chong S L. Strain path dependence of {10–12} twinning activity in a polycrystalline magnesium alloy [J]. Scripta Materialia，2011，64（2）：145-148.

[5]　Sukowski B，Janoska M，Boczkal G，et al. The effect of severe plastic deformation on the Mg properties after CEC deformation [J]. Journal of Magnesium and Alloys，2020，8：761-768.

[6]　Park S H，Hong S G，Chong S L. Activation mode dependent {10–12} twinning characteristics in a polycrystalline magnesium alloy [J]. Scripta Materialia，2010，62（4）：202-205.

[7]　Zhang H，Huang G，Fan J，et al. Deep drawability and drawing behaviour of AZ31 alloy sheets with different initial texture [J]. Journal of Alloys and Compounds，2014，615：302-310.

[8]　Lv B J，Wang S，Xu T W，et al. Effects of minor Nd and Er additions on the precipitation evolution and dynamic recrystallization behavior of Mg-6.0Zn-0.5Mn alloy [J]. Journal of Magnesium and Alloys，2021，9（3）：840-852.

[9]　Liu T T，Yang Q S，Ning G，et al. Stability of twins in Mg alloys—a short review [J]. Journal of Magnesium and

Alloys，2020，8（1）：66-77.

[10] Ando S，Tanaka M，Tonda H. Pyramidal slip in magnesium alloy single crystals [M]. Uetikon-Zuerich：Trans Tech Publications，2003：87-92.

[11] Li X L，Ping Y，Li M. Orientational analysis on static recrystallization at tension twins in AZ31 magnesium alloy [J]. Advanced Materials Research，2011，1363：299-300.

[12] Shi B Q，Wang Y Z，Shang X L，et al. Microstructure evolution of twinning-induced shear bands and correlation with 'RD-split' texture during hot rolling in a Mg-1.1Zn-0.76Y-0.56Zr alloy [J]. Materials Characterization，2022，187：1-14.

[13] Zhao J，Jiang B，Wang Q H，et al. Effects of Li addition on the microstructure and tensile properties of the extruded Mg-1Zn-xLi alloy [J]. International Journal of Minerals，Metallurgy and Materials，2022，29（7）：1380-1387.

[14] 何俊杰. 织构调控改善镁合金板材成形性能的研究 [D]. 重庆：重庆大学，2018.

[15] 曹富荣，管仁国，丁桦，等. LZ63 和 LZ113 合金板材室温力学性能与显微组织演 [J]. 东北大学学报：自然科学版，2011，32（1）：76-80.

[16] Xu D K，Liu L，Xu Y B，et al. The strengthening effect of icosahedral phase on as-extruded Mg-Li alloys [J]. Scripta Materialia，2007，57（3）：285-288.

[17] Ji H，Wu G H，Liu W C，et al. Origin of the age-hardening and age-softening response in Mg-Li-Zn based alloys [J]. Acta Materialia，2022，226：117673.

[18] Raghavan V. Handbook of ternary alloy phase diagrams [J]. Journal of Phase Equilibria and Diffusion，2006，27（4）：371-371.

[19] Takuda H，Matsusaka H，Kikuchi S，et al. Tensile properties of a few Mg-Li-Zn alloy thin sheets [J]. Journal of Materials Science，2002，37（1）：51-57.

[20] 任凤娟. 冷轧变形及轧后退火对双相镁锂合金微观组织与力学性能影响研究 [D]. 重庆：重庆大学，2018.

第5章

镁锂合金变形行为和薄壁构件成形
关键技术

镁锂合金具有较好的塑性成形性，有利于其复杂薄壁构件的成形与加工。其中，α-Mg 基镁锂合金的轴比 c/a 低、非基面滑移易启动，塑性成形能力比常用 AZ31 更好；而 α-Mg + β-Li 的双相镁锂合金，不仅因 α-Mg 相非基面滑移启动而具有更好的塑性成形性，且由于 β-Li 的存在，双相镁锂合金的塑性成形能力得到显著提升。因此，近几年来，以 LA91 和 LZ91 为代表的双相镁锂合金逐渐用于制备复杂结构产品。本章重点介绍笔者团队在 LZ91 镁锂合金板材变形行为研究及其复杂薄壁构件制备方面的进展。

5.1　镁锂合金板材的塑性变形行为

5.1.1　镁锂合金的流变行为

1. 镁锂合金流变行为的影响因素

合金的流变应力是衡量其塑性加工性能的主要指标之一，从流变应力中可以分析得到该合金的塑性加工能力，进一步为加工此合金的模具、设备及参数选定提供技术参考。锂含量、温度以及应变速率均会影响镁锂合金的流变行为，下面着重分析这三种因素对流变行为带来的影响。

图 5-1 为不同锂含量的 Mg-xLi 合金在 150℃ 下的应变速率为 1 s^{-1} 时的压缩流变曲线。Mg-5Li 合金与常规 hcp 结构的镁合金压缩流变应力曲线类似，可分为四个阶段：加工硬化阶段、峰值阶段、加工软化阶段、稳定状态阶段。在压缩变形开始阶段，其流变应力随着压缩应变的快速增加，表现出典型的加工硬化现象。

其原因为变形量很小时，压缩试样内位错移动受到固溶在 α-Mg 相中的 Li 原子和 β-Li 相中的 Mg 原子的阻碍，导致分布均匀的位错在固溶原子处出现相互缠结；随着变形的进行，缠结处的位错密度呈指数增加，导致位错的运动更加困难，直至达到峰值应力。而在加工软化阶段，当压缩变形达到某一临界值，镁锂合金中的 α-Mg 相发生动态再结晶，聚集和相互缠结的位错形成亚晶界。由于亚晶界和新晶粒的不断形核长大，在变形过程中动态再结晶所引起的软化行为占据主要地位。在此后的继续变形过程中，当加工硬化与动态再结晶及动态回复达到动态平衡时，合金的流变应力值逐渐降低，并达到稳定状态。

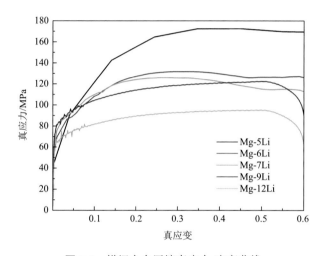

图 5-1 镁锂合金压缩真应力-应变曲线

如图 5-2 所示，Mg-5Li 单相合金的峰值应力为 173 MPa，接近于 AZ31 相同状态下的应力值。但随着锂含量的增加和 β-Li 相的出现，双相镁锂合金的流变应力迅速下降，加工硬化阶段逐渐减小甚至消失，在很小的应变下即可达到峰值应力和稳定状态。虽然 Mg-6Li、Mg-7Li 和 Mg-9Li 的锂含量不同，但其 150℃下的流变峰值应力非常接近，如图 5-1 和图 5-2 所示。而当 Li 含量达到 12%时，同样状态下的镁锂合金的峰值应力下降到 95 MPa 左右。可以看出，镁锂合金在高温变形过程中，由于晶体结构和相组成不同，其强度发生很大改变，其中 β-Li 相含量对镁锂合金的强度有至关重要的影响。

图 5-3 为 Mg-9Li 合金在不同温度和不同应变速率下的压缩流变曲线。由图 5-3（a）可知，Mg-9Li 合金的流变峰值应力随温度的升高而降低，这是由于在变形温度低于 200℃时，其主要变形机制为基面滑移与孪晶相互协调变形。因此在 150℃下，Mg-9Li 的流变峰值应力较高。在中高温变形时（200～250℃），hcp 结构中的棱面滑移和锥面滑移启动，伴随交滑移。在温度高于 250℃时，由于空

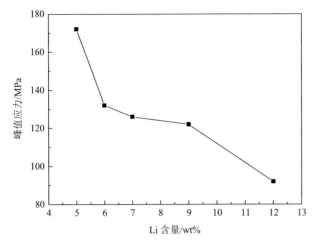

图 5-2　镁锂合金压缩过程中的峰值应力

位原子和间隙原子的扩散加快，位错更容易发生攀移，有利于亚晶的形成与再结晶的发生，进一步提高了 Mg-9Li 合金的变形能力。因此在 300℃时，即使应变速率非常快，达到 $1\ s^{-1}$，其流变峰值应力仅为 31.3 MPa。如图 5-3（b）所示，在同一温度下，材料的流变应力随应变速率的增加而增大，因此镁锂合金属于正应变速率敏感材料。在低温大应变速率变形中，其流变应力随应变增大而持续增大。随着应变速率减小，其加工硬化区减小，可以快速达到流变稳定状态。

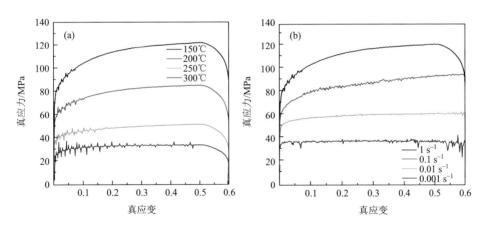

图 5-3　Mg-9Li 合金真应力-应变曲线

（a）应变速率为 $1\ s^{-1}$，（b）温度为 150℃

2. 镁锂合金热压缩变形行为

材料的本构关系是联系材料塑性变形行为与各种成形参数的桥梁，是描述材料变形的基本信息和有限元仿真模拟中必不可少的重要部分。目前，建立本构关系较为方便实用的方法是先通过测量一定应变速率和变形温度范围内的流变应力数据，然后采用合理的经验方程回归以建立材料的本构方程，利用这种方法建立的本构方程具有模型简单、易于嵌入商用有限元软件的特点。

由于镁锂双相合金含有 hcp 结构的 α-Mg 相，在室温和低温下的塑性变形性能仍然难以适应较为复杂构件的变形与加工。在中温或高温下，镁锂合金具有很好的塑性变形能力，因此研究镁锂合金的中高温塑性变形行为很有必要。通过 Gleeble 材料热模拟机获取其中高温塑性变形过程中的流变应力，找到影响塑性变形的四个要素：流变应力、应变、变形温度以及应变速率之间的关系规律，为进一步理论分析和计算机数值模拟提供必要的实验数据。此外，可以通过等温压缩实验数据来获取材料的加工图，确定镁锂合金合理的变形加工范围及最佳的变形加工条件，为镁锂合金的热加工工艺，如挤压、轧制和锻压等提供工艺参考依据，并且进一步用于材料热变形行为、优化材料的变形条件和控制材料的组织结构。

在 Gleeble 热模拟试验机上对 Mg-9Li-1Zn（LZ91）进行热压缩试验，压缩温度分别为 423 K、473 K、523 K 和 573 K，应变速率分别为 $1\ s^{-1}$、$0.1\ s^{-1}$、$0.01\ s^{-1}$ 和 $0.001\ s^{-1}$，真应变为 0.6。试样升温速率为 10 K/s，达到预定温度保温 20 s 后开始压缩试验。当真应变量达到 60%后停止压缩，并迅速对压缩试样进行淬火以保留相应温度的组织状态。将压缩后的金相试样沿纵截面切开取样，采用 OLYMPUS 4000 金相显微镜观察显微组织。热压缩前后的试样宏观形貌如图 5-4 所示，热压缩后未见到裂纹等缺陷。

图 5-4　热压缩变形前后的 LZ91 试样

材料的热压缩应力-应变曲线可以用来确定数学模型中的材料参数以及预测不同温度、应变和应变速率下的应力-应变值。图 5-5 所示为 LZ91 镁锂合金的压缩真应力-应变曲线。由图可见，在小变形条件下（ε 介于 0～0.03），材料的流变应力随着应变量的增大而迅速上升，表明在热压缩变形的初始阶段，晶粒内部位错密度迅速增殖，表现为加工硬化现象。此时，大量出现的位错在晶粒内部和晶界出现塞积、缠结，并产生亚晶界结构。当材料内部能量达到峰值状态，合金的应力-应变曲线也达到峰值。继续变形，动态回复和动态再结晶所引起的加工软化与加工硬化相互竞争，流变应力减小。当两者达到均衡状态时，曲线也达到稳定状态。在热加工过程中，动态软化与加工硬化是一个动态竞争的过程。如图 5-5（d）所示，在高温（573 K）低应变条件下，材料从一开始就近乎为一条平行于 x 轴的直线，流变应力并无明显的上升阶段，这表明材料未出现加工硬化即进入软化阶段。

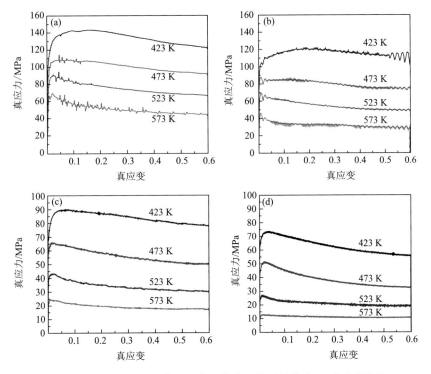

图 5-5　LZ91 镁锂合金在不同变形状态下的压缩真应力-真应变曲线

(a) 1 s^{-1}；(b) 0.1 s^{-1}；(c) 0.01 s^{-1}；(d) 0.001 s^{-1}

另外，在应变速率为 1～0.1 s^{-1} 时，出现了以锯齿流变形式呈现的塑性失稳现象。在此应变速率之外，应力-应变曲线较为光滑和平稳。值得注意的是，当应变速率为 1 s^{-1} 时，随着温度升高，塑性失稳阶段逐渐增大。此前很多学者报道过镁合金的塑性失稳现象，早期对于塑性失稳以及所体现的材料异常流动的认识主要集中在应力-应变曲线上。该现象被总结为在拉伸过程中，应力值随着应变的增加，在某一点会突然上升并伴随着极小的应变增加；当应力值增加到某一点后又会急剧下降，呈波浪式发展。这种材料的力学行为被认为与材料的具体属性有关，如物相组成、晶体取向、硬度等。此外，Zhu 等[1]报道了 Mg-Y-Nd 合金在 423～498 K 下会发生塑性失稳，而 Mg-Th 合金和 Mg-Ag 合金分别在 513～558 K 和 326～397 K 会出现锯齿流变。因此，塑性失稳状态与变形温度紧密相连。在应变速率为 1 s^{-1} 时，LZ91 合金在 423 K 时仅表现为瞬时屈服，而随着温度升高，曲线出现屈服后立即上升，并随着应变增加而不断跳动。在应变速率为 0.1 s^{-1} 时，锯齿段遍及整个应变区，因此塑性失稳应该与应变速率也有一定关系。这种锯齿流变的应变速率敏感性同样出现在 Mg-Y-Nd、Mg-Li-Al 和 Mg-Gd(-Mn-Sc)合金中[1-3]。

此前这种锯齿流变也被称为"Jerky Flow"或者"PLC"（Portevin-Le chatelier[4]）现象，经常出现在铝合金和单相镁合金的高温拉伸变形过程中[5]，但这种现象在双相镁锂合金的压缩变形中较为少见。文献[6]报道了产生锯齿流变的三种机制，即位错/固溶原子相互作用、位错/沉淀相相互作用以及孪晶。如图 5-6（a）和（b）所示，孪晶出现在应变速率为 1 s^{-1} 时的较低温度下，在高温变形阶段并未出现孪晶。因此，切变变形孪晶诱发的塑性失稳可能是低温区导致短程的异常应变曲线，但不是在高温区长程塑性失稳的主要原因[6]。

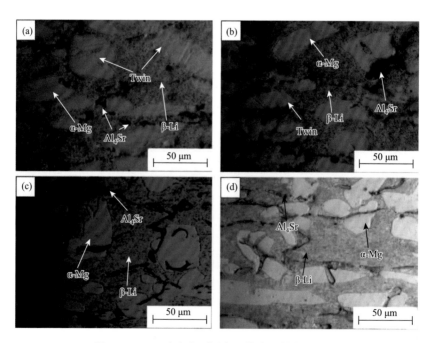

图 5-6　LZ91 合金在不同变形状态下的微观组织
（a）423 K 和 1 s^{-1}；（b）473 K 和 1 s^{-1}；（c）523 K 和 1 s^{-1}；（d）573 K 和 1 s^{-1}

现有研究[4]认为锯齿流变现象可解释为"动态应变时效"，即固溶原子周期性钉扎位错导致锯齿流变。动态应变时效现象通常发生在延展性较好的合金高温变形过程中，而具有优异变形能力的镁锂双相合金恰好属于此类。Cong 等[5]研究了Mg-4Li-1Al（LA41）合金在拉伸实验过程中的塑性失稳现象，其解释为固溶原子和沉淀相周期性剪切位错而导致锯齿流变。LZ91 合金的锯齿流变主要发生在高应变速率区间（1 s^{-1} 和 0.1 s^{-1}），在此合金中，α-Mg 和 β-Li 均为固溶体，其间的固溶原子Mg 和 Li 是阻碍位错移动的"障碍"。在压缩变形过程中，固溶原子可以拦截并拖曳位错的移动，此时位错被临时"锁定"，其增殖率会突然减少，此时表现为锯齿形屈服的开始[图 5-5（a）][5]。被锁定的位错随着应变的增加持续增多，导致应力在短期内持续攀升，出现峰值。当被锁定的位错数量高于原子可承受的数量时，位错会被瞬间释放，导致能力降低，应力减小。这种现象的周期性出现导致了镁锂合金的失稳现象，其宏观表现为锯齿流变的产生[5, 6]。但是在低应变速率时，位错的密度和增值速度都比较低，位错容易消散。因此在应变速率为 0.1 s^{-1} 时，锯齿流变的振幅较低。在应变速率为 0.01 s^{-1} 和 0.001 s^{-1} 时，短期内 Mg 或 Li 原子移动较慢，不能对位错实施很好的拦截，需要长时间的压缩变形才能出现锯齿流变现象[1, 7, 8]。

为了表达流变应力与应变速率、应变和温度的关系，通常利用 Arrhenius 公式应用于铝合金和镁合金的热变形行为[9, 10]。温度和应变速率对材料变形行为的影响可以通过 Z（Zener-Holloman parameter）值表示，利用 Z 值通过式（5-1）可以计算得到该材料的变形激活能（Q）[11, 12]。在金属材料中，式（5-2）可用来描述应变速率与应力的关系。不同热变形状态下的应力可以用不同的方程式（5-3）表示[13]：

$$Z = \dot{\varepsilon} \exp(Q/RT) \tag{5-1}$$

$$\dot{\varepsilon} = AF(\sigma)\exp(-Q/RT) \tag{5-2}$$

$$F(\sigma) = \begin{cases} \sigma^{n'} & \alpha\sigma < 0.8 \\ \exp(\beta\sigma) & \alpha\sigma > 1.2 \\ [\sinh(\alpha\sigma)]^n & \text{所有情况下的}\sigma \end{cases} \tag{5-3}$$

其中，$\dot{\varepsilon}$ 为应变速率，s^{-1}。

$$\alpha = \frac{\beta}{n'} \tag{5-4}$$

通过把式（5-2）代入式（5-3），流变应力和应变速率的关系可以分为低应力区（$\alpha\sigma < 0.8$）、高应力区（$\alpha\sigma > 1.2$）和所有状况区域，分别可用式（5-5）～式（5-7）表示[11]：

$$\dot{\varepsilon} = A_1\sigma^{n'} \tag{5-5}$$

$$\dot{\varepsilon} = A_2\exp(\beta\sigma) \tag{5-6}$$

$$\dot{\varepsilon} = A[\sinh(\alpha\sigma)]^n\exp(-Q/RT) \tag{5-7}$$

其中，A、A_1 和 A_2 为不依赖于温度的材料常数。假定变形激活能（Q）不是温度 T 的函数，分别对式（5-5）~式（5-7）取自然对数，可得到以下公式：

$$\ln\dot{\varepsilon} = \ln A_1 + n'\ln\sigma \tag{5-8}$$

$$\ln\dot{\varepsilon} = \ln A_2 + \beta\sigma \tag{5-9}$$

$$\ln\dot{\varepsilon} = \ln A - \frac{Q}{RT} + n\ln[\sinh(\alpha\sigma)] \tag{5-10}$$

应变速率为 $1\,s^{-1}$ 和 $0.1\,s^{-1}$ 时的应力-应变曲线可以通过过滤和光滑去除波动，如图 5-7 所示：以应变为 0.2 为例介绍各个材料常数计算过程。

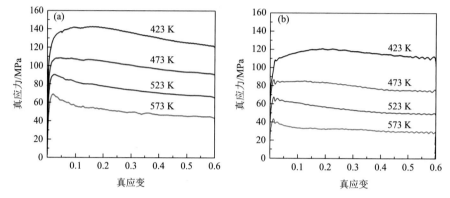

图 5-7 光滑处理后的 LZ91 合金压缩流变曲线

（a）应变速率为 $1\,s^{-1}$；（b）应变速率为 $0.1\,s^{-1}$

如图 5-8 所示，根据式（5-8）和式（5-9），n' 和 β 的值可以通过 $\ln\dot{\varepsilon}$-$\ln\sigma$ 和 $\ln\dot{\varepsilon}$-σ 关系式得到。通过计算线性拟合后斜率的平均值，可以得到 $n' = 6.33$ 和 $\beta = 0.117$。然后可利用式（5-4），得到 $\alpha = \beta/n' = 0.01848$。

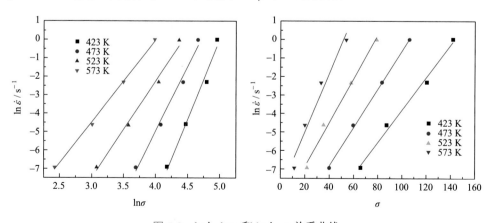

图 5-8 $\ln\dot{\varepsilon}$-$\ln\sigma$ 和 $\ln\dot{\varepsilon}$-σ 关系曲线

通过对式（5-10）两边求偏导数，可以得到以下公式[14]：

$$Q = R \left\{ \frac{\partial \ln \dot{\varepsilon}}{\partial \ln[\sinh(\alpha\sigma)]} \right\}_T \left\{ \frac{\partial \ln[\sinh(\alpha\sigma)]}{\partial(1000/T)} \right\}_{\dot{\varepsilon}} \tag{5-11}$$

在给定温度和应变速率的情况下，$\ln \dot{\varepsilon}$ - $\ln[\sinh(\alpha\sigma)]$ 和 $\ln[\sinh(\alpha\sigma)]$ - $1000/T$ 的关系可以通过线性拟合得到（图 5-9 和图 5-10）。分别在图 5-9 和图 5-10 中取各斜率的平均值，得到 $n = Q_1 = 4.38118$，$Q_2 = 3.02382$，因而得到 $Q = RQ_1Q_2$。在应变为 0.2 时，Mg-9Li-3Al-2Sr 合金的变形激活能（Q）为 110.14 kJ/mol。根据式（5-10），$\ln A - Q/RT$ 是 $\ln \dot{\varepsilon}$ - $\ln[\sinh(\alpha\sigma)]$ 线性关系式的截距（图 5-9）。其中，$\ln A$ 的值可以通过不同温度计算得到，$\ln A$ 的平均值为 22.3155。因此，材料常数 A 的值为 4.91×10^{-9}。

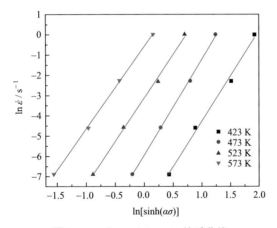

图 5-9　$\ln \dot{\varepsilon}$ - $\ln[\sinh(\alpha\sigma)]$ 关系曲线

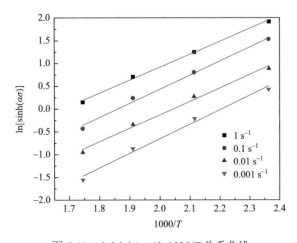

图 5-10　$\ln[\sinh(\alpha\sigma)]$ - $1000/T$ 关系曲线

　　利用以上程序可以分别计算本构方程中材料常数（Q、$\ln A$、n 和 α）在不同应变（0.1，0.15，0.2，0.25，0.3，0.35，0.4，0.45，0.5，0.55）中对应的值。不同的材料常数与真应变之间的关系式可以通过多项式拟合得到。通过六阶多项式拟合在大应变条件下可以得到好的拟合结果，如图 5-11 所示。相关的表达式可以用式（5-12）～式（5-15）表示，其中 Q、$\ln A$、n 和 α 的多项式系数如表 5-1 所示。

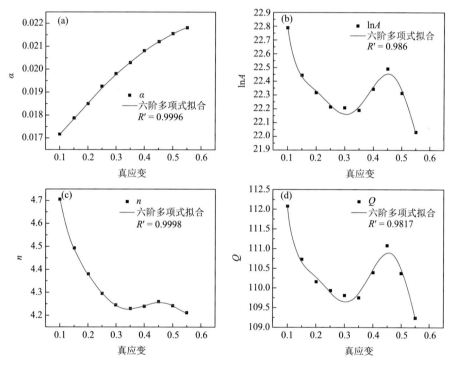

图 5-11　材料常数与真应变之间的关系

(a) α；(b) $\ln A$；(c) n；(d) Q

表 5-1　多项式函数的系数

	α		$\ln A$		n		Q
α_1	0.016	A_1	29.18	n_1	6.5904	Q_1	138.21
α_2	0.0097	A_2	−152.24	n_2	−39.921	Q_2	−620.69
α_3	0.0123	A_3	1399.8	n_3	325.69	Q_3	5678.2
α_4	0.096	A_4	−6641.6	n_4	−1468.1	Q_4	−26746
α_5	−0.6561	A_5	16814	n_5	3627.8	Q_5	67194
α_6	1.2608	A_6	−21404	n_6	−4562.6	Q_6	−84883
α_7	−0.8191	A_7	10722	n_7	2275.1	Q_7	42196

$$\alpha = \alpha_1 + \alpha_2\varepsilon + \alpha_3\varepsilon^2 + \alpha_4\varepsilon^3 + \alpha_5\varepsilon^4 + \alpha_6\varepsilon^5 + \alpha_7\varepsilon^6 \qquad (5\text{-}12)$$

$$\ln A = A_1 + A_2\varepsilon + A_3\varepsilon^2 + A_4\varepsilon^3 + A_5\varepsilon^4 + A_6\varepsilon^5 + A_7\varepsilon^6 \tag{5-13}$$

$$n = n_1 + n_2\varepsilon + n_3\varepsilon^2 + n_4\varepsilon^3 + + n_5\varepsilon^4 + n_6\varepsilon^5 + n_7\varepsilon^6 \tag{5-14}$$

$$Q = Q_1 + Q_2\varepsilon + Q_3\varepsilon^2 + Q_4\varepsilon^3 + Q_5\varepsilon^4 + Q_6\varepsilon^5 + Q_7\varepsilon^6 \tag{5-15}$$

将式（5-1）和式（5-7）结合，可得式（5-16）。应力可以通过 Zener-Hollomon 公式表示：

$$\alpha = \frac{1}{\alpha}\ln\left\{\left(\frac{Z}{A}\right)^{\frac{1}{n}} + \left[\left(\frac{Z}{A}\right)^{\frac{2}{n}} + 1\right]^{\frac{1}{2}}\right\} = \frac{1}{\alpha}\ln\left\{\left(\frac{\dot{\varepsilon}\exp\left(\frac{Q}{RT}\right)}{A}\right)^{\frac{1}{n}} + \left[\left(\frac{\dot{\varepsilon}\exp\left(\frac{Q}{RT}\right)}{A}\right)^{\frac{2}{n}} + 1\right]^{\frac{1}{2}}\right\}$$

$$\tag{5-16}$$

为了验证此本构模型，将预测的应力值与实验值相比较，其结果如图 5-12 所示。在大多数变形状态下，此模型所得的预测值与实验值吻合。但是仍然有一些值，如在低温和小应变条件下，与真实值有些偏离。S. Spigarelli 和 M. El Mehtedi 认为在压缩过程中的胀形会影响实验值的精确度[9, 15]。

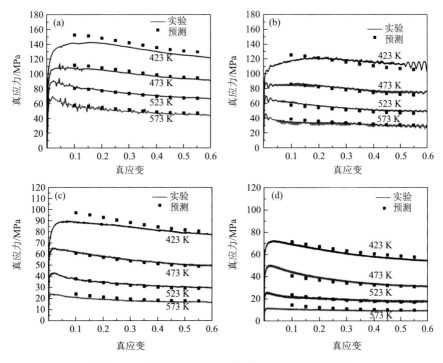

图 5-12　在不同变形条件下预测值与实验值的比较

（a）应变速率为 1 s⁻¹；（b）应变速率为 0.1 s⁻¹；（c）应变速率为 0.01 s⁻¹；（d）应变速率为 0.001 s⁻¹

图 5-13 为 LZ91 合金在四种温度和不同应变速率（0.001 s^{-1}、0.01 s^{-1}、0.1 s^{-1} 和 1.0 s^{-1}）下实验值与预测值的比较。采用标准统计参数，如相关系数（R）和平均绝对误差（AARE）来评估该数学模型的预测能力[11, 16]。

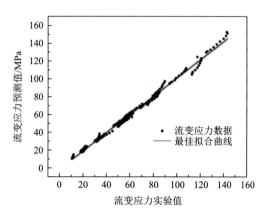

图 **5-13**　实验值与本构方程预测值的相关性分析

$$R = \frac{\sum_{i=1}^{N}(\sigma_{exp}^{i} - \bar{\sigma}_{exp})(\sigma_{p}^{i} - \bar{\sigma}_{p})}{\sqrt{\sum_{i=1}^{N}(\sigma_{exp}^{i} - \bar{\sigma}_{exp})^2 \sum_{i=1}^{N}(\sigma_{p}^{i} - \bar{\sigma}_{p})^2}} \qquad (5\text{-}17)$$

$$\text{AARE} = \frac{1}{N}\sum_{i=1}^{N}\left|\frac{\sigma_{exp}^{i} - \sigma_{p}^{i}}{\sigma_{exp}^{i}}\right| \times 100\% \qquad (5\text{-}18)$$

其中，σ_{exp} 为流变应力实验值；σ_p 为本构模型中的流变应力预测值；$\bar{\sigma}_{exp}$ 和 $\bar{\sigma}_p$ 分别为实验值和预测值的平均值；N 为本研究中所采用的数据点总数；R 为评价实验值和预测值线性关系的统计参数[12, 14, 16]。采集不同应变（0.1~0.55）在 4 个温度下的流变应力数据，根据式（5-17）和式（5-18）进行计算可以得出 $R = 0.9970$ 和 AARE = 4.41%，R 越接近 1，AARE 越小，表明实验值和预测值之间的差距越小，这反映出此本构方程有很好的预测能力。

考虑到在实际挤压或轧制合金的过程中，材料的变形温度或变形速率不是恒定的，为了验证此模型在更为复杂的变形过程中的可信度，利用 Gleeble 热模拟试验机进行以下几种状况的实验验证。如图 5-14（a）和（b）所示，在温度恒定的情况下，应变速率出现突变。另一个测试是在恒定应变速率为 0.02 s^{-1} 的情况下，温度持续从 573 K 下降到 389 K [图 5-14（c）和（d）]。如图 5-14（a）所示，Zener-Hollomon 本构方程可以很好地追踪突然的应变速率变化。根据图 5-14（c）和（d）所示，此本构方程可以很好地预测在实际热加工历史下的热机械行为。这些结果表明，利用计算得到的本构方程可以很好地预测该合金在热变形过程中的流变应力，并将其运用于热成形过程中。

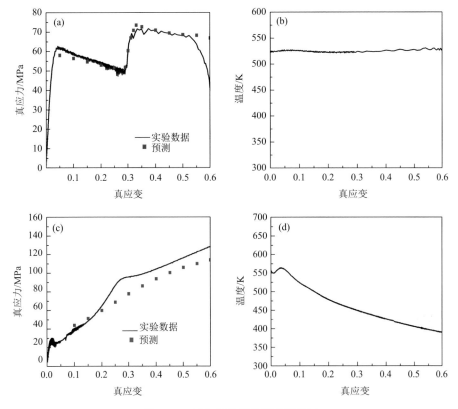

图 5-14 新实验数据数学模型验证

（a）在 $T = 523\ K$ 下，应变在 0～0.3 区域，$\dot{\varepsilon} = 0.1$，应变在 0.3～0.6 区域，$\dot{\varepsilon} = 1$；（b）不同应变速率下压缩试样温度条件；（c）连续冷却压缩测试；（d）连续冷却压缩测试温度条件

5.1.2 镁锂合金板材热成形特性

1. 镁锂合金板材制备

图 5-15 为直径 165 mm、高 350 mm 的 LZ91 镁锂合金铸锭，表面质量良好、无缺陷。将 LZ91 合金在 250℃下保温 24 h 进行均匀化，在 1250 t 卧式挤压机热挤压（挤压温度 280℃）得到截面 120 mm×10 mm 的镁锂合金板材。将挤压板材在 300℃下预热 30 min 进行多道次热轧，最后得到宽 500 mm、长 600 mm、厚 2 mm 的镁锂合金板材。表 5-2 为 LZ91 镁锂合金板材的室温力学性能，由表可见，LZ91 镁锂合金板材的各向异性较强，不利于后续塑性成形。为此，采用预拉伸变形 5%，然后沿板材宽度方向压下 10%轧制处理，并去应力退火处理，各向异性显著改善，处理后的力学性能如表 5-3 所示。

图 5-15 LZ91 镁锂合金铸锭

表 5-2 LA91 轧制板材的室温力学性能

与板材轧制方向角度	屈服强度/MPa	抗拉强度/MPa	延伸率/%
0°	177.6	228.7	17.6
45°	152.8	253.3	21.5
90°	135.3	278.5	30.3

表 5-3 LZ91 轧制板材经预拉伸退火处理后的室温力学性能

与板材轧制方向角度	屈服强度/MPa	抗拉强度/MPa	延伸率/%
0°	147.0	251.6	22.4
45°	143.5	230.9	27.1
90°	142.0	274.6	25.7

2. 镁锂合金板材热变形行为及热加工图

采用 Instron 5500R 电子万能材料试验机进行 LZ91 镁锂合金板材的超塑性单向拉伸实验,温度为 150℃、200℃、250℃、250℃、300℃,应变速率为 $5×10^{-3}$ s^{-1}、$1×10^{-3}$ s^{-1}、$5×10^{-4}$ s^{-1}、$1×10^{-4}$ s^{-1}。通过实验数据处理,得到 LZ91 合金高温拉伸时的真应力-真应变曲线,如图 5-16 所示。镁锂合金超塑性延伸率首先随着应变速率的降低而增加,当应变速率达到 $5×10^{-4}$ s^{-1} 时,获得最大延伸率 812.6%,变形能力很强。随着应变速率继续增大,延伸率下降,这是因为过低的应变速率条件下长时间的氧化导致材料损耗过多。镁锂合金的超塑性变形性能在温度为 300℃时达到最大，在 300℃以下时随着温度升高延伸率升高，当高于 300℃时延伸率降低，可见最佳的超塑性变形温度为 300℃。图 5-17 为应变速率 $5\times10^{-4}\ \mathrm{s}^{-1}$ 时不同温度下试样的拉伸断口形貌，可见随着温度的升高，韧窝逐渐增大，这也说明在该条件下，LZ91 合金为典型的微孔聚集性断裂方式。

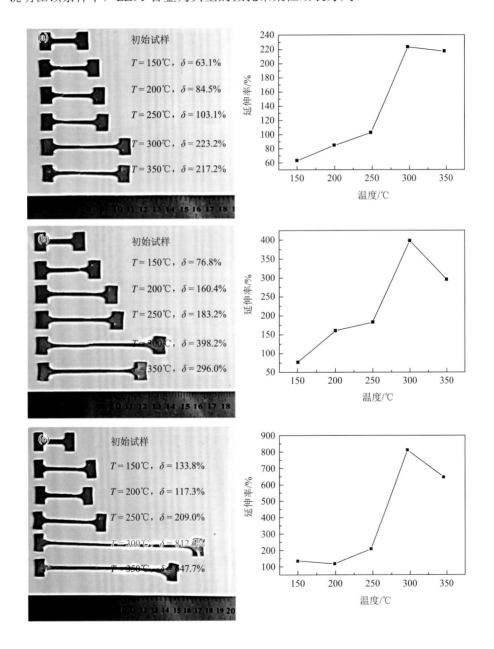

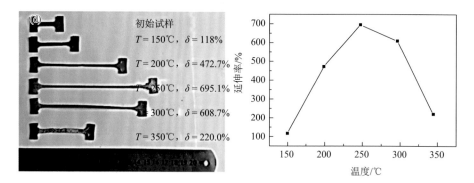

图 5-16　LZ91 镁锂合金超塑性单向拉伸结果

（a）$5\times10^{-3}\,s^{-1}$；（b）$1\times10^{-3}\,s^{-1}$；（c）$5\times10^{-4}\,s^{-1}$；（d）$1\times10^{-4}\,s^{-1}$

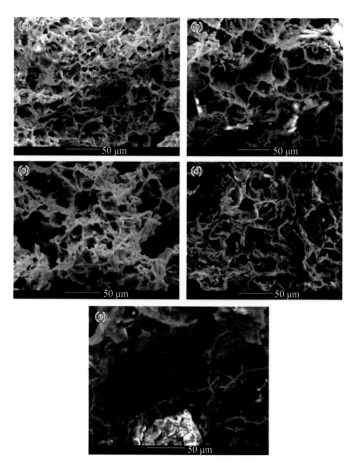

图 5-17　应变速率 $5\times10^{-4}\,s^{-1}$ 时 LZ91 镁锂合金板材的拉伸断口形貌

（a）150℃；（b）200℃；（c）250℃；（d）300℃；（e）350℃

　　图 5-18 为镁锂合金板材超塑性变形前后的组织变化照片。可见变形前材料晶粒较大，两相晶粒均为非等轴柱状晶粒，晶粒尺寸在 60 μm 左右，超塑性变形后材料明显发生动态再结晶，两相晶粒均趋于等轴化，而且晶粒尺寸显著减小，平均晶粒尺寸在 10 μm 左右，可见材料的动态再结晶能力较强，这也从机理方面解释了材料的延伸率较大的原因。

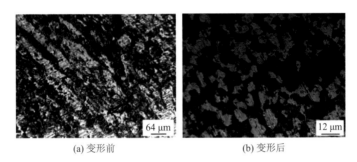

(a) 变形前　　　　　　　　　　　(b) 变形后

图 5-18　LZ91 镁锂合金板材超塑性变形前后的组织变化

　　镁合金在常温下的成形能力较差，这是因为镁合金在塑性成形时伴有弹性变形，在外力撤去后，部分弹性变形消失，造成工件尺寸和形状发生变化，工件精度降低。提高成形温度可以较好地减弱镁合金回弹现象，但并不能完全消除回弹。因此，研究镁合金的高温回弹规律对于工件成型精度的提高十分重要，下面即展开对 LZ91 镁锂合金板材高温回弹规律的研究。采用三点抗弯测试方法，但实验目的并不是获得镁锂合金板材的高温抗弯强度，因此实验过程中弯曲件不发生断裂，而是在试样冷却后通过测量来研究镁锂合金板材的高温弯曲后的回弹现象。

　　图 5-19 为镁锂合金板材的热弯曲试样，图 5-20 为不同温度下热弯曲后板料回弹照片，图 5-21 为高温弯曲载荷-位移曲线。由图 5-21 可以看出随着温度的升高，压头下压的载荷逐渐减小，表明随着温度升高，镁锂合金板材延展性更好，塑性提高。

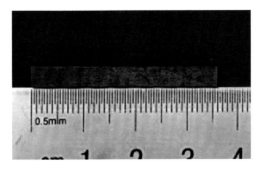

图 5-19　LZ91 镁锂合金板材的热弯曲试样

250℃弯曲后的试样　　　　　　　　　300℃弯曲后的试样

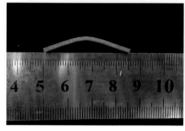
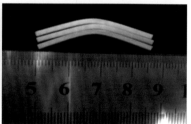

350℃弯曲后的试样　　　　　　　　　三种温度的弯曲试样对比

图 5-20　不同温度下热弯曲后 LZ91 镁锂合金板材的回弹照片

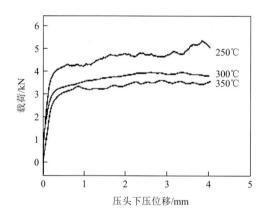

图 5-21　LZ91 镁锂合金板材的高温弯曲载荷-位移曲线

　　当弯曲件从模具中取出时，外加载荷消失，原有的弹性变形也随着完全消失，其结果表现为在卸载过程中弯曲板材形状与尺寸的变化，在冲压领域中称这种现象为弹复。一般情况下卸载前后弯曲板材的曲率半径被当作弹复量来表示弹复程度，但有时也可以用弯曲板材前后板材的弯角差值来表示弹复值。本次实验中即用角度表示弹复值。其公式如下：

$$\Delta\alpha = \alpha' - \alpha \qquad (5\text{-}19)$$

其中，$\Delta\alpha$ 为用角度表示的弹复值；α 为卸载前弯曲板材的弯角；α' 为卸载后弯曲板材的弯角。

将 250℃、300℃和 350℃的 LZ91 镁锂合金板材弯曲试样分别标记为 1、2 和 3。弯曲试样在卸载前的简图如图 5-22 所示。卸载后空冷，随后对其角度进行测量，计算得到不同温度下的弹复值。250℃时，卸载前和卸载冷却后的弯曲板材角度分别为 $\alpha_1 = 133°$，$\alpha_1' = 145.1°$，其弹复值为 $\Delta\alpha_1 = \alpha_1' - \alpha_1 = 12.1°$。300℃时，卸载前和卸载冷却后的弯曲板材角度分别为 $\alpha_2 = 133°$，$\alpha_2' = 143.2°$，其弹复值为 $\Delta\alpha_2 = \alpha_2' - \alpha_2 = 10.2°$。350℃时，卸载前和卸载冷却后的弯曲板材角度分别为 $\alpha_3 = 133°$，$\alpha_3' = 141.6°$，其弹复值为 $\Delta\alpha_3 = \alpha_3' - \alpha_3 = 8.6°$。图 5-23 为随着温度变化弹复值的变化，可以看出，随着温度的升高，弯曲板材的弹复值不断降低，表明随着温度的升高，板材弯曲性能变好，在较低温度下进行弯曲成形时容易回弹而影响零件质量。

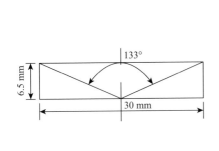

图 5-22　卸载前弯曲件简图　　　　图 5-23　不同温度下的弹复值

在进行热加工成形时，由于板材体积较小，模具与板料的温差往往较大，在模具与板料接触的一瞬间会造成板料温度迅速下降，板材塑性下降使得热成形难以得到理想的成形件。对于热冲压而言，合理的模具设计具有重要意义。热成形极限研究可以为相应板材的模具设计和热冲压工艺设计作参考，因此保证板材成形时温度的稳定成为本次模具结构设计重点。传统的冷冲压模具设计技术已经被广泛应用，热冲压模具的整体结构、导向装置和定位装置等与冷冲压模具基本相似，有较小的差异。

用于 LZ91 镁锂合金板材热成形极限（FLD）实验的模具三维图和实物图如图 5-24 所示。模具主要由四部分组成：压边圈、凹模、凸模和紧固螺栓。为了保证压边和定位采用八个均匀分布的 M6 螺栓进行定位，本次实验温度为 300℃，而普通螺栓在高温条件下强度下降和应力松弛现象会导致压边力不足，因此采用 304 高温不锈钢螺栓进行紧固。

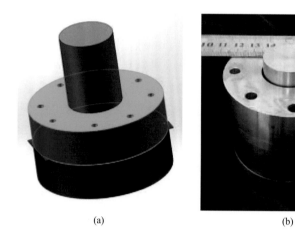

(a)   (b)

图 5-24　热成形极限实验模具的三维图（a）和实物图（b）

　　在板材的 FLD 实验中，为了获得板材胀形前后的极限应变，通常在试样表面印制网格，通过计算变形前后网格的变形进行评估。目前，实验室采用的网格如图 5-25 所示。由于圆形网格适用于局部小应变的测量分析，方形网格适用于整体变形分析，因此本次实验采用方形网格进行分析计算。

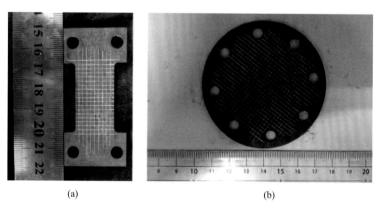

(a)   (b)

图 5-25　印有网格的 FLD 实验 LZ91 板材试样

（a）平面应变试样图；（b）双向等拉试样图

　　为防止高温胀形过程中凸模与试样摩擦破坏试样表面刻画的网格，将试样没有刻画网格的一面与凸模接触。将模具和板材放入加热炉内，密封保温隔热，设置实验所需要的温度，为保证模具和板材内部均达到实验温度，当温度稳定在所需温度后加热保温 15～20 min，待温度稳定后启动试验机进行加压胀形，如图 5-26 所示。

图 5-26　LZ91 镁锂合金板材热成形极限实验装置

每个实验试样测试前均需要对其厚度进行精确测量。实验开始前将电子万能材料试验机的压头轻轻接触凸模顶端，给定压头加压速度为 9 mm/min。本次实验压头加压较快，停止机器时会有一定的行程缓冲，使板材发生更大程度的破损，导致应变变化不准确，因此为保障实验的准确性，本次实验采用的加载方式为通过计算机软件实时观察压头所施加的载荷，当载荷开始出现平稳的下降时停止加载，打开加热炉拆开模具，取出试件进行空冷，并更换试件进行下一组实验。实验完成后，寻找网格排列较为规律的试样进行分析测量，并获取成形极限曲线。图 5-27 为平面应变试样，图 5-28 为胀形后的双向等拉试样。

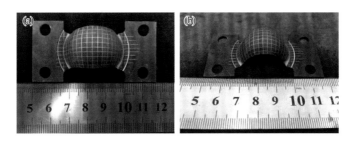

图 5-27　宽度为 15 mm（a）和 20 mm（b）的 LZ91 胀形后平面应变试样

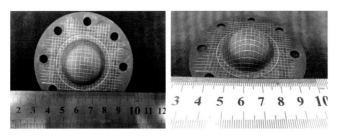

图 5-28　胀形后的 LZ91 双向等拉试样

可以看出，双向等拉试样的胀形比较成功，变形区集中在与凸模接触的部分，圆角处无大量应力集中现象，但宽度为 20 mm 的试样在与模具圆角接触的地方仍然存在应力集中，表现为颜色较浅、表面较为粗糙。经过对比分析排除是模具圆角过小的原因。双向等拉实验是第一个实验，为了保证压头以及模具内部达到实验温度，保温时间为 20 min，但当进行后期平面应变实验时由于没有考虑换件时压头以及模具冷却的因素，保温时间为 10 min，由于保温时间不够，模具内部温度未达到预定温度，胀形开始后压头与模具接触导致接触部分温度降低而圆角处已经达到预定温度，因此圆角处塑性提高较多，在胀形过程中成为主要变形区域。

选取变形区附近的网格进行计算，在不同试样件上选取 3 个合适网格，根据经验公式计算应变值并取平均值，将计算获得的成形极限曲线绘制在第一主应变为纵坐标、第二主应变为横坐标的图内，通过拟合就可以获得相应的成形极限图，如图 5-29 所示。成形极限图左侧是拉-压应变状态区域，左侧区域位置的高低反映的是板材拉伸性能，因此左侧点的高低受板材延伸率的影响较大，由图可以看出，左侧的斜率远远大于右侧，说明在 300℃下板材的拉伸性能远远优于板材的成形性能，由第 3 章可以知道 LZ91 镁锂合金板材在 300℃时延伸率较大，这与图像反映的信息基本一致。成形极限图右侧是拉-拉应变状态区域，位置高低是由双向等拉变形能力决定的，在双向等拉胀形实验过程中，板材通过胀形区域的减薄来实现板材变形区域面积的增加，最后当减薄区域达到一定厚度时发生失稳，出现应力集中，直到板材沿着最薄点发生破裂。因此，板材成形极限右侧区域的高低受板材的延伸率、应力敏感系数和板材方向性系数共同影响。

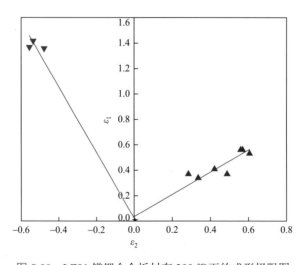

图 5-29　LZ91 镁锂合金板材在 300 ℃下的成形极限图

在上述热胀形和热成形极限研究基础上，进一步开展镁锂合金筒形件高温拉深实验。根据热成形极限图制定圆筒形件高温拉深实验方案，包括模具的选择和实验条件的设定。实验设备为美国 Instron 公司生产的电子万能材料试验机 Instron 5500R，同高温胀形实验设备相同，拉深温度为 300℃，保温 20 min 后进行成形，压头向下作用的速率为 9 mm/min。由于 LZ91 镁锂合金板材的塑性较好，因此采用一次拉深的方式。实验模具三维图与实物图如图 5-30 所示，由于是筒形件拉深，因此压边力不需要太大，设计时不再用压边槽，仅仅使用不锈钢螺钉进行加固。模具主要由四部分组成：即压边圈、凹模、凸模和紧固螺栓。为了保证压边和定位，采用六个均匀分布的 M6 螺栓进行定位，本次实验过程中达到的温度为 300℃，采用 304 高温不锈钢螺栓进行紧固。

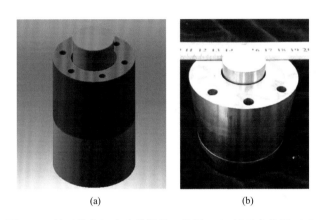

(a)　　　　　　　　　　(b)

图 5-30　筒形件拉深实验模具的三维图（a）以及实物图（b）

图 5-31 是经过成形后得到的零件，拉深成形过程中法兰部分为变形区，在拉深过程中它的尺寸在不断变化。拉深形成的直壁部分是经历过变形的已变形区，

图 5-31　LZ91 镁锂合金板材拉深筒形件

在以后的拉深过程中不再发生变化，与凸模底部接触的毛坯底部是基本不产生塑性变形的不变形区。由得到的成形零件可以看出，变形后毛坯厚度发生变化，靠近凸模圆角处毛坯变薄最为严重，但由于在 300℃时 LZ91 镁锂合金板材的整体塑性都很好，因此在拉深过程中整体变化比较均匀，未发生失稳起皱现象。由之前的高温拉伸实验可知，随着温度升高，材料软化作用强于加工硬化，因此传力区的加工硬化现象较弱，获得的成形零件壁厚比较均匀。

5.2　镁锂合金薄板超塑成形技术

5.2.1　镁锂合金板材超塑特性及组织演变

为掌握 LZ91 镁锂合金板材的超塑性，为后续的超塑性成形实验提供工艺指导，对 LZ91 镁锂合金进行高温拉伸，得到真应力-真应变曲线，从而分析应变速率、温度对镁锂合金真应力-真应变曲线以及力学性能的影响。通过扫描电子显微镜（SEM）对拉伸试样的断口进行观察，分析材料的断裂机制。由高温拉伸时的真应力-真应变曲线，得出 LZ91 镁锂合金在不同温度和不同应变速率下的应变速率敏感性指数（m 值），以及材料的高温本构方程。为了获得拉伸过程中材料的组织演变规律，使用金相显微镜对拉伸变形前后的微观组织进行观察；通过透射电子显微镜（TEM）对相同温度、相同应变速率、不同应变下拉伸组织中的位错演变进行观察分析。

采用的 LZ91 镁锂合金板材厚度为 1.6 mm，LZ91 镁锂合金为 α + β 双相合金。板材的原始组织如图 5-32 所示，白色部分为 α-Mg 相，暗色部分为 β-Li 相，可以看到原始板材中 α-Mg 相沿轧制方向分布。

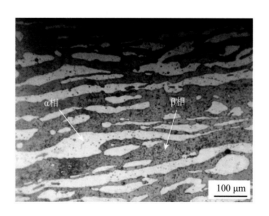

图 **5-32**　LZ91 镁锂合金板材的初始金相组织图

原始板材组织的背散射电子像如图 5-33（a）所示，由于背散射电子对原子序数十分敏感，因此样片上原子序数较高的区域中收集到的背散射电子数量较多，故成像时较亮。因此可以判定图像上较亮的为 α-Mg 相，较暗的为 β-Li 相。原始组织的二次电子像如图 5-33（b）所示，可以看到 MgLiZn 粒子均匀地分布在 β-Li 相基体上，在 α-Mg 相内 MgLiZn 粒子数量较少。

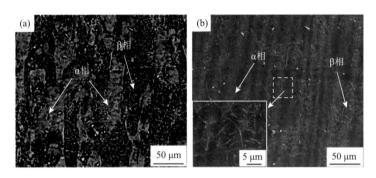

图 5-33　LZ91 镁锂合金原始板材组织

（a）背散射电子像；（b）二次电子像

LZ91 镁锂合金的拉伸实验在 Instron-76160 拉伸机上进行，通过电火花线切割技术沿着板材的轧制方向对高温拉伸试样进行切割，拉伸试样的尺寸如图 5-34 所示。线切割产生的表面微裂纹会对材料的延伸率造成影响，因此在拉伸测试前，使用 400 目和 800 目的砂纸对试样表面进行打磨；利用直磨机对试样侧面的标距和圆弧部分进行打磨。

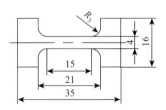

图 5-34　LZ91 镁锂合金板材的高温拉伸试样（单位：mm）

在不同温度（150℃、200℃、250℃、300℃、350℃）及不同应变速率（5×10^{-3} s^{-1}、1×10^{-3} s^{-1}、5×10^{-4} s^{-1}、1×10^{-4} s^{-1}）下，进行高温单向拉伸实验。拉伸试样放入炉膛后保温 20 min，通过热电偶对炉膛内的温度进行实时控制，实验时的速度通过应变速率求得，计算公式如下：

$$V = \dot{\varepsilon} \times l \times 60 \qquad (5-20)$$

其中，V 为拉伸夹具的移动速度，mm/min；$\dot{\varepsilon}$ 为应变速率，s^{-1}；l 为试样的标距（mm）。

相同应变速率、不同温度拉伸变形前后的试样如图 5-35 所示。相同温度、不同应变速率下拉伸变形前后的试样如图 5-36 所示。从 LZ91 镁锂合金拉伸变形前后的实物照片可以看出，超塑拉伸后，试样标距部分无缩颈。

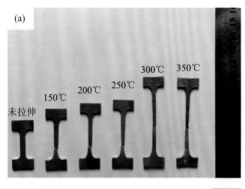
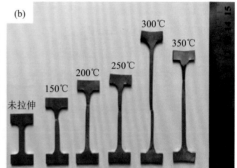
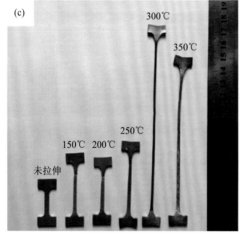
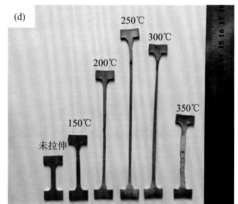

图 5-35　LZ91 镁锂合金在相同应变速率、不同温度下拉伸变形前后实物照片

(a) 5×10^{-3} s^{-1}；(b) 1×10^{-3} s^{-1}；(c) 5×10^{-4} s^{-1}；(d) 1×10^{-4} s^{-1}

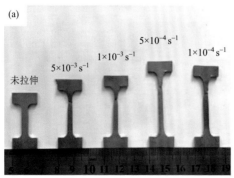

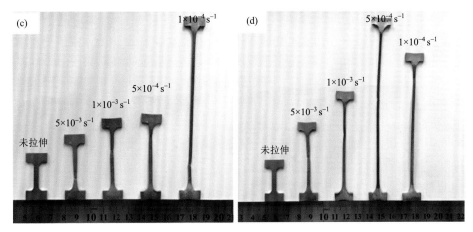

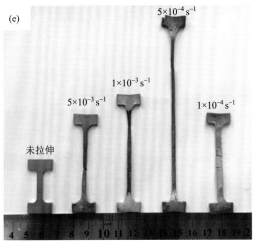

图 **5-36**　LZ91 镁锂合金在相同温度、不同应变速率下拉伸变形前后实物照片

（a）150℃；（b）200℃；（c）250℃；（d）300℃；（e）350℃

　　常规拉伸过程中试样载荷达到最大值以后，即出现缩颈，试样很快出现断裂。由拉伸数据直接得出的为工程应力-应变曲线，为了准确地分析实验结果，需要将曲线转化为真应力-真应变曲线，转化公式为

$$\sigma = \frac{F}{A} = \frac{F}{A_0}\left(1 + \frac{\Delta l}{l_0}\right) \tag{5-21}$$

$$\varepsilon = \ln\left(\frac{l}{l_0}\right) = \ln\left(1 + \frac{\Delta l}{l_0}\right) \tag{5-22}$$

其中，σ 为真应力，MPa；ε 为真应变；F 为载荷，N；A_0 为原始截面积，mm^2；Δl 为拉伸变形量，mm；l_0 为试样标距，mm。

由拉伸实验获得的真应力-真应变曲线得出变形条件对 LZ91 镁锂合金拉伸曲线以及力学性能的影响，计算应变速率敏感性指数，并通过解析方法求得材料的高温本构方程。

1）变形条件对镁锂合金真应力-真应变曲线的影响

相同应变速率、不同温度下 LZ91 镁锂合金的真应力-真应变曲线如图 5-37～图 5-40 所示。从图中可以看出，随着温度的升高，材料的流变应力降低。这是由于随着温度的升高，原子动能增加，位错活动性增加，材料内部的可动滑移系增多，从而提高了晶粒之间的变形协调性。此外，晶间滑移在高温时参与塑性变形，这也是材料流动应力降低的原因。

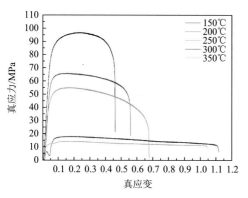

图 5-37　初始应变速率 $5 \times 10^{-3}\,\mathrm{s}^{-1}$、不同温度下 LZ91 镁锂合金的真应力-真应变曲线

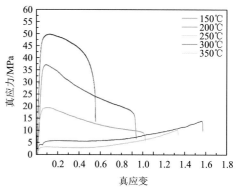

图 5-38　初始应变速率 $1 \times 10^{-3}\,\mathrm{s}^{-1}$、不同温度下 LZ91 镁锂合金的真应力-真应变曲线

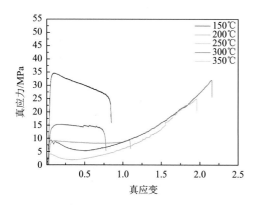

图 5-39　初始应变速率 $5 \times 10^{-4}\,\mathrm{s}^{-1}$、不同温度下 LZ91 镁锂合金的真应力-真应变曲线

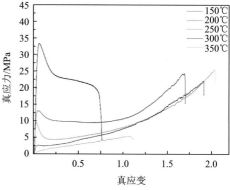

图 5-40　初始应变速率 $1 \times 10^{-4}\,\mathrm{s}^{-1}$、不同温度下 LZ91 镁锂合金的真应力-真应变曲线

对比不同温度下的拉伸曲线可以发现，拉伸变形可以分为如下三个阶段：

（1）变形开始阶段，材料的流动应力急剧上升，此时材料内部位错的塞积、缠结、割阶所引起的加工硬化起主导作用，材料内部发生的动态回复和部分动态再结晶的软化作用远低于硬化作用。随拉伸过程的进行，动态回复和动态再结晶的软化作用增强，对应于拉伸曲线斜率逐渐降低。

（2）当流动应力达到峰值，此时回复、再结晶等软化机制开始起主导作用，动态回复、动态再结晶大大降低了位错密度，从而使材料的流动应力降低。在初始应变速率 $5 \times 10^{-3} \, s^{-1}$ 条件下，材料内流动应力在达到峰值后，动态回复和动态再结晶与硬化机制达到平衡，材料进入稳态流变阶段，此时曲线的形状接近于水平。在初始应变速率为 $1 \times 10^{-3} \, s^{-1}$、$5 \times 10^{-4} \, s^{-1}$ 时，试样的流动应力在达到最大值后逐渐降低，此时材料的应变速率很低，位错的增殖速度很慢，材料内部的软化机制使得流动应力降低。

（3）但在温度较高、应变速率较低时，材料的拉伸曲线在达到最大载荷后出现上翘的现象。这是由于在温度较高、应变速率很低时，材料内部的晶粒组织粗化。高温下晶界强度低于晶内，使得晶界滑移较室温时更易进行，同时扩散作用的增强及时消除了晶界滑动引起的破坏。此外，材料的拉伸曲线上载荷达到最大值后，动态回复和动态再结晶使得位错密度大大降低，此时应变速率很低，位错的增殖速度很慢，较低的位错密度不足以发生动态回复和动态再结晶，而在较低的位错密度下，位错的塞积、缠结也导致材料的变形抗力上升。

2）应变速率对 LZ91 镁锂合金真应力-真应变曲线的影响

相同温度、不同应变速率下 LZ91 镁锂合金的真应力-真应变曲线如图 5-41～图 5-45 所示。通过对比可以发现，流动应力随着应变速率的降低而降低，这可以用 Backofen 方程来解释：

$$\sigma = K\dot{\varepsilon}^{m} \tag{5-23}$$

其中：σ 为流动应力，MPa；$\dot{\varepsilon}$ 为应变速率，s^{-1}；m 为应变速率敏感性指数。

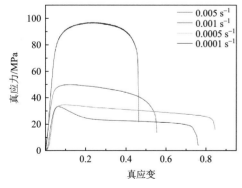

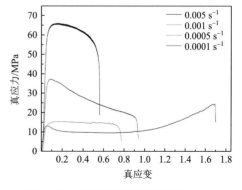

图 5-41　150℃下不同应变速率 LZ91 镁锂合金的真应力-真应变曲线

图 5-42　200℃下不同应变速率 LZ91 镁锂合金的真应力-真应变曲线

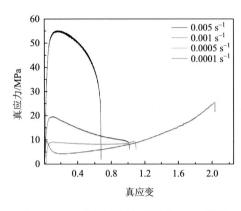

图 5-43　250℃下不同应变速率 LZ91 镁锂
合金的真应力-真应变曲线

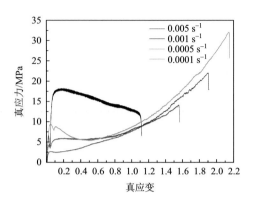

图 5-44　300℃下不同应变速率 LZ91 镁锂
合金的真应力-真应变曲线

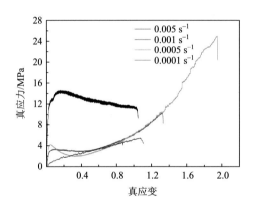

图 5-45　350℃下不同应变速率 LZ91 镁锂合金的真应力-真应变曲线

　　在试样拉伸起始阶段，随变形的进行，载荷很快升高到最高点，材料中动态回复与动态再结晶使得曲线开始下降。相关曲线的特征描述及原因分析已在前面进行了分析，这里不再赘述。

　　超塑材料在高温拉伸过程中，材料的颈缩与内部空洞的形成影响试样的延伸率。由 Backofen 方程中超塑性流动应力与应变速率关系可知，当拉伸试样局部发生颈缩时，该部分的应变速率增大，导致其变形抗力增大，进而阻止颈缩在该部分的继续发展，随着变形的继续进行，下一个失稳位置将出现在另外的变形抗力较弱的截面上。整个超塑拉伸过程是一个缩颈位置不断发生转移和交替的过程。当材料的 m 值越大，材料的应变速率敏感性越强，这种颈缩不断转移和交替过程的时间越长，则变形量越大，所以超塑拉伸曲线在峰值以后有很高的延伸率。随着拉伸过程的进行，试样的标距不断增大，而拉伸速度是恒定的，使得应变速率不断降低，流变应力也随之下降。

3）变形条件对镁锂合金力学性能的影响

表 5-4 列出了 LZ91 镁锂合金在不同温度与不同应变速率下的抗拉强度。从表中可以看出，在相同应变速率下，随着温度的升高，材料的抗拉强度下降。这是由于材料在高温下，位错可动性增强，可启动的滑移系增多，从而导致变形抗力下降。同时，高温下材料内部的动态回复与动态再结晶也是材料发生软化的原因之一。在相同温度下，材料的变形抗力随着应变速率的降低而降低。大应变速率下，材料内部软化机制如动态回复与动态再结晶来不及发生，因而变形抗力也越大。

表 5-4　LZ91 镁锂合金在不同变形条件下的抗拉强度（单位：MPa）

T	$5\times10^{-3}\,\mathrm{s}^{-1}$	$1\times10^{-3}\,\mathrm{s}^{-1}$	$5\times10^{-4}\,\mathrm{s}^{-1}$	$1\times10^{-4}\,\mathrm{s}^{-1}$
150℃	96.8	49.71	34.67	33.3
200℃	65.7	36.97	15.34	13
250℃	55.1	19.58	9.14	9.3
300℃	18.1	5.77	9.29	2.71
350℃	14.48	3.4	4.13	0.81

表 5-5 列出了 LZ91 镁锂合金在不同温度与不同应变速率下的延伸率。在高温下，材料的延伸率受应变速率的影响较大，同时，由于高温氧化的作用，材料的延伸率往往由于氧化的作用而降低。从表中可以看出，相同温度下，低应变速率时，材料有足够的时间发生回复与再结晶，因而试样的延伸率高于高应变速率。应变速率为 $1\times10^{-4}\,\mathrm{s}^{-1}$ 时材料的延伸率比 $5\times10^{-4}\,\mathrm{s}^{-1}$ 时低，这是由镁锂合金的氧化造成的。而相同应变速率时，材料的延伸率随温度的升高整体呈现出先升高后降低的趋势。其中，在 300℃应变速率为 $5\times10^{-4}\,\mathrm{s}^{-1}$ 时，材料的延伸率达到 812.6%。

表 5-5　LZ91 镁锂合金不同变形条件下的延伸率（单位：%）

T	$5\times10^{-3}\,\mathrm{s}^{-1}$	$1\times10^{-3}\,\mathrm{s}^{-1}$	$5\times10^{-4}\,\mathrm{s}^{-1}$	$1\times10^{-4}\,\mathrm{s}^{-1}$
150℃	63.0	76.8	133.8	118
200℃	84.5	160.4	117.3	472.6
250℃	102.6	183.2	209.0	695.1
300℃	223.0	398.2	812.6	608.7
350℃	217.1	295.9	647.7	220.0

金属多晶体的断裂可分为穿晶断裂和沿晶断裂，超塑性变形时发生的断裂一

般认为是沿晶断裂。采用正交实验原则，使用扫描电子显微镜分别对 300℃及应变速率 $5×10^{-4}$ s^{-1} 时拉伸试样的形貌进行观察，如图 5-46 和图 5-47 所示。

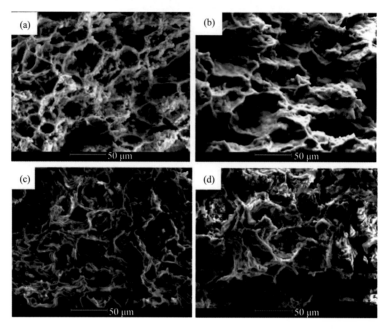

图 5-46   300℃时 LZ91 镁锂合金板材拉伸断口形貌
（a）$5×10^{-3}$ s^{-1}；（b）$1×10^{-3}$ s^{-1}；（c）$5×10^{-4}$ s^{-1}；（d）$1×10^{-4}$ s^{-1}

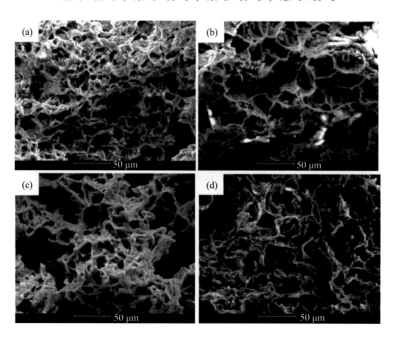

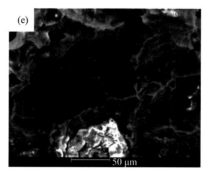

图 5-47　应变速率 5×10^{-4} s^{-1} 时 LZ91 镁锂合金板材拉伸断口形貌

（a）150℃；（b）200℃；（c）250℃；（d）300℃；（e）350℃

　　一般情况下材料的韧性断裂可以清晰地在韧窝底部观察到夹杂物或第二相质点，因为这类质点与基体之间的结合力较弱，在外力作用下很容易在界面发生破裂而形成微孔，断口呈现微孔聚集型。但在超塑性断裂时，在韧窝底部观察不到第二相质点。超塑性断裂机制为空洞聚集与空洞连接，它包括空洞的形核、孤立空洞的长大、孤立空洞连接成横向裂纹段、晶界倾斜将横向裂纹连接成曲折裂纹、曲折裂纹互相连接而导致断裂这样几个阶段。在超塑性变形初期，空位优先流向垂直于拉伸应力的横向晶界，由于晶界滑动，空位在晶粒交合处或晶界张坎（晶界不是平滑的，存在大大小小的坎，当外力作用时，这些坎分为压缩型的压坎和张开型的张坎两种类型）上聚集，形成晶界空洞的核心。借助应力和空位流的聚集作用（这种聚集作用来自空洞核心对空位的吸引力，从而可以降低整个体系的自由能），单个空位核心长大成为可见的 V 型或 O 型空洞，它们也优先沿横向晶界长大。孤立分散的空洞优先沿着横向晶界连接起来，形成横向裂纹段。这时裂纹段的发展虽然由于晶粒交合点的阻碍而暂缓，但在外应力和空位流的联合作用下这类横向裂纹增多。相邻的横向裂纹通过倾斜的晶界扩散或与其上的空洞相互连接成曲折裂纹，裂纹尺寸迅速扩大，这时已进入裂纹失稳扩展阶段。曲折裂纹进一步连接，当裂纹达到一定尺寸后，试样断裂。

　　4）镁锂合金高温拉伸变形前后的组织演变

　　LZ91 镁锂合金在 300℃时不同应变速率下进行拉伸后的标距部分的组织如图 5-48 所示。从图中可以看出，经超塑拉伸后，晶粒随着应变速率的降低而不断长大。低应变速率时，晶粒长大十分明显。应变速率 1×10^{-4} s^{-1} 条件下，晶粒的平均尺寸达到 40 μm。高应变速率条件下，晶粒的平均尺寸只有几微米，即使在 5×10^{-3} s^{-1} 时，最大晶粒尺寸也不超过 10 μm，300℃下所有的实验结果表明，超塑性变形时，晶粒会随着应变速率的降低而长大；在长大的同时，晶粒的等轴化也更加明显[17]。

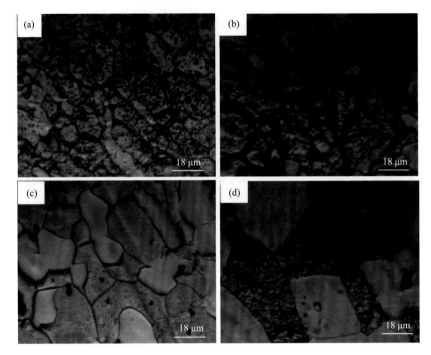

图 5-48　300℃、不同应变速率条件下 LZ91 镁锂合金拉伸后的晶粒组织

(a) $5\times10^{-3}\,\mathrm{s}^{-1}$；(b) $1\times10^{-3}\,\mathrm{s}^{-1}$；(c) $5\times10^{-4}\,\mathrm{s}^{-1}$；(d) $1\times10^{-4}\,\mathrm{s}^{-1}$

　　LZ91 镁锂合金在应变速率 $5\times10^{-4}\,\mathrm{s}^{-1}$、不同变形温度条件进行拉伸后的标距部分的微观组织如图 5-49 所示。从图中可以看出，随着温度的升高，超塑拉伸断裂后晶粒的尺寸不断增大。150℃和 200℃超塑拉伸后晶粒的平均尺寸只有 10 μm 左右，而在 250℃下，晶粒长大明显；在 350℃下，晶粒的平均尺寸达到 40 μm 左右。高温与低应变速率条件下，晶粒的长大明显。晶粒尺寸的增大使晶界的滑动和晶粒的转动更加困难，从而在拉伸曲线上表现为强度的升高。

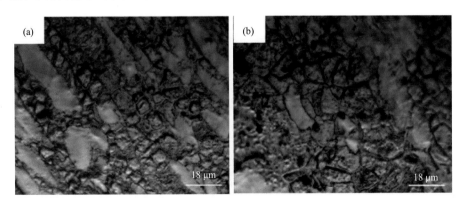

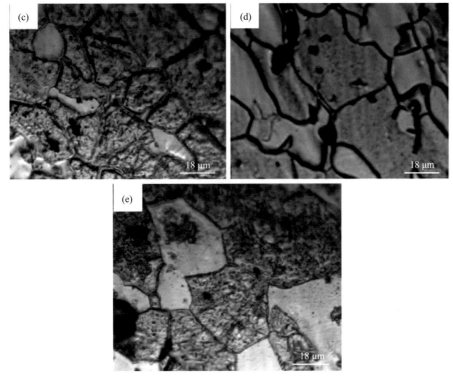

图 5-49　应变速率 $5 \times 10^{-4} \, \mathrm{s}^{-1}$、不同变形温度条件下 LZ91 镁锂合金拉伸后的晶粒组织

（a）150℃；（b）200℃；（c）250℃；（d）300℃；（e）350℃

5）镁锂合金超塑性变形过程中的微观结构演变

为观察拉伸变形过程中位错密度的变化情况，对拉伸后的试样进行立即淬火，将材料的高温组织特征尽量保留下来。拉伸变形过程中试样温度为 300℃，应变速率为 $5 \times 10^{-4} \, \mathrm{s}^{-1}$，不同应变下材料微区内的位错像如图 5-50 所示。

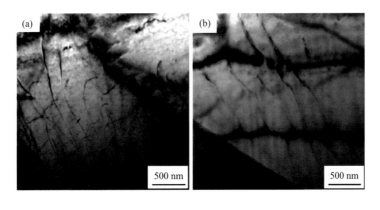

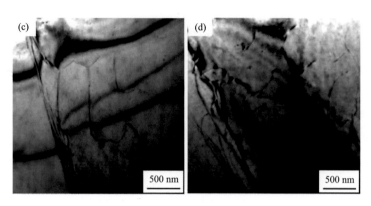

图 5-50　不同应变下镁锂合金微区内位错像

(a) $\varepsilon = 0.11$；(b) $\varepsilon = 0.22$；(c) $\varepsilon = 0.5$；(d) $\varepsilon = 3.06$

在拉伸变形开始阶段，晶体内部位错源开动，源源不断的位错增殖，载荷很快升高到极值点。如图 5-50（a）所示，此时材料内部位错的塞积、缠结、割阶所引起的加工硬化起主导作用，材料内部发生的动态回复和部分动态再结晶的软化作用远低于硬化作用。但由于高温下晶界强度小于晶粒内部，因而晶界滑移易于进行，位错密度相比于室温变形时要低。

随拉伸过程的进行，动态回复和动态再结晶的软化作用增强，对应于拉伸曲线斜率逐渐降低。当流动应力达到峰值，此时回复、再结晶等软化机制开始起主导作用，动态回复、动态再结晶使位错密度大大降低，从而使材料的流动应力降低，如图 5-50（b）和（c）所示。

图 5-50（d）所示的位错密度较低，但有位错的塞积和缠结。分析可知，材料的拉伸曲线上载荷达到最大值后，动态回复和动态再结晶使得位错密度大大降低，此时应变速率很低，位错的增殖速度很慢，较低的位错密度不足以发生动态回复和动态再结晶，而在较低的位错密度下，位错的塞积、缠结也导致材料的变形抗力上升。

5.2.2　镁锂合金板材超塑成形过程数值模拟

图 5-51 所示为采用 LZ91 镁锂合金板材成形的目标构件。由于 LZ91 镁锂合金负角度盒形件的成形在高温密闭环境中进行，采用实验来确定工艺参数的方法不但周期长，而且耗费大。通过有限元模拟软件来求解板材的超塑成形问题，不仅可以客观地反映板材的成形过程，而且可以得到许多实验无法测得的数据。此外，使用 MSC.MARC 有限元模拟软件作为求解器，对负角度盒形件的成形进行模拟，从而获得采用不同成形工艺方法后构件的厚度变化，以及在给定应变速率下的压力加载曲线，用于指导实际的成形实验。

图 5-51　LZ91 镁锂合金负角度盒形件零件图

金属材料在超塑性状态下塑性变形能力会显著提高,而变形抗力却大大降低,这些特点为塑性成形开辟了新思路。LZ91 镁锂合金负角度盒形件的超塑成形可选用气压成形和高温固体粉末介质胀形两种方案。通过 MSC.MARC 对两种工艺方案进行模拟计算,并对其模拟结果进行对比分析,从而选出最佳方案。

1. 有限元模型建立

1)气压成形有限元模型的建立

采用气压成形时,板材在高温气体压力作用下胀形贴模。由于 LZ91 镁锂合金在 300℃、应变速率 $5\times10^{-4}\,s^{-1}$ 条件下具有最大延伸率,此时材料处于超塑状态,变形抗力很低,因此镁锂合金板材在模拟过程设定为刚塑性特征。实验模具采用 45 号钢,模具设为刚体。模具与板材在 MENTAT 中建模;根据成形零件与板材的对称性特征,为节省计算时间,采用 1/4 模型。为提高模拟计算结果的准确性,将原始板材对应于成形零件圆角部分进行局部的网格细分。整块板材划分为 360 个单元,初始模型如图 5-52 所示。

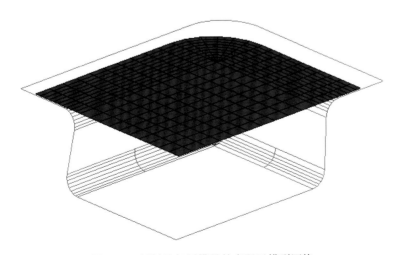

图 5-52　板材及气压模具的有限元模型网格

膜单元与壳单元是 MSC.MARC 中常用的两种单元。膜单元结构简单，计算量小，但在变形过程中不考虑弯曲效应，因而在模拟中易出现失稳和畸变。壳单元比膜单元稳定性好，计算精度较高，但同时存在着计算量大、计算时间长、效率低的问题。本实验中构件形状简单，可以不考虑变形中的弯曲效应，故采用单元库中第 18 号四方膜单元。

2）固体粉末介质胀形有限元模型的建立

采用固体粉末介质胀形时，板材在粉体压力作用下胀形贴模。与气压成形相比，该方法无需压边装置。采用粉体压边，板材在成形过程中由法兰部分进给补料，从而避免了板材厚度过度减薄。同气压成形相同，镁锂合金板材在模拟时设定为刚塑性特征，模具设为刚体。模具与板材在 MENTAT 中建模；根据成形零件与板材的对称性特征，采用 1/4 模型。利用 COVERT 功能对板材进行网格划分，共划分 1600 个单元，初始模型如图 5-53 所示。

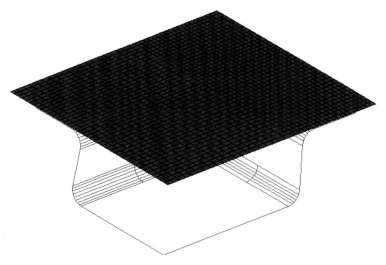

图 5-53　板材及固体粉末介质胀形模具的有限元模型网格

2. 边界与摩擦条件的设定

由于板材与模具采用 1/4 模型，因此其对称性需要通过边界条件设置来满足。

1）气压成形有限元模拟边界条件的建立

气压成形时由于压边装置的作用，零件的成形单纯依靠板材未压边部分的胀形，因而板材减薄较为严重。压边力使得板材法兰边缘部位的位移接近于零；因此，在有限元模拟中，定义板材法兰边缘处 $x=0$、$y=0$、$z=0$。在板材 1/4 对称处，分别定义 $x=0$、$y=0$ 来保证板材变形的对称性。实验中通过氩气胀形，因此在模拟分析中将板材未压边部位设置为面载荷边界条件。板材边界条件如图 5-54 所示。

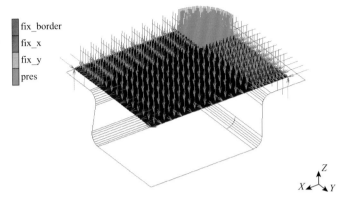

图 5-54　气压成形边界条件的设定

2）固体粉末介质胀形有限元模拟边界条件的建立

固体粉末介质胀形通过粉体压边，因而在成形时，板材法兰部位会向凹模内进给补料，从而使板材在成形过程中厚度变化更加均匀，因此在有限元模拟中，定义板材法兰边缘处 $z = 0$。在板材 1/4 对称处，分别定义 $x = 0$、$y = 0$ 来保证板材变形的对称性。实验中通过粉体胀形，因此在模拟分析中将板材整体设定为面载荷边界条件。板材边界条件如图 5-55 所示。

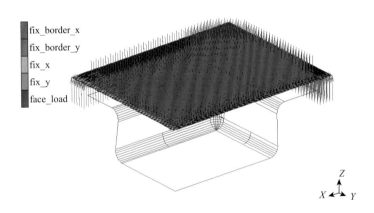

图 5-55　固体粉末介质胀形边界条件的设定

成形过程中，板坯法兰部分与模具间存在摩擦。板坯进入型腔后，与型腔之间也存在摩擦。因此，在对构件成形的模拟中，采用基于位移增量理论（coulomb bilinear）的库仑双线性（bilinear）摩擦模型来模拟成形过程中板料与模具间的摩擦情况。

3. 材料特性设置

在对材料塑性特性的设置中，采用 Mises 屈服准则，遵循幂律定律建立本构模型。在对板坯的有限元模拟中，采用刚塑性模型，因此不考虑材料在成形过程中的加工硬化。在超塑性变形温度下，应变速率敏感性影响较大，而应变硬化影响较小，因此采用 Backofen 方程[式（5-23）]来描述流动状态，近似地认为方程中 K 和 m 为常数。应变速率敏感性指数（m 值）是超塑性变形中的重要参数。对于同种材料来说，m 值大的一般延伸率也大。m 值的大小受材料特性、变形温度、应变、应变速率等因素的影响。在 5.3 节的计算中，得出合金的 K 值为 1609.7，m 值为 0.65。

4. 镁锂合金负角度盒形件成形过程模拟

1）气压成形过程模拟

图 5-56 为 LZ91 合金超塑成形数值模拟过程示意图，不同颜色显示的是成形后各部分的厚度变化情况，同时可将板材变形过程清晰地呈现出来。板材首先在气体压力作用下胀形，法兰部分由于边界条件的限制没有位移。板坯与下模接触后逐渐贴模，坯料厚度从边缘到中心逐渐减小，同时板材与型腔间的摩擦力阻碍成形过程，圆角处最后成形。从图 5-56 可以看出板材成形后整体厚度减薄，法兰部分变形较小，壁厚在 1.5 mm 左右，侧壁由上至下减薄程度逐渐增加，靠近圆角处壁厚最薄，为 1 mm。直到最后整个板材贴模成形后，板材在底边拐角圆角处减薄最为严重，厚度为 0.5 mm，所以在零件圆角附近最易发生破裂。

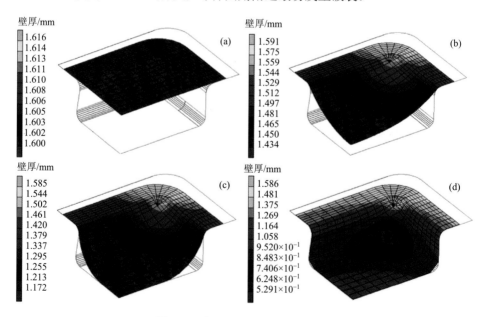

图 5-56　气压成形过程中壁厚变化

（a）$t=0$ s；（b）$t=61$ s；（c）$t=236$ s；（d）$t=736$ s

图 5-57 为采用气压成形负角度盒形件壁厚分布情况图。从图中可以看出，从法兰部分到拐角圆角处，再到零件底边，零件壁厚减薄严重。法兰部分由外至内厚度减小不大，平均厚度在 1.5 mm 左右，可知其在成形过程中并未参与变形。侧壁部分由上至下逐渐减小，到零件拐角圆角处的壁厚减薄严重，为 0.6 mm 左右，是整个零件壁厚最薄的区域。从底部圆角到零件底边壁厚逐渐增加，底部厚度大约为 1.15 mm。

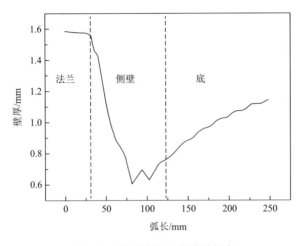

图 5-57　气压成形零件壁厚分布

2）固体粉末介质胀形过程模拟

图 5-58 为 LZ91 合金采用固体粉末介质胀形过程模拟示意图，不同颜色显示的是成形后各部分的厚度变化情况，同时可将板材成形过程清晰地呈现出来。从图中可以看出板材在固体粉末介质的压力下，中间悬空部分首先开始变形减薄。当板料接触到型腔后，接触部分由于摩擦的作用变形受到抑制，此时板材法兰部分进给补料，从而减少了型腔内未贴模部分下圆角处的厚度减薄，最后变形部位都集中在拐角部位，板材在底边拐角圆角处减薄最为严重，厚度为 0.9 mm。相比于气压成形，采用固体粉末介质胀形时板材的变形更加均匀，厚度减薄量更低。

法兰部分在成形后采用电火花线切割技术切除，在胀形时即使有略微起皱的情况也不会影响零件的成形。图 5-59 为采用固体粉末介质胀形负角度盒形件壁厚分布情况图。从图中可以看出，从法兰部分到底边圆角处零件厚度逐渐减薄。法兰部分厚度并未减薄，在成形过程中未参与变形，仍为 1.6 mm。底部圆角部分厚度为 1 mm 左右，是整个零件壁厚最薄区域。从底部圆角部位到零件中间变形部分的厚度逐渐增加，在 1.3 mm 左右。

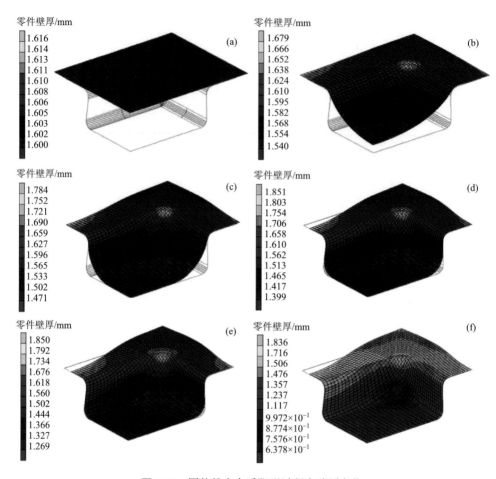

图 5-58   固体粉末介质胀形过程中壁厚变化

(a) $t = 0\,\text{s}$；(b) $t = 62.9\,\text{s}$；(c) $t = 149.7\,\text{s}$；(d) $t = 236.5\,\text{s}$；(e) $t = 280\,\text{s}$；(f) $t = 379\,\text{s}$

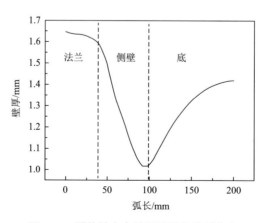

图 5-59   固体粉末介质胀形零件壁厚分布

通过模拟两种成形方式,对比分析了成形之后的零件壁厚分布情况,显然采用固体粉末介质胀形时零件的壁厚减薄较轻,厚度分布也更加均匀。因此,对 LZ91 镁锂合金负角度盒形件的成形采用固体粉末介质胀形。

5. 摩擦力对镁锂合金负角度盒形件成形的影响

从前述模拟结果可以看出,摩擦在成形时通过影响材料的塑性流动,继而影响零件的成形质量。在超塑成形中,有时摩擦在预成形中起到预减薄作用,反而使得最终成形的零件壁厚分布更加均匀,提高了成形质量。而有时摩擦会导致材料的变形受到抑制,使成形只发生在部分区域,导致零件局部减薄严重甚至发生破裂。因此,需要探究摩擦力对 LZ91 镁锂合金负角度盒形件成形的影响。本节中通过 MSC.MARC 有限元模拟软件,采用不同摩擦系数对 LZ91 合金板材的成形进行模拟,得到胀形后零件的壁厚分布情况。根据模拟结果分析摩擦系数对成形的影响,对改进零件质量具有一定意义。目标应变速率设为 $5 \times 10^{-4}\ \mathrm{s}^{-1}$,不同摩擦系数下成形零件壁厚分布结果如图 5-60 所示。

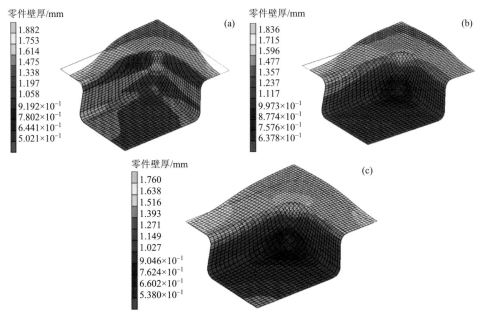

图 5-60　摩擦系数对成形后零件壁厚的影响

（a）$\mu = 0$；（b）$\mu = 0.3$；（c）$\mu = 0.45$

从图 5-60 可以看出,随着摩擦系数的增大,成形后的零件壁厚分布越不均匀。在摩擦系数 $\mu = 0.3$,$\mu = 0.45$ 时,成形后的零件壁厚分布情况相近,减薄最严重的部分都在下圆角处。随着摩擦系数增大,法兰部分进给补料越少,下圆角处减薄越严重，板材整体壁厚差越大。当摩擦系数 $\mu = 0$ 时，零件的整体壁厚分布最均匀，厚度最薄区并不在下圆角处，而是在底部靠近中心区域，侧壁壁厚差也更小，因此减少摩擦力对零件的近均匀成形有利。在成形实验中应采取一定的润滑措施，如涂抹石墨等措施来获得壁厚较为均匀的零件。

6. 优化后成形零件的模拟结果及压力加载曲线的获得

通过以上讨论，对 LZ91 镁锂合金负角度盒形件的成形，目标应变速率设为 $5 \times 10^{-4}\, s^{-1}$，采用石墨对零件的胀形进行润滑，坯料与模具间的摩擦系数设定为 0.3。按照以上参数进行模拟，与之前的模拟结果相比侧壁厚度分布更加均匀。

为使板材的厚度分布尽量均匀，在成形过程中材料的应变速率应保证在一定范围内，因此需要给出合理的超塑性胀形压力加载曲线。MARC 有限元模拟软件中具有超塑成形等应变速率加载模块，当给定目标应变速率后，MARC 求解器可以计算每个增量步所需的压力，以保证成形过程中板材的变形速率大致在目标应变速率附近，由此得到压力-时间曲线，用于调控板材成形时的应变速率。本文设置目标应变速率为 $5 \times 10^{-4}\, s^{-1}$，由 MARC 生成的压力-时间曲线如图 5-61 所示。对理论曲线进行适当的修正，作为后期胀形实验的工艺曲线，对于板材的实际成形具有指导意义。

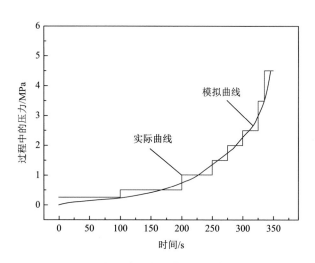

图 5-61　成形过程中压力随时间变化曲线

5.2.3　镁锂合金负角度盒形件成形工艺

基于前面的研究结果可知，LZ91 镁锂合金在 200～350℃时的低应变速率变形条件下具有良好的超塑成形性能，同时，对该材料的负角度盒形件应用的成

形，宜采用固体粉末介质胀形工艺。需要加工的负角度盒形件的实际尺寸为
260 mm×200 mm×50 mm（长×宽×高）。

1. 超塑成形实验工艺流程

固体粉末介质胀形实验具体工艺过程可分为三个阶段：自由胀形阶段、初始
成形阶段和最后成形阶段。自由胀形阶段：板料在粉体压力作用下向一方鼓起，
此时板材与边壁和底部均无接触。初始成形阶段：随着变形过程的发展，凸面加
高，法兰部位的毛料开始进给补料；板料开始与模具底部接触，与模具接触的部
分材料停止变形，未接触的部分则继续变形，使得板材与模具接触的部分进一步
扩大。最后成形阶段：所有与模具接触的部分均停止，板料继续填充模具较小的
圆角部位，最后与模具完全贴合。

采用固体粉末介质胀形时，由于法兰部分进给补料，板料的减薄程度相比于
气压成形要小很多。LZ91 镁锂合金固体粉末介质胀形模具如图 5-62 所示。

LZ91 镁锂合金超塑成形过程中零件壁厚控制是一个关键问题。不均匀的应
力场、应变场会造成成形后零件的壁厚不均匀。合金在 250℃时的应变速率敏
感性指数为 0.65，可以有效减轻板材的局部减薄，且材料的氧化程度较 300℃
时要轻，此时材料良好的延伸率可以满足成形的要求。因此，板材的成形温度
选在 250℃。

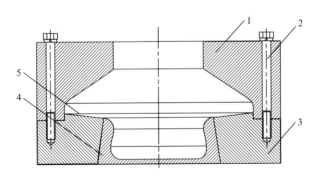

图 5-62　LZ91 镁锂合金固体粉末介质胀形模具示意图

1. 上模；2. 螺钉；3. 凹模固定板；4. 凹模；5. 板料

2. 成形模具结构设计

LZ91 镁锂合金的超塑成形温度为 250℃，选择模具材料时，需综合考虑模具
材料的高温机械性能以及成本等。负角度盒形件在成形过程中液压机冲头下压时，
固体粉末介质会对模具型腔侧壁产生较大压力，因此要求模具在 250℃下具有较
大的弹性模量和较高的强度。综合考虑以上因素，实验中模具采用 45 号钢。根
据零件尺寸要求设计模具，如图 5-63 所示，加工完成后的模具各部分如图 5-64

所示。由于零件形状带负角度，因此凹模采用分瓣式结构。凹模与凹模固定板之间通过凸台采用螺钉固定，凹模口部过渡圆角半径为 40 mm，方便法兰部位补料。

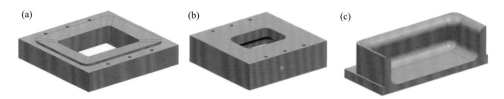

图 5-63　LZ91 镁锂合金负角度盒形件成形模具设计图

（a）下模固定板；（b）上模；（c）凹模

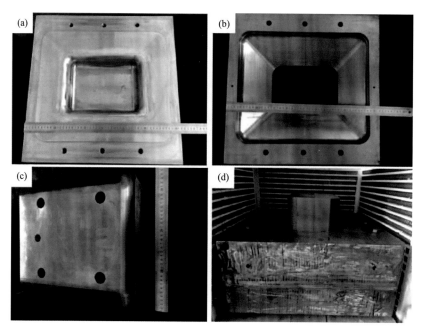

图 5-64　LZ91 镁锂合金负角度盒形件成形模具图

（a）下模；（b）上模；（c）冲头；（d）模具

模具组装后如图 5-65 所示，模具分为四部分，分别为冲头、上模、凹模、凹模固定板。成形时，板料放置在上下模之间，将固体粉末介质堆满模型腔，在冲头作用下，SiO_2 粉末介质对板材进行胀形，成形出所需形状。凹模为分瓣式结构，因而无需再设计排气机构。

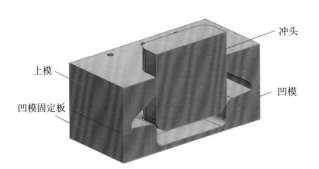

图 5-65　LZ91 镁锂合金成形模具装配图

3. 镁锂合金负角度盒形件的超塑成形

首先优选了固体粉末介质的压缩特性，这是由于成形过程为了保证构件底部角度，需要逐渐增加压头压力才能保证粉体对构件的作用力，但是过大的压力会使粉体压实，压实后不容易破碎，而重复利用的满足不了生产上工艺的要求，为了分析压力对粉体介质的影响规律，设计与制造了粉末介质压缩特性分析所需金属模具，如图 5-66 所示。

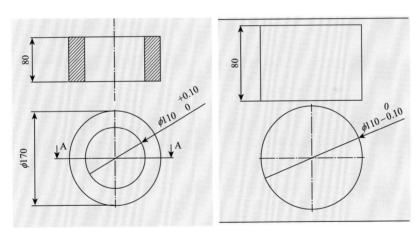

图 5-66　粉末介质压缩特性分析所需金属模具二维图（单位：mm）

不同工艺参数下压缩后粉末介质块体材料如图 5-67 所示，压制在 200 t 压力机上进行，压力分别为 10 MPa、30 MPa、50 MPa、80 MPa。同时，由于前期研究发现镁锂合金的软模介质热成形在 250℃左右，而此温度远低于氧化硅粉末介质的烧结温度，不会形成烧结，所以为了实验方便选择室温下进行压制。对不同参数下压制的粉末介质块体材料进行了密度和硬度测试，结果如表 5-6 所示。可见，随着压力的增加，块体的密度和硬度也增加。密度和硬度过低不利于压力的传递,然而过高的硬度则容易损伤工件表面,因此 50 MPa 的压力适合于 20～40 μm 的二氧化硅粉末介质。

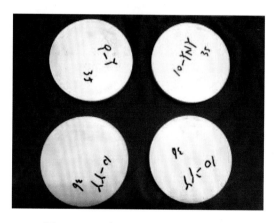

图 5-67　压缩后的粉末介质块体材料

表 5-6　不同参数压缩后粉体介质块体材料的特性

序号	压力/MPa	密度/(g/cm³)	布氏硬度	备注
1	10	1.6	20	硬度低，压力损失大
2	30	1.9	25	硬度低，压力损失大
3	50	2.0	42	硬度适中
4	80	2.5	51	硬度高，不易破碎

　　根据前面成形的负角度构件的分析,发现构件圆角未达到设计要求,因此本节重点对负角度构件的软模介质成形工艺进行了优化。研究依然采用二氧化硅固体粉末介质对 LZ91 镁锂合金进行胀形,板料的初始厚度为 1.6 mm,将成形压力由之前的 30 MPa 提高并固定在 50 MPa,该压力为机械压头的加载载荷大小,成形温度选在 220℃、250℃、280℃。成形实验之前,在板材表面涂抹石墨,在下模表面涂抹 MoS_2 以减小板材与模具之间的摩擦力。将板材放置在上下模之间,调整其位置,保证对中性。实验中使用电炉加热,PID(比例-积分-微分)控温,由于模具体积较大,因此保温时间设定为 4 h,使模具型腔内温度均匀。保温结束后,操作液压机下压,在达到最大压力后,保压一段时间。在确定板材贴模后卸载压力,模具冷却至室温。通过对三个温度下的成形构件对比发现,250℃的成形温度更佳。

　　220℃下通过固体粉末介质胀形出的盒形件如图 5-68 所示,由图可以看出构件成形较好,但是上部出现了轻微的起皱现象,这是由于成形温度较低,该温度下材料变形抗力大,需要较大的压边力。

图 5-68　220℃下通过固体粉末介质胀形出的盒形件

　　280℃下通过固体粉末介质胀形出的盒形件如图 5-69 所示，由图可以看出构件成形较好，但是由于成形温度较高，材料软化严重，在粉末介质的作用下构件表面清晰地印出了模具的分模线痕迹，同时表面出现了较严重的氧化现象。

图 5-69　280℃下通过固体粉末介质胀形出的 LZ91 盒形件

　　在 250℃下 50 MPa 的压力适合于粒径 20～40 μm 的陶瓷粉末介质的镁锂合金负角度构件的成形，研究进行了三次重复性实验，制备了 3 个典型构件，如图 5-70 所示。打磨表面，去除氧化皮后的负角度盒形件如图 5-71 所示。在盒形件表面未发现明显缺陷，成形质量较好。

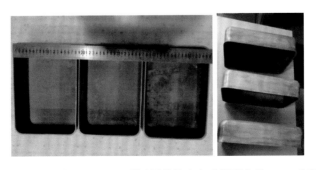

图 5-70　250℃和 50 MPa 下通过固体粉末介质胀形出的 LZ91 盒形件

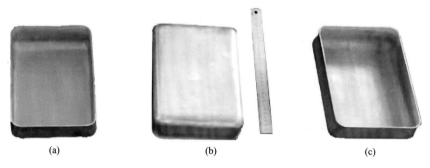

图 5-71　去除氧化皮后的镁锂合金负角度盒形件

壁厚分布对超塑成形出的零件较为重要，过度的减薄与厚度分布不均匀，可能会影响零件的使用。将成形的零件沿母线处切开，分别量取如图 5-72（a）中四点的厚度，结果如图 5-72（b）所示。从图中可以看出，零件在圆角处减薄较为严重，其厚度为 0.9 mm；侧壁 a 点处的厚度为 1.4 mm，底边厚度为 1.3 mm。整体厚度分布与模拟结果（图 5-59）大致相同。

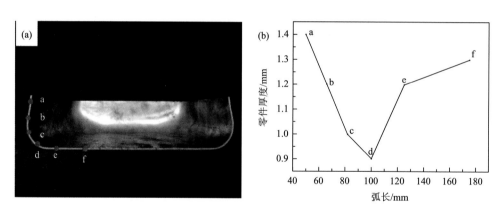

图 5-72　负角度盒形件壁厚分布

（a）厚度测量点；（b）厚度分布曲线

5.3　镁锂合金热拉深/超塑复合成形技术

5.3.1　镁锂合金拉深成形数值模拟及工艺优化

由于普通镁合金室温下的延伸率大多不超过 25%，而本实验中所采用的镁锂合金 LZ91 作为一种新型高塑性材料，其室温下的延伸率高达 47%，具有很好的成形性。因此，本章重点研究 LZ91 盒形件拉深成形工艺，实验中采用室温拉深的方法，将镁锂合金 LZ91 板材直接拉深至预定深度，为了降低拉深过程中由于加工硬化而出现断裂的可能性，在拉深过程中采用中间退火处理，以消除由于加工硬化而产生的应力集中问题。

1. 盒形件模拟件拉深模具结构设计

为了在当前实验设备上完成材料的拉深，将原始构件按照原始尺寸等比例缩小，得到实验所预期的构件尺寸，长为 $A = 65$ mm，宽为 $B = 50$ mm，高为 $H = 35$ mm。毛坯尺寸计算包括毛坯直径、毛坯长度、毛坯宽度、毛坯半径等，其中，圆角半径 $R_r = (4\sim8)t = (4\sim8)\times1.6 = 6.4\sim12.8$（mm），取 $R_r = 8$ mm。底部圆角半径 $R_p = (3\sim5)t = (3\sim5)\times1.6 = 4.8\sim8$（mm），取 $R_p = 8$ mm。毛坯形状如图 5-73 所示，其实际尺寸如下。

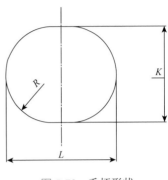

图 5-73　毛坯形状

毛坯直径：

$$D = 1.13\sqrt{B^2 + 4B(H - 0.43R_p) - 1.72R_r(H + 0.5R_r) - 4R_p(0.11R_p - 0.18R_p)}$$

$$= 1.13 \times \sqrt{50^2 + 4\times50\times(35 - 0.43\times8) - 1.72\times8\times(35 + 0.5\times8) - 4\times8\times(0.11\times8 - 0.18\times8)}$$

$$= 102.91 \text{ mm}$$

（5-24）

毛坯长度：

$$L = D + A - B = 102.91 + 65 - 50 = 117.91 \text{ mm} \tag{5-25}$$

毛坯宽度：

$$K = \frac{D(B - 2R_r) + \left[B + 2(H - 0.43R_p)\right](A - B)}{A - 2R_r}$$

$$= \frac{102.91\times(50 - 2\times8) + \left[50 + 2\times(35 - 0.43\times8)\right]\times(65 - 50)}{65 - 2\times8}$$

$$= 106.04 \text{ mm}$$

（5-26）

毛坯半径：

$$R = \frac{1}{2}K = \frac{1}{2}\times106.04 = 53.02 \text{ mm} \tag{5-27}$$

拉深力和压边力的大小很大程度上决定构件的成形质量。例如，压边力过大，则会将坯料压得太紧，拉探时容易将制品拉裂；压边力太小，则起不到压边作用而使制品起皱。针对上述构件，其拉深力和压边力计算如下：

拉深力：

$$P = (0.5 \sim 0.8)At\sigma_b$$
$$= (0.5 \sim 0.8) \times 65 \times 1.6 \times 800 \times 10^{-6} \times 10^{6} \qquad (5\text{-}28)$$
$$= 41600 \sim 66560 \text{ kN}$$

压边力：

$$Q = SP = 11300 \times 10^{-6} \times (41600 \sim 66560) = 470.08 \sim 752.128 \text{ kN} \qquad (5\text{-}29)$$

取压边力为 600 kN。

凸凹模尺寸计算。根据实验构件尺寸，凸凹模间隙为 0.5 mm，所得拉深模具的二维零件图如图 5-74 所示。

根据图 5-74 所示的二维零件图进行三维模型绘制及加工，可得到其三维装配图及实物图，如图 5-75 所示。

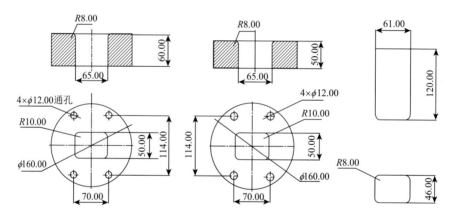

图 5-74　拉深模具的二维零件图（单位：mm）

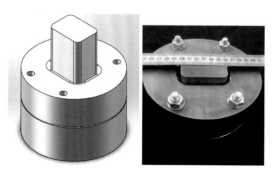

图 5-75　拉深模具三维图与实物图

2. 拉深过程 Dynaform 模拟与工艺验证

模拟参数及条件选择：板料厚度设为 1.6 mm，单动式加压过程，凹模固定不动，凸模随着压头下压，以凹模为基准定位板料，合模间隙为 0.5 mm，压边力为 5.5×10^5 N，凸模运动行程为 35 mm。由于本研究中的材料并不在软件的数据库中，因此将前面测得的 LZ91 的相关力学性能编辑成新建材料的参数特征以用于模拟。

模拟过程与工艺验证如下。

1）第一次模拟

原始板料首先采用椭圆形，图 5-76 所示为原始板料拉深后的成形极限图，图 5-77 为原始板料拉深后的减薄情况。从成形极限图中可见，经过拉深后边缘起皱严重，送料情况严重，四周板料剩余较少，因为后续还需要进行超塑胀形实验，对压边有一定的要求，所以该原始坯料尺寸仍需改进。

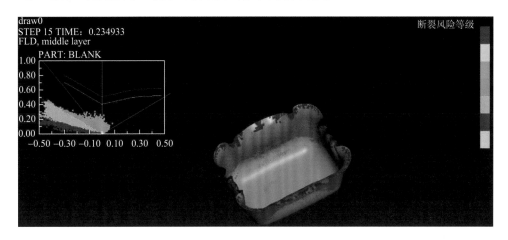

图 5-76　原始板料 1 的成形极限图

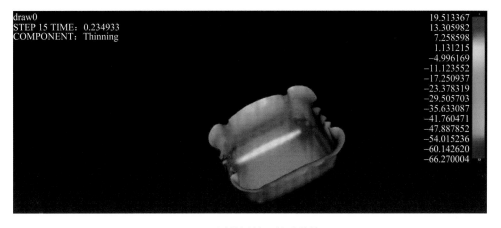

图 5-77　原始板料 1 的减薄情况

2）第二次模拟及工艺验证

为了后续超塑成形压边，坯料四周送料后还有一些余料，适当增加坯料椭圆的长轴长度，在短轴方向增加一段半圆形面，其成形极限图如图 5-78 所示，减薄情况如图 5-79 所示。可见，经过工艺优化后，在两圆交界处，首先会发生严重的起皱现象，在减薄的图中可以看出，交界处发生明显的增厚，而其他部分的板厚基本不变，优化后的效果整体优于第一次模拟结果。

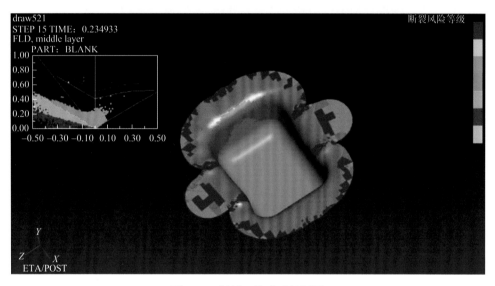

图 5-78　板料 2 的成形极限图

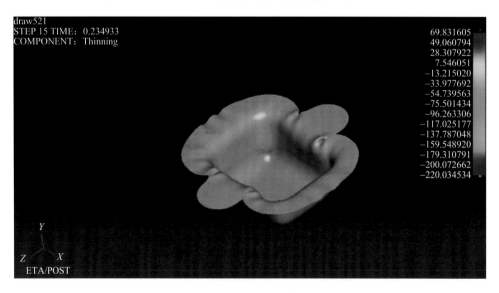

图 5-79　板料 2 的减薄情况

从前述拉伸实验数据可知，LZ91 板材的室温延伸率达 47.84%，首先采用室温条件拉深，加载速度为 1 mm/min，在室温拉深条件下，由于受到拉深模具尺寸的限制，坯料形状也因此受到限制，本研究实验中为了避免短边部分补料严重的现象，经过分析模拟过程的成形极限图和板材的减薄情况，首先采用图 5-80 所示形状的坯料，实验后的构件形状如图 5-81 所示，从图中发现，该构件在拉深至 20 mm 深度时即发生了断裂现象，结合模拟结果推断发生此现象的原因是由于该处结构阻碍金属板料的塑性流动，在交界处产生应力集中，又由于有压边力的存在，该处摩擦阻力变得非常大，严重影响了该处的送料情况，板料无法补入，因此在拉深实验中无法达到预定深度。

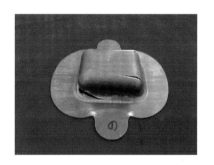

图 5-80   LZ91 成形坯料 2   图 5-81   室温拉深后的 LZ91 构件

3）第三次模拟及工艺验证

针对板料实验中发生的补料困难问题，对坯料形状做进一步修改，将短轴方向增加的半圆形面的圆角半径增大，即适当减小增加的弧形面积，从而减小拉深过程中的交界处的起皱和增厚情况，改进后板料 2 的成形极限图如图 5-82 所示，减薄情况如图 5-83 所示。可见，经改进后的毛坯板料 2 在拉深后，交界处附近的起皱现象仍然比较严重，平行于椭圆长轴一边的中间位置附近，减薄情况较为严重。

为了改进上一拉深实验中出现的问题，在不改变其他尺寸的条件下重新设计的板料 3 的形状如图 5-84 所示，拉深实验后的构件形状如图 5-85 所示。从图中不难发现，该构件仍然在未达到预定拉深深度时发生了断裂。本次优化后的拉深深度增加至 25 mm 左右，相较于第二次模拟验证时的拉深，虽然坯料的拉深深度有所增加，但是仍然没有达到预期的 35 mm，并且开裂位置出现在底部圆角附近位置。从模拟过程的减薄图中可以发现，底部圆角处的减薄情况比较严重，由于交界处结构的原因，送料的情况仍然受到限制，仍会阻碍金属的塑性流动，从而使坯料不能及时补入，致使在达到预定拉深深度前发生断裂。

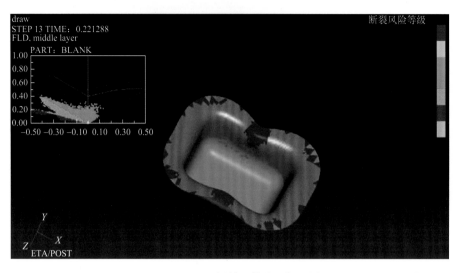

图 5-82　LZ91 板料 2 的成形极限图

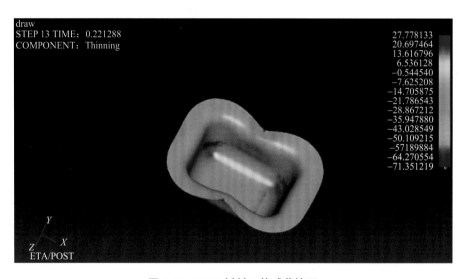

图 5-83　LZ91 板料 2 的减薄情况

为了解决板料 1、板料 2 实验中均有发生的补料困难问题，对坯料形状进行了再次修改，将短轴方向增加的半圆形面去除，即适当增加短轴方向长度，并将半圆形改为平行于长轴方向的直线，从而减小拉深过程中的交界处的形状变化，降低边界处起皱和增厚的趋向。改进后板料 3 的成形极限图如图 5-86 所示，减薄情况如图 5-87 所示。可见，经改进后的毛坯板料 3 在拉深后，其交界处附近的起皱现象有所缓和，从减薄图中可以看出，拉深构件底部圆角处减薄情况较前两次实验减轻很多，因此该拉深实验预计能够成功。

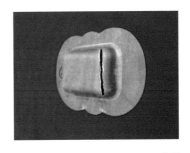

图 5-84　变形前 LZ91 板料 3　　　　图 5-85　室温拉深后的 LZ91 构件

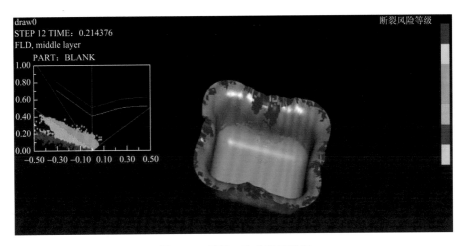

图 5-86　板料 3 的成形极限图

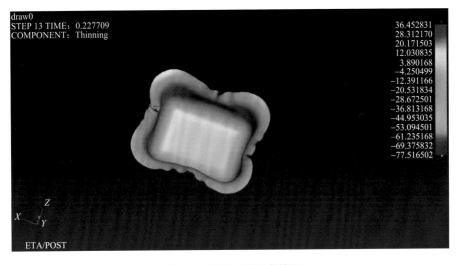

图 5-87　板料 3 的减薄情况

　　为了改进上一次拉深实验中出现的问题，在不改变其他尺寸的条件下重新设计的板料 3 的形状如图 5-88 所示，拉深实验后的构件形状如图 5-89 所示。虽然该构件能够达到预定拉深深度，但是在重复实验中部分拉深构件发生断裂，如图 5-90 所示。部分拉深构件出现断裂现象，猜想可能的原因是加载速度过快，压边力过大，润滑情况不佳等。然而经过多次实验，排除了以上猜想的可能原因，推测其可能原因是拉深过程中出现加工硬化现象，使底部圆角处产生应力集中，导致坯料在达到预定拉深深度前出现断裂现象。

 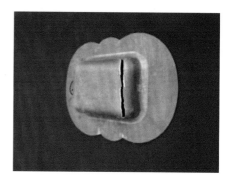

图 5-88　改进后变形前 LZ91 板料 3　　　　图 5-89　室温拉深后的构件

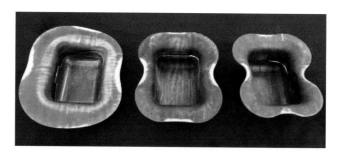

图 5-90　断裂的拉深构件

　　为消除拉深过程中的加工硬化现象的影响，对实验方案作如下改进：首先在室温下将坯料预拉深至 20 mm，再对拉深后的构件进行热处理，即去应力退火，将退火后的拉深构件继续拉深至预定深度 35 mm。通过查阅文献可知，LZ91 镁锂合金获得最佳塑性的退火温度为 200℃，保温时间为 1 h。首次预拉深后的构件如图 5-91 所示，退火后拉深构件如图 5-92 所示。经过 200℃去应力退火后的拉深构件，送料情况适当，没有明显起皱现象，且四周剩余板料能够满足超塑胀形实验过程的压边条件。

图 5-91 预拉深构件   图 5-92 退火后的拉深构件

3. 镁锂合金盒形件尺寸精度分析

经过中间退火后的坯料拉深后所得到的尺寸如图 5-93 所示。可见，拉深构件的外轮廓尺寸与设计尺寸基本一致，仅高度偏高约 1.5 mm，可能受到了法兰区不平整的影响，为测量误差。对拉深后的构件进行剖切，分析拉深构件各部分的厚度变化规律。纵切后的拉深构件如图 5-94 所示。

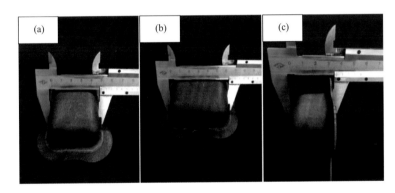

图 5-93 退火后拉深构件尺寸

（a）宽度方向尺寸；（b）长度方向尺寸；（c）高度方向尺寸

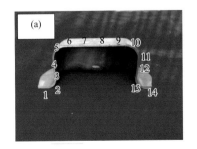

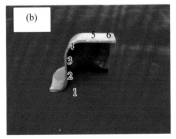

图 5-94 拉深构件剖切图

（a）长度方向剖面图；（b）宽度方向剖面图

从图 5-94（a）中由左向右分别取 14 个点进行厚度测量，从图 5-94（b）中由左向右分别取 6 个点进行厚度测量，各点位置的厚度情况如表 5-7 和表 5-8 所示。

表 5-7 拉深构件长度方向厚度分布

位置	厚度/mm	位置	厚度/mm
1	1.70	8	1.42
2	1.62	9	1.40
3	1.36	10	1.38
4	1.38	11	1.36
5	1.38	12	1.34
6	1.42	13	1.58
7	1.46	14	1.70

表 5-8 拉深构件宽度方向厚度分布

位置	厚度/mm	位置	厚度/mm
1	1.70	4	1.36
2	1.60	5	1.38
3	1.40	6	1.38

由表 5-7 和表 5-8 归纳可得，拉深构件在长度和宽度方向的厚度分布曲线如图 5-95 所示。从图中可以看出，拉深后的零件底部略有变薄；侧壁部分减薄严重，侧壁靠近底部圆角处变薄最为严重；法兰部分厚度在凹模圆角处稍变薄，在法兰外缘最厚，这是由于法兰部分为变形区，处于切向受压、径向受拉的应力状态，在切向产生压缩变形，在径向产生伸长变形。在切向压应力作用下，有失稳、起皱的危险；但整个构件的厚度变化差别并不十分大，在减薄最严重部位仍然属于安全截面，没有微裂纹出现。

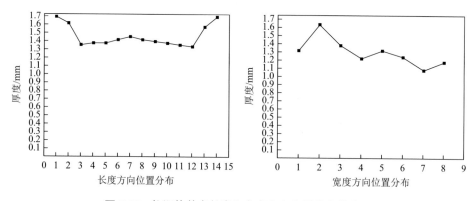

图 5-95 拉深构件在长度和宽度方向位置分布曲线图

5.3.2　镁锂合金薄壁构件超塑胀形成形工艺

1. 超塑胀形模具设计

根据最后成形件的结构尺寸，在胀形模具的凹模内部设计深度为 4 mm 的凸起结构；为了便于取出胀形后的零件，将胀形模具设计为凹模、上模和外套三部分。其中，凹模为锥度为 3°的分半模，上模起压边和充气的作用，内圈锥度为 3°的外套用于紧固凹模，这三部分的二维零件图如图 5-96 所示，模具的凹模三维图和实物图如图 5-97 所示。

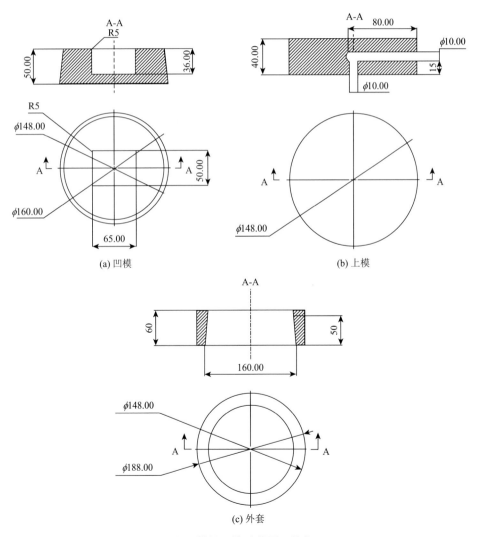

图 **5-96**　胀形模具二维零件图（单位：mm）

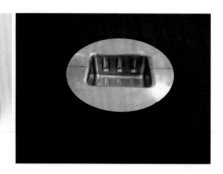

图 5-97　胀形模具凹模三维图及实物图

2. 镁锂合金薄壁构件超塑胀形工艺

根据本书 5.2 节中的高温拉伸实验数据可知，超塑胀形实验的最佳实验温度为 300℃，同时，由于应变速率越小，胀形过程坯料越容易与模具贴合，胀形后的厚度分布相对越均匀，所以设置 5 组不同实验条件的超塑胀形实验，分别如下。

第一组，采用加热温度为 300℃，最大气压值为 1.1 MPa，表面喷涂氮化硼进行润滑处理；先将实验设备调试好，并组装好坯料与模具，开启加热炉，调节加热温度至 300℃，并用石棉将加热炉上下部分密封好，以减少热量散失和流动。当炉腔内温度稳定在 300℃时，通入氩气，调节气压值和时间进行坯料胀形，先后分别为 0～0.2 MPa 胀形 2.5 min、0.2～0.4 MPa 胀形 2.5 min、0.4～0.6 MPa 胀形 5 min、0.6～0.8 MPa 胀形 5 min、0.8～1.0 MPa 胀形 5 min、1.0～1.1 MPa 胀形 10 min。最后，停止通入气体，关闭氩气，关闭加热炉，待设备冷却后取出模具，将胀形好的零件取出，洗去表面残余氮化硼。

第一组胀形后的成形件如图 5-98 所示，对比拉深后的零件尺寸可以看出，本次实验胀形深度为 2 mm，仅为设计模具深度的一半，显然没有达到实验要求。胀形深度不足，可能原因为通入氩气的气压不够大或者温度对其胀形的成形性能有影响，因此在后续实验中通过调节通入气体的最大气压值或者改变温度来实现更深的胀形深度。

其他实验条件不变，将最大气压值改为 1.2 MPa 进行第二组胀形实验。当炉腔内温度稳定在 300℃时，通入氩气气压值及胀形时间先后分别为 0～0.2 MPa 胀形 2.5 min、0.2～0.5 MPa 胀形 2.5 min、0.5～0.8 MPa 胀形 5 min、0.8～1.0 MPa 胀形 5 min、1.0～1.1 MPa 胀形 5 min、1.1～1.2 MPa 胀形 10 min。胀形后的成形件如图 5-99 所示，对比上一组实验的零件尺寸可以看出，本次实验胀形深度为 3 mm，仍然没有达到实验所设计的深度要求，推测可能原因为通入氩气的气压不够大，因此在第三次实验中可以通过调节通入气体的最大气压值来实现更深的胀形深度。

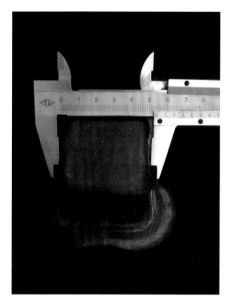

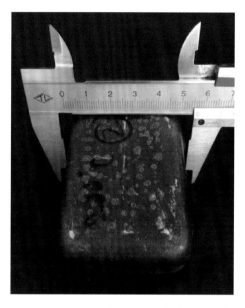

图 5-98　实验温度为 300℃、最大气压值为 1.1 MPa 所得的 LZ91 构件

图 5-99　实验温度为 300℃、最大气压值为 1.2 MPa 所得的 LZ91 构件

其他实验条件不变，将最大气压值改为 1.4 MPa 进行第三组胀形实验。当炉腔内温度稳定在 300℃时，通入氩气，调节气压值及胀形时间先后分别为 0.2 MPa 胀形 2.5 min、0.5 MPa 胀形 2.5 min、0.8 MPa 胀形 5 min、1.1 MPa 胀形 5 min、1.3 MPa 胀形 5 min、1.4 MPa 胀形 10 min。胀形后的成形件如图 5-100 所示，本次实验的零件在其中两个底部圆角处出现破裂现象，未能达到实验要求。而底部圆角出现破裂的可能原因为通入氩气的气压过大，或者温度对胀形性能及零件的成形性有影响。因此，在后续实验中可以通过降低通入气体的最大气压值或调节加热温度来实现实验要求。

其他实验条件不变，调整加热温度为 325℃，最大气压值为 1.2 MPa 进行第四组胀形实验。当炉腔内温度稳定在 325℃时，通入氩气，调节气压值及胀形时间先后分别为 0~0.2 MPa 胀形 2.5 min、0.2~0.5 MPa 胀形 2.5 min、0.5~0.8 MPa 胀形 5 min、0.8~1.0 MPa 胀形 5 min、1.0~1.1 MPa 胀形 5 min、1.1~1.2 MPa 胀形 10 min。胀形后的成形件如图 5-101 所示，本次实验的零件在其中两个底部圆角处仍然存在破裂现象，未能达到实验要求。由此可见，升高温度反而会降低该镁锂合金坯料的胀形性能。因此，在后续实验中尝试在 300℃的条件下通过升高通入气体的最大气压值来实现实验要求。

图 5-100　实验温度为 300℃、最大气压值为　　图 5-101　实验温度为 325℃、最大气压值为
1.4 MPa 所得的 LZ91 构件　　　　　　　　1.2 MPa 所得的 LZ91 构件

　　其他实验条件不变，将加热温度恢复为 300℃，调整最大气压值为 1.3 MPa 进行第五组胀形实验。当炉腔内温度稳定在 300℃时，通入氩气，调节气压值及胀形时间先后分别为 0～0.2 MPa 胀形 2.5 min、0.2～0.5 MPa 胀形 2.5 min、0.5～0.8 MPa 胀形 5 min、0.8～1.0 MPa 胀形 5 min、1.0～1.2 MPa 胀形 5 min、1.2～1.3 MPa 胀形 10 min。胀形后的成形件如图 5-102 所示，对比第二组胀形实验的零件尺寸可以看出，本次实验胀形深度约为 4 mm，达到实验所设计的深度要求，该试件为成功零件。

图 5-102　实验温度为 300℃、最大气压值为 1.3 MPa 所得的 LZ91 构件

　　通常情况下，气压越高，应变速率越高。通过上述实验过程，我们可以明确 LZ91 镁锂合金超塑胀形实验在 300℃加热温度下，以较低应变速率，即 1.3 MPa 左右气压值时，该种材料的胀形性能更好，贴模性能也更好，成形出来的零件能够符合要求。

3. 超塑胀形零件尺寸精度分析

对超塑胀形后的构件进行剖切，分析拉深构件各部分的厚度变化规律。纵切后的成形件如图 5-103 所示。从图 5-103 中由右向左分别取 8 个点进行厚度测量，各点位置的厚度情况如表 5-9 所示。

图 5-103　超塑胀形 LZ91 构件的剖切图

表 5-9　超塑成形零件厚度分布

位置	厚度/mm	位置	厚度/mm
1	1.32	5	1.32
2	1.64	6	1.24
3	1.38	7	1.08
4	1.22	8	1.18

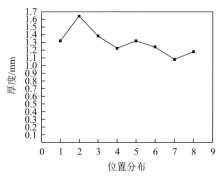

图 5-104　超塑成形零件厚度分布图

由表 5-9 归纳可得，超塑成形零件的厚度分布曲线如图 5-104 所示。从图中可以看出，超塑胀形后的零件在胀形处有减薄现象，其中在胀形处中间部分减薄程度最大；靠近底部圆角部分位置变薄最为严重；法兰部分厚度在凹模圆角处稍变薄，在法兰外缘最厚。

4. 镁锂合金的微观组织演变

分别对 LZ91 合金原始板料、预拉深后组织、退火处理组织、拉深后组织、胀形后组织进行金相观察，如图 5-105 所示。

从图 5-105（c）和（d）中看出，经过一定程度的预拉深后，该合金的晶粒有所长大，其中，颜色较深的黑色部位为空洞的初始状态，而随着空洞的出现，该合金板材在室温条件下呈现出良好的塑性。从图 5-105（e）和（f）中可以看出，当在 200℃进行 1 h 退火时，β 相再结晶基本完成，大部分 α 相球化，晶粒细化，因此延伸率及塑性上升，但是合金的抗拉强度有所下降，这主要是由于合金位错密度降低的幅度比较大，加工硬化程度明显降低。从图 5-105（g）和（h）可以看出，再次经过一定程度的拉深过程，晶粒再次长大。从图 5-105（i）和（j）中可以看出，胀形后该合金晶粒尺寸增大，对比原始板料晶粒尺寸，可以直观看出晶粒较初始时长大约一倍。

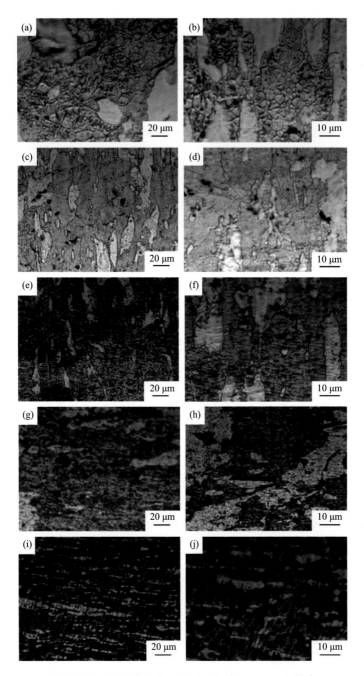

图 5-105 LZ91 盒形件成形过程各阶段微观组织演变

（a，b）原始板料；（c，d）预拉深后组织；（e，f）退火处理组织；（g，h）拉深后组织；（i，j）胀形后组织。
（a，c，e，g，i）放大 200 倍；（b，d，f，h，j）放大 500 倍

5. 成形件的缺陷分析

从有限元模拟过程不难看出，拉深过程中构件的侧壁减薄严重，底部圆角处的减薄现象最严重。这在实际实验中反映出来为部分试样在侧壁或底部圆角处均出现了断裂现象，究其原因一方面是毛坯的形状影响了金属的塑性流动，从而阻碍了拉深过程中的送料情况，使得底部圆角或侧壁部分受到的应力变大，直至断裂；另一方面是拉深过程中底部圆角处和侧壁变形量较大，当加载速度稍大一点

之后，这两处会由于应变速率过大而被拉断。从实验条件分析可知，底部圆角处出现胀破的原因一方面是通入气体的最大压力值过大，导致胀形过程变形过于严重，从而胀破；另一方面是改变加热温度后，该合金的胀形性能有所下降，导致在同样的压力条件下出现胀破现象。

测量胀形部分的尺寸时发现，每个侧壁上三个胀形部位中，中间的胀形部位尺寸较两侧的尺寸小，如图 5-106 所示，仅为 3.7 mm，分析其原因为胀形过程中，侧壁中间部分的金属需向两侧流动以达到补料的作用，因此该处的胀形程度较两侧小一点。

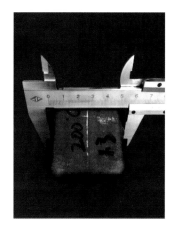

图 5-106　侧壁中间胀形部分尺寸

5.3.3　镁锂合金热拉深/超塑复合成形工艺

所用模具整体结构如图 5-107 所示，其中凹模具有侧部凹陷结构，成形后构件无法脱出，所以将凹模设计为 4 瓣的分瓣模结构。同时，为了研究拉深和超塑的配比，设计拉深凸模可以通过安装调整高度装置，进而达到调整拉深高度的需要。因为拉深和成形温度均不高于 350℃，所以模具材料选用 304 不锈钢，加工后的模具如图 5-108 所示。

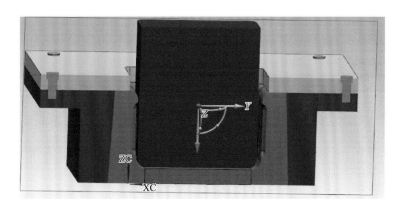

图 5-107　热拉深/超塑复合成形模具三维图

图 5-108　热拉深/超塑复合成形模具

　　在进行板料的差温拉深时，如果冲头温度过低，当冲头与较高温度的板料，特别是与具有低热容量和高热传导系数的镁合金板接触时很容易产生激冷现象，使得冲头圆角处板料的塑性急剧变差，进而可能使板料在冲头圆角处发生弯曲断裂。若将冲头加热至较高温度甚至接近板料温度，此时冲头圆角处板料软化，使抗拉强度降低，在拉深较大直径坯料时，危险截面的等效应力将随拉深力不断增大直至超过板料的抗拉强度，进而使变形区从凸缘转移至危险截面造成失稳断裂。因此，确定合适的冲头温度范围对镁锂合金的差温拉深是非常重要的。为确定合适的冲头温度范围，在一定的板料温度下，使用不同的冲头温度进行差温拉深实验。对于热拉深/超塑复合成形工艺，热拉深坯体的质量会显著影响后续超塑成形的成功率，需要首先获得其热拉深特性。此处，热拉深板料选用 3 mm 厚的镁锂合金板材，分析了坯料形状对拉深深度的影响，不同形状的坯料拉深后坯体如图 5-109 所示。

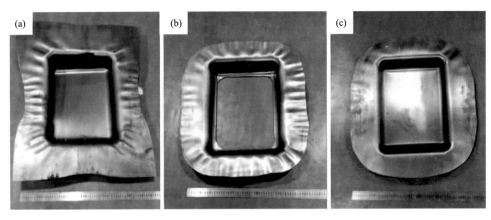

图 5-109　不同形状的坯料拉深后坯体

（a）矩形；（b）圆形；（c）椭圆形

对优化后的坯料（椭圆形）进行不同深度的拉深实验，以便研究成形工艺对构件成形质量的影响，不同深度的拉深坯体如图 5-110 所示。

图 5-110　不同深度的拉深坯体

拉伸坯体的成形难点主要有两方面，一是深度大的单纯超塑成形厚度减薄过于严重；二是构件侧部有凸起结构单纯拉深无法实现。深度大的薄壁结构的超塑成形需要高的胀形温度（280～320℃）和较慢的进气速度（0.01～0.05 MPa/min）。其中，胀形温度的控制可以通过热成形机实现。但是过高的成形温度会带来两个问题，一是超塑胀形时薄壁板材流动应力过低，难以保持协调变形，容易导致局部过度减薄甚至破裂；二是过高的气胀压力则需要增加压力机的机械压力，这往往会使气道处的板材厚度方向产生挤压变形，从而填充气道阻碍后续超塑胀形的顺利进行。针对该类产品的研制过程，通过大量的前期工艺实验总结了温度及气压实时协调控制的变温拉深/超塑胀成形一体技术，即拉深过程保持较低的温度（250～280℃），拉深达到设计深度后将模具温度提高至成形所需最低温度（280℃），将胀形压力逐渐增大（0～2.0 MPa），并在压力增加的过程中逐渐提升模具温度（300～320℃），成形后的典型构件外观如图 5-111 所示。

图 5-111　拉深胀形后的 LZ91 镁锂合金构件

首先分析预拉深深度对构件成形质量的影响。预拉深深度不够，则超塑成形时构件底部四角是减薄最严重的地方，容易破裂，如图 5-112 所示。超塑成形温度也是影响构件缺陷的一个关键因素，温度过高（320℃），材料的流动应力低，会导致局部破裂，尤其是对于四周加热方式的超塑成形机，温度场的不均匀往往更容易导致构件的开裂，这是由于这种四周加热方式的设备，热量从四周向模具内部传导，如果保温时间不够，则会出现明显的温度场不均匀的现象。图 5-113 为成形温度 320℃时保温 20 min 得到的构件，构件侧壁加强筋处有明显开裂。

通过反复实验，发现对于该构件的气压加载应该按照如图 5-114 曲线进行，按照该曲线加载气压成形后的构件如图 5-115 所示，未见明显缺陷存在。该构件相比于传统的铝合金构件，减重效果显著。

图 5-112　超塑过程底部破裂缺陷　　　　　图 5-113　超塑过程侧部破裂缺陷

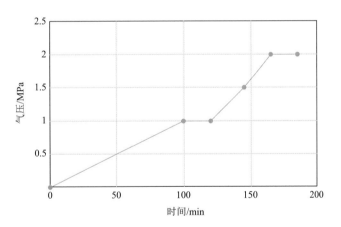

图 5-114　超塑成形气压加载曲线

图 5-115　LZ91 镁锂合金变截面带筋异型件

参 考 文 献

[1]　Zhu S M，Nie J F. Serrated flow and tensile properties of a Mg-Y-Nd alloy [J]. Scripta Materialia，2004，50（1）：51-55.

[2]　Zhang H X，Zhang X F. Suppressing or promoting: the effect of coupled electron-heat field on serration behavior [J]. Journal of Alloys and Compounds，2020，818：1-8.

[3]　Zhang Y，Liu J P，Chen S Y，et al. Serration and noise behavior in materials [J]. Progress in Materials Science，2017，90：358-460.

[4]　Woo S K，Pei R S，Al-Samman T，et al. Plastic instability and texture modification in extruded Mg-Mn-Nd alloy [J]. Journal of Magnesium and Alloys，2022，10（1）：146-159.

[5]　Cong W，Xu Y，Han E. Serrated flow and abnormal strain rate sensitivity of a magnesium-lithium alloy [J]. Materials Letters，2006，60（24）：2941-2944.

[6]　Wei G B，Peng X D，Hu F P，et al. Deformation behavior and constitutive model for dual-phase Mg-Li alloy at elevated temperatures [J]. Transactions of Nonferrous Metals Society of China，2016，26（2）：508-518.

[7]　Wang W H，Wu D，Chen R S，et al. Effect of solute atom concentration and precipitates on serrated flow in Mg-3Nd-Zn alloy [J]. Journal of Materials Science & Technology，2018，34（7）：1236-1242.

[8]　Wang W H，Wu D，Shah S S A，et al. The mechanism of critical strain and serration type of the serrated flow in Mg-Nd-Zn alloy [J]. Materials Science and Engineering A，2016，649：214-221.

[9]　El Mehtedi M，Musharavati F，Spigarelli S. Modelling of the flow behaviour of wrought aluminium alloys at elevated temperatures by a new constitutive equation [J]. Materials & Design，2014，54：869-873.

[10]　Lv B J，Peng J，Shi D W，et al. Constitutive modeling of dynamic recrystallization kinetics and processing maps of Mg-2.0Zn-0.3Zr alloy based on true stress-strain curves [J]. Materials Science and Engineering A，2013，560：727-733.

[11]　Liu H，Cheng Z，Yu W，et al. Deformation behavior and constitutive equation of 42CrMo steel at high temperature [J]. Metals，2021，11（10）：1614.

[12]　Chen X X，Zhao G Q，Zhao X T，et al. Constitutive modeling and microstructure characterization of 2196 Al-Li alloy in various hot deformation conditions [J]. Journal of Manufacturing Processes，2020，59：326-342.

[13]　Chen B，Zhou W M，Li S，et al. Hot compression deformation behavior and processing maps of Mg-Gd-Y-Zr alloy [J]. Journal of Materials Engineering and Performance，2013，22（9）：2458-2466.

[14]　Quan G Z，Li G S，Chen T，et al. Dynamic recrystallization kinetics of 42CrMo steel during compression at different temperatures and strain rates [J]. Materials Science and Engineering A，2011，528（13）：4643-4651.

[15]　Spigarelli S，El Mehtedi M. A new constitutive model for the plastic flow of metals at elevated temperatures [J]. Journal of Materials Engineering and Performance，2014，23（2）：658-665.

[16]　He A，Chen L，Hu S，et al. Constitutive analysis to predict high temperature flow stress in 20CrMo continuous casting billet [J]. Materials & Design，2013，46：54-60.

[17]　Li C Q，Xu D K，Wang B J，et al. Natural ageing responses of duplex structured Mg-Li based alloys [J]. Scientific Reports，2017，7（1）：40078.

第6章

镁锂合金复杂构件制备加工及应用

镁锂合金是典型的超轻高比强金属材料,是轻量化装备,特别是智能穿戴、卫星、航空航天构件等关键装备减重的首选材料之一。镁锂合金在欧美发达国家已形成了较为系统的材料体系、工艺体系和应用体系,陆续开发了多种典型镁锂合金及其轻量化构件。我国在镁锂合金成形技术研发及其应用方面与国外相比存在一定差距,超轻镁锂合金的塑性成形技术还不成熟,其中精密成形、超塑成形等先进成形技术还处于实验室或中试阶段,特别是在大尺寸薄壁复杂零部件成形技术与应用方面差距显著。本章重点介绍笔者团队面向先进装备领域轻量化迫切需求而开展的系列超轻镁锂合金构件研发的相关进展。

6.1　镁锂合金承力筒开发

针对镁锂合金复杂构件成形难、成形质量差等难题,开展了超轻镁锂合金精密拉深成形、热拉深/超塑复合成形等技术的数值模拟与工艺实验研究,厘清了成形过程中合金宏观变形与微观组织之间的耦合关系,利用非对称变形产生的剪切应力促进镁锂合金晶粒取向发生一定程度倾转,弱化其各向异性,发展了镁锂合金宏观变形与微观组织耦合控制技术;基于在构件局部区域构建非均匀温度场,从整体上协调构件的成形,通过一体化的复合成形技术,改变材料应力状态分布,解决了变形过程中的非均匀变形问题,研发了镁锂合金均匀变形控制技术。有效解决了多层中空薄壁轻质复杂结构等先进装备关键构件的成形制造难题,发展了镁锂合金超塑复合成形和形性一体化调控技术。

采用笔者团队研发的镁锂合金宽幅板材,基于发展的镁锂合金超塑复合成形一体化调控技术成功研制了超轻镁锂合金承力筒(图6-1),构件减重效果显著。

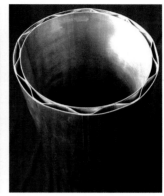

图 6-1 超轻镁锂合金承力筒

6.2 镁锂合金壳体构件开发

针对超轻镁锂合金壳体构件的需求，开展了超轻镁锂合金壳体构件的设计与研发工作。通过优化构件结构和镁锂合金成形工艺，成功试制了镁锂合金外壳覆盖件，实物及重量如图 6-2 所示。由图可知，镁锂合金外壳重量为 141.69 g，与初始设计的铝合金壳体（重量 238 g）相比，减重达到 96.31 g，减重率为 40.47%；镁锂合金覆盖件重量为 204.03 g，与初始设计的铝合金覆盖件（重量 341 g）相比，减重达到 136.97 g，减重率为 40.17%，减重效果显著。同时，经电磁抗干扰测试，外壳和覆盖件均具有良好的抗电磁干扰性能，能够满足构件使用要求。

图 6-2 镁锂合金样件重量

镁锂合金耐蚀性相对较差，笔者团队在已有微弧氧化理论的基础上，重点采用豪斯多夫分形维数理论、涂层阻抗分型响应理论模型理论，针对镁锂合金的基材特点，研究镁锂合金基材在微弧氧化作用下的微观结构等效电路、高频复合载波等离子均匀化作用机制，优化了镁锂合金表面处理工艺。经过后续对构件进行的典型静力验证、抗电磁干扰、高低温循环和耐蚀性能等测试，确定其满足使用性能要求。

6.3　镁锂合金天线构件开发

利用 3.3 节提到的 Mg-5Li-3Al-0.4Ca 和 Mg-7Li-3Al-0.4Ca 合金，采用传统挤压的方式制备镁锂合金棒材，用于天线构件加工。铸态合金为直径 80 mm、高度 100 mm 的铸锭，如图 6-3 所示。铸态合金经过挤压，制备出直径为 30 mm 的挤压棒材，如图 6-4 所示，用于后续天线构件加工。

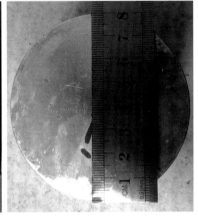

图 6-3　直径为 80 mm、高度为 100 mm 的 Mg-5Li-3Al-0.4Ca 和 Mg-7Li-3Al-0.4Ca 铸锭

图 6-4　挤压态直径为 30 mm 的 Mg-5Li-3Al-0.4Ca 和 Mg-7Li-3Al-0.4Ca 合金棒材

设计优化天线构件结构与尺寸，优化合金的加工工艺，以 Mg-5Li-3Al-0.4Ca 合金棒材为原材料，成功制备了星载超轻高强镁锂合金天线构件，最终加工好的超轻高强镁锂合金波导天线构件如图 6-5 所示。

图 6-5　超轻高强镁锂合金波导天线构件

针对镁锂合金性能特点开发了镁锂合金表面基体纳米三维蚀刻技术、镁锂合金高结合强度的镀层制备技术，以及导电镀层二次错层生长技术等关键技术。对构件进行表面导电防腐处理。将铝合金和镁锂合金镀镍后构件重量进行了对比（图 6-6）。由图可知，铝合金波导天线构件重量为 16.38 g，镁锂合金波导天线构件重量为 10.81 g，镁锂合金实现减重 5.57 g，减重率达到 34%，轻量化效果显著。超轻镁锂合金天线构件经表面导电防腐处理后，通过了盐雾实验、高低温循环和导电性测试等实验检测，各实验结果均满足使用性能指标。

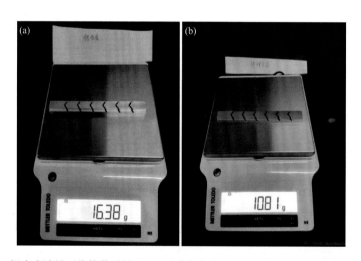

图 6-6　（a）铝合金波导天线构件重量；（b）星载超轻高强镁锂合金波导天线构件重量（含镀镍）

6.4　镁锂合金主承力支架开发

主承力支架在设计选材时应进行充分轻量化，并且要满足足够高的结构刚度和结构强度，同时应具备在装调过程中及工作条件下的结构稳定性。按照主承力支架要求，选用第 3 章中的高性能超轻镁锂合金，完成了高性能超轻镁锂合金主承力支架的结构设计、仿真分析、加工制造、表面处理、振动实验和盐雾实验等工作，验证了该材料的应用可行性和轻量化优势。

零件的设计基于拓扑优化结果，采用背部加强筋的结构提升刚度，表面处理后的主承力支架实物如图 6-7 所示。相对于 5A06 铝合金支架的重量（2.52 kg），镁锂合金支架的重量为 1.46 kg，实现减重 1.06 kg，减重率为 42%，轻量化效果显著。

图 6-7　主承力支架实物图

6.5　镁锂合金构件的应用前景

航空航天装备的承载能力、功能与精度等级不断提升将会显著增加其重量，致使航天器的发射能力受限，并大幅增加其发射成本，轻量化需求变得尤为迫切。据报道，航天飞行器每减重 1 kg 可减少 200 kg 的燃料，减重 20 kg 可使飞船少携带燃料 4 t，多绕地球旋转 5～6 圈。因此，航天领域对重量的"敏感度"已经进入了"克克计较"的时代。目前，世界各航天强国针对新型航天器均制定了详细的中长期减重计划[1, 2]。

镁锂合金是目前最轻的金属工程结构材料，具有低密度、高比强度等优点，已经在先进装备等领域得到了一定的应用[3]。但是，目前卫星中包含大量金属结构件、单机机壳、埋件等，传统设计方法中使用大量的铝合金材料或者一般镁合金材料，虽然保证了力学结构强度，但是结构强度和刚度的设计裕度较大，有些地方甚至过大。力学结构裕度设计过大会带来卫星增重、成本增加等负面影响。

先进装备结构产品以镁锂合金代替一般镁合金将减轻约 20%的重量，代替铝合金将减轻约 40%的重量，可在消耗等量燃料的情况下，提高 20%以上的运输能力。因此，发展高性能镁锂合金，推动其在先进装备领域的应用对提高运输能力、降低成本也具有十分重要的意义。因此，目前镁锂合金材料已经在卫星等结构中实现了一定的应用。可以预见，未来镁锂合金材料在航天和深空探测产品中的应用将会不断深入，产品类型、结构形式将会不断丰富。

参 考 文 献

[1] 吴国华，陈玉狮，丁文江. 镁合金在航空航天领域研究应用现状与展望[J]. 载人航天，2016，22（3）: 281-292.

[2] 丁文江，吴国华，李中权，等. 轻质高性能镁合金开发及其在航天航空领域的应用 [J]. 上海航天，2019，36（2）: 1-8.

[3] 圣冬冬，施颖杰，王茜茜，等. 超轻镁锂合金的研究现状与发展趋势[J]. 轻合金加工技术，2021，49（8）: 8-12.

关键词索引